普通高等教育“十一五”国家级规划教材
普通高等教育土木工程专业规划教材

U0748088

土木工程制图习题集

第2版

中国地质大学　重庆交通学院　武汉大学　华中科技大学　重庆大学　组编

主　编　蔡建平　杜廷娜
副主编　周　晔　张秋陵
参　编　王玉丹　夏　唯　庞行志　李　理
　　　　何培斌　密新武　刘志宇　傅　华
主　审　钱可强　董国耀

机械工业出版社

本习题集与杜廷娜、蔡建平主编的《土木工程制图》(第2版)配套使用。该套教材是教育部普通高等教育“十一五”国家级规划教材。

本习题集仍保持第1版的特点和特色：注重基础性、实用性和综合性；注重平面与空间双向思维和工程形体构型的训练；题量适中，满足不同学时的教学需要；采用现行的国家标准；《土木工程制图学习辅导系统》操作方便，其解题过程、三维动画和习题答案有助于学生自主学习。该系统放在机械工业出版社教材服务网（http：//www.cmpedu.com）上，供需要的老师下载、使用。

本习题集适用于高等院校土木工程类各专业学生学习使用，亦可供成人教育、网络教育以及相关科技人员等参考。

图书在版编目（CIP）数据

土木工程制图习题集/蔡建平，杜廷娜主编. —2版. 北京：机械工业出版社，2009.12（2025.6重印）
普通高等教育“十一五”国家级规划教材
ISBN 978-7-111-28805-3

Ⅰ. 土… Ⅱ. ①蔡…②杜… Ⅲ. 土木工程—建筑制图—高等学校—习题 Ⅳ. TU204-44

中国版本图书馆CIP数据核字(2009)第240399号

机械工业出版社(北京市百万庄大街22号 邮政编码100037)
策划编辑：刘小慧 责任编辑：马军平 封面设计：王伟光
责任校对：张晓蓉 责任印制：单爱军
保定市中画美凯印刷有限公司印刷
2025年6月第2版第12次印刷
260mm×184mm · 10.25印张 · 248千字
标准书号：ISBN 978-7-111-28805-3
定价：30.00元

电话服务 网络服务
客服电话：010-88361066 机 工 官 网：www.cmpbook.com
010-88379833 机 工 官 博：weibo.com/cmp1952
010-68326294 金 书 网：www.golden-book.com

机工教育服务网：www.cmpedu.com

第2版前言

本习题集是在第1版的基础上修订而成的，与杜廷娜、蔡建平主编的《土木工程制图》(第2版)配套使用。

为适应配套教材内容的修订，本习题集对画法几何部分的习题作了相应的补充，教师可以根据不同层次的教学需要进行选用；增加了部分组合形体、工程形体表达方法的基本练习题，以加强二维平面图形与三维空间形体之间双向思维的训练；并为《土木工程制图学习辅导系统》新建了操作界面，完善了解题过程、三维动画和习题答案，使学生自主学习更加方便、有效。该系统放在机械工业出版社教材服务网(http://www.cmpedu.com)上，供需要的老师下载、使用。

参加本习题集修订工作的人员分工如下：第一章、第六章、第十八章，蔡建平(中国地质大学)；第二章，蔡建平、王玉丹(中国地质大学)；第三章、第四章，王玉丹(中国地质大学)；第五章，李理(中国地质大学)；第七章，夏唯(武汉大学)；第八章、第九章，庞行志(华中科技大学)；第十章、第十一章、第十三章、第十四章、第十五章，杜廷娜(重庆交通学院)；第十二章，何培斌(重庆大学)，密新武(武汉大学)；第十六章，张秋陵(重庆交通学院)；第十七章，傅华(重庆交通学院)；《土木工程制图学习辅导系统》操作系统、三维动画制作，周晔(中国地质大学)。中国地质大学陈志强、王虎、刘稳等同学参加了习题集补充图样的绘制及三维建模。本习题集由蔡建平、杜廷娜担任主编。

本习题集在修订和出版过程中，得到了同济大学钱可强教授和北京理工大学董国耀教授的悉心审阅和热情指导，得到了武汉袁江鹏工程师认真细致地校核，也得到了部分院校使用第1版教材及习题集的师生的许多建议，我们对此深表谢意。

由于编者水平所限，本习题集难免存在错误和不足，敬请读者批评指正。来信请发电子邮件至cjping61@126.com或tnd@126.com。

编　者

2009年2月

第1版前言

本习题集与杜廷娜主编的《土木工程制图》教材配套使用，适用于高等院校土木类各专业，亦可供函授大学、电视大学以及研究生或相关科技人员等参考。

本习题集设计精选的习题和作业，旨在与教材内容相匹配，训练和开发学生的空间想像能力和形象思维能力，掌握识读、绘制工程图样的基本知识和基本技能，为后续课程的学习和培养工程素质奠定基础。

本习题集具有以下特点：

1. 注重基础性、综合性和实用性。各章均以基本题为主，辅以适当的综合型练习题。如画法几何部分突出点、线、面投影的基本作图题；投影变换部分重点解决求解实长、实形、定位与度量等实际问题；组合形体尽量贴近建筑工程形体；工程图样选用已竣工的典型工程实例。

2. 注重多向思维训练和工程形体构思。形式多样的习题和构型练习有助于拓展和提高学生的空间思维能力和创新思维能力，使学生具有初步的工程设计意识。

3. 题量适中，覆盖面广，可满足不同专业、不同学时的教学需要。

4. 采用最新颁布的《房屋建筑制图统一标准》、《总图制图标准》、《建筑制图标准》、《建筑结构制图标准》、《给水排水制图标准》、《暖通空调制图标准》以及《道路工程制图标准》等。

5. 附有《土木工程制图习题与解答》系统。该系统包含习题、习题答案，并对典型习题编制了求解过程和动画演示，以利于读者自主学习。

文中加有“*”之处为选做内容。

本习题集由蔡建平任主编，王玉丹、李理任副主编。编写分工按章节顺序如下：第一章、第六章，蔡建平(中国地质大学)；第二章、第三章、第四章，王玉丹(中国地质大学)；第五章，李理(中国地质大学)；第七章，夏唯(武汉大学)；第八章、第九章、第十八章，庞行志(华中科技大学)；第十章、第十一章、第十三章、第十四章、第十五章，杜廷娜(重庆交通学院)；第十二章，何培斌(重庆大学)；第十六章，张秋陵(重庆交通学院)；第十七章，傅华(重庆交通学院)。

参与习题集绘图工作的有：重庆交通学院制图教研室康健、刘明维、赵志舟老师，丁德斌、曾光勇二位同学；中国地质大学制图教研室韦念龙、周晔、赵瑗等老师，胡志超、邹饶、胡铁、殷玉亮等同学，在此一并致谢。

本习题集由钱可强教授主审，他提出了很多宝贵的修改意见，并指导和协助选编，谨致谢忱。

在本习题集编写过程中，中国地质大学王巍教授给予了热情的帮助与指导！重庆交通学院工程设计所、重庆水电工程设计院、上海建筑设计院等单位提供了工程施工图样，在此表示衷心感谢！

本习题集参考了国内一些相关著作和同类习题集，特向有关编著者致谢。

限于水平，习题集中缺点和疏漏在所难免，敬请指正。

编　者

目　　录

第一章　制图基本知识与技能

1-1　字体练习

建 筑 制 图 房 屋 平 立 剖 面 设 计 说 明 墙 柱 梁 挡 板 楼 梯 框 架 路

防 水 层 砂 检 查 顶 棚 吊 栅 水 口 管 沟 檐 泛 水 度 隔 断 预 埋 拱 勒 脚 消 防 梯 安 全 板 涵 洞

制 图 计 算 机 绘 图 专 业 序 号 代 码 名 称 数 量 备 注 设 审 批 比 例 厂 校 名 第 共 门 框 透 视

1 2 3 4 5 6 7 8 9 0　1 2 3 4 5 6 7 8 9 0　a b c d e f g h i j k l m n o p q r s t u v w x y z

A B C D E F G H I J K L M N O P Q R S T U V W X Y Z　　*I　II　III　IV　V*

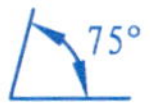

1. 在指定位置画出下列图线。

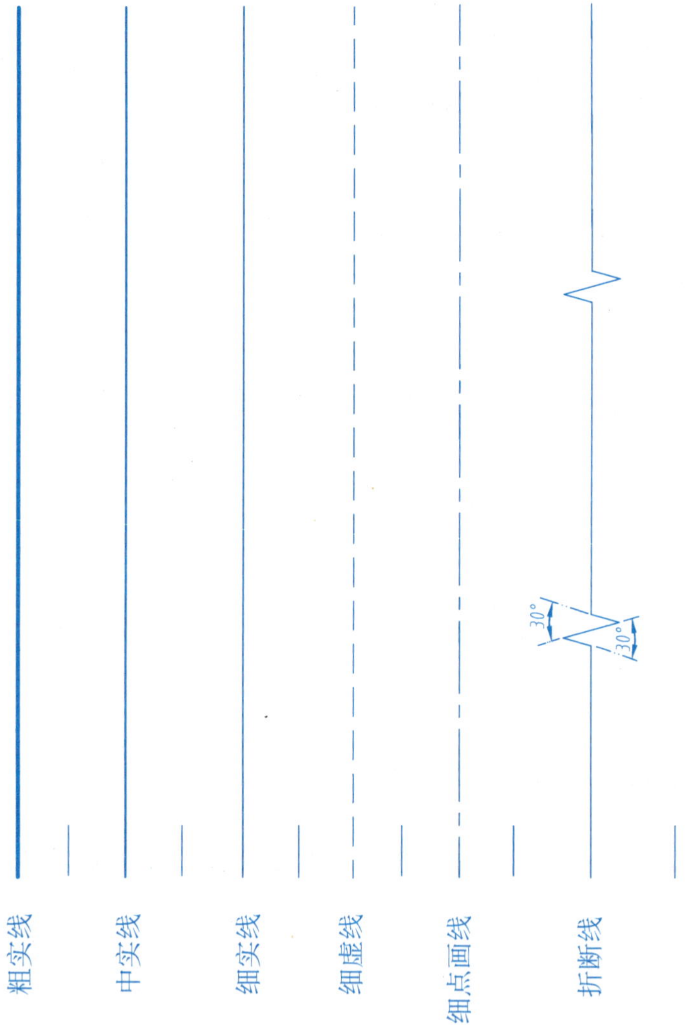

2. 在指定位置画出给定图形，要求线型粗细分明，交接正确（尺寸从图中量取）。

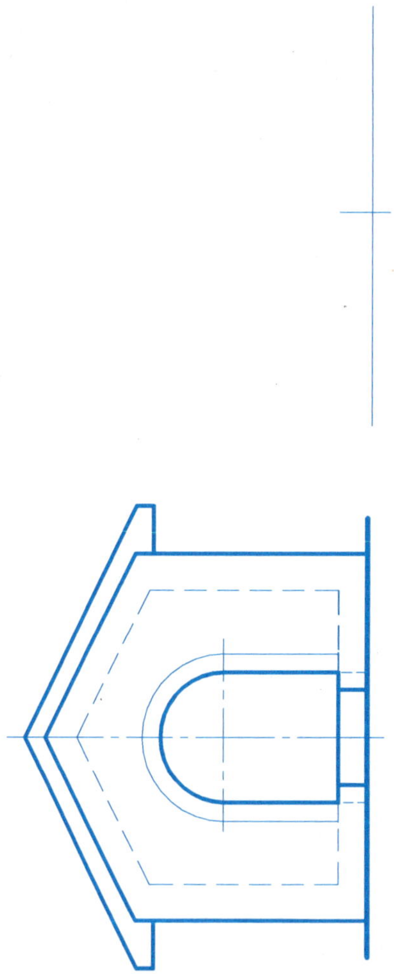

班级　　　　姓名　　　　学号

1. 在下面两圆周内分别作出正六边形和五角星。

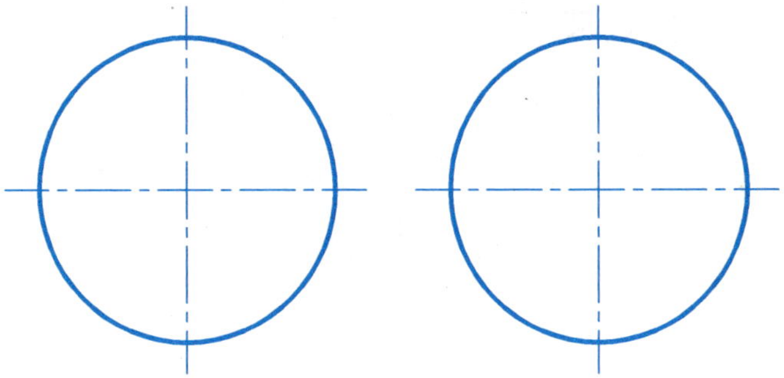

2. 求作线段 AB 的黄金分割点，并作出黄金比矩形。

3. 参照图例，用给定的尺寸作圆弧连接。

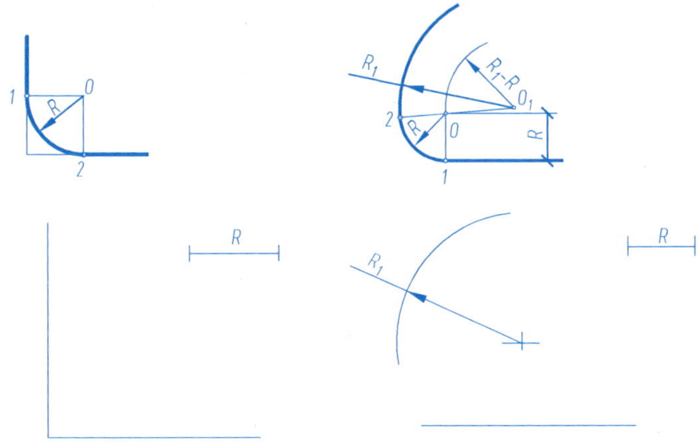

4. 用近似画法作椭圆(长轴 70,短轴 45)。

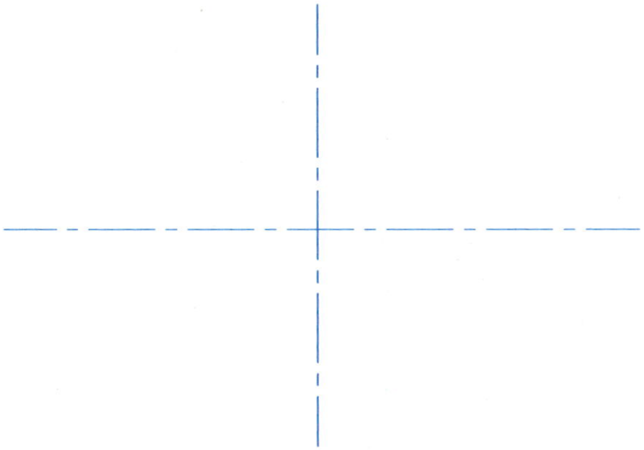

1-4　用A 4图纸按规定比例抄画所给图样

2.

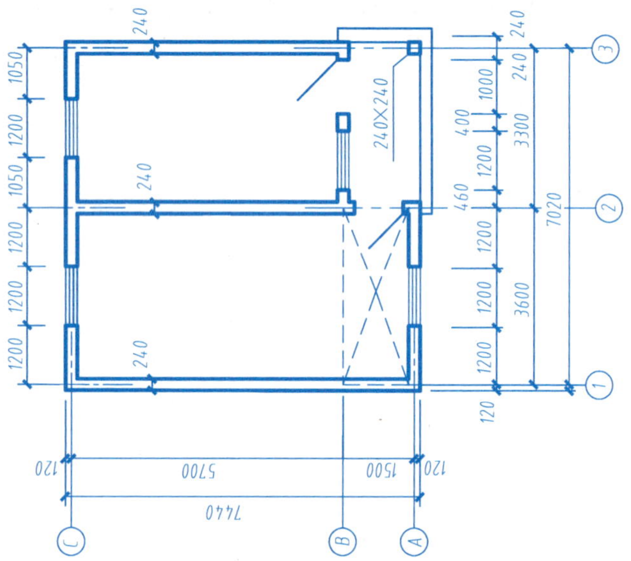

房屋平面图 1:100

4.

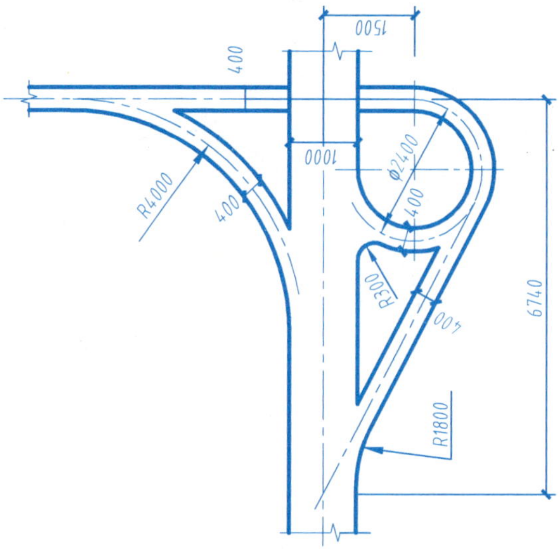

高速公路 1:50

1.

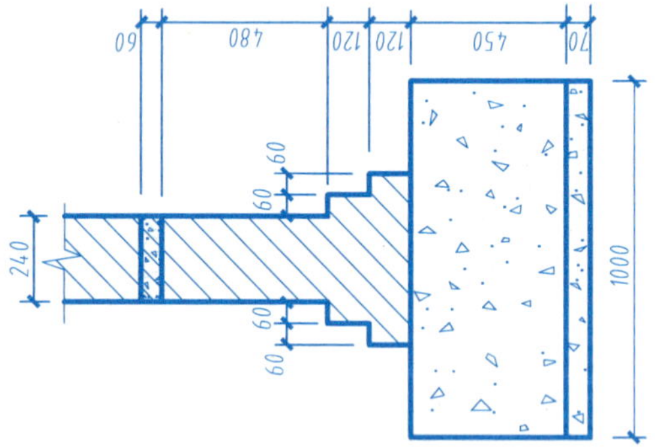

基础平面图 1:10

3.

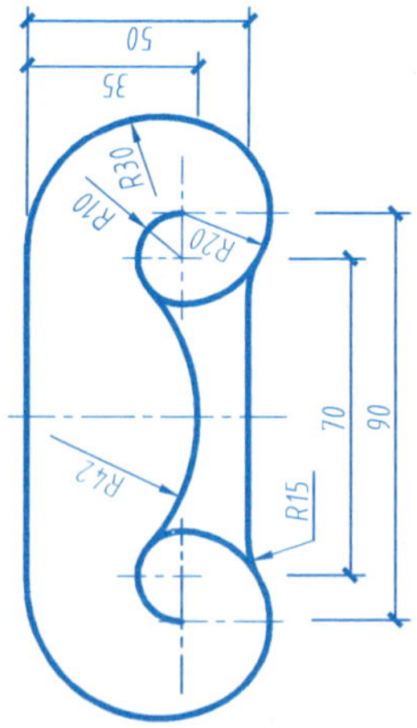

柱式立面图 1:1

　　班级　　姓名　　学号

1-5 平面构形设计

1. 将正方形四等分，切开后重新排列组合成新的图形，如图例所示。至少画出两组图形。

例：

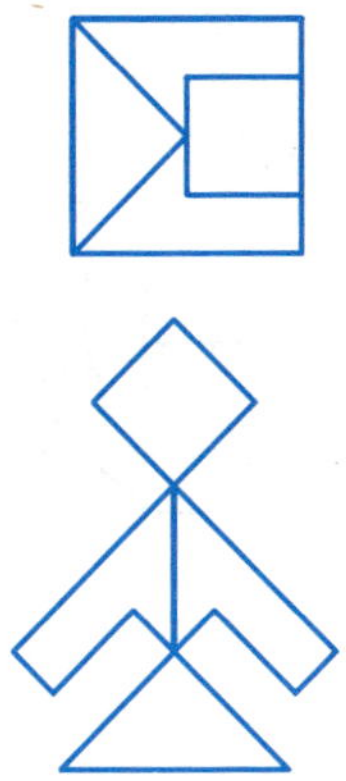

(1)

(2)

2. 将圆的图形按一定规律分割或组合，构成新的平面图案，如图所示。

例 1：

例 2：

3. 利用基本图形元素和几何作图方法进行平面图形设计。

设计要求：

1）设计的图形可以具有建筑形体的风格，也可以反映某种工业产品的形状特征，还可以表现独特、新颖的几何图形。

2）包括圆弧连接：圆弧与直线的相切，圆弧与圆弧内切或外切，并有中间线段(或中间弧)。

3）线型必须包括粗实线、细实线、细点画线、细虚线。

4）线条流畅，图形美观，富有创意。

5）标注尺寸。

6）在 A3 图纸上完成作图。

例：

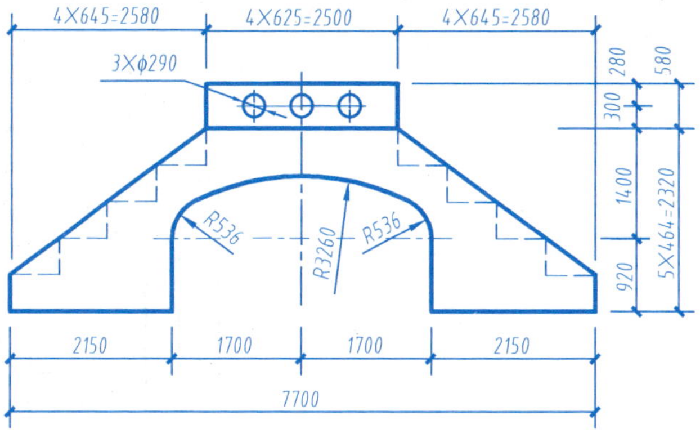

拱桥 1:50

第二章　正投影基础

2-1　投影基本知识(一)

根据形体的立体图，作出其三面投影(作图比例 1:1)。

1.

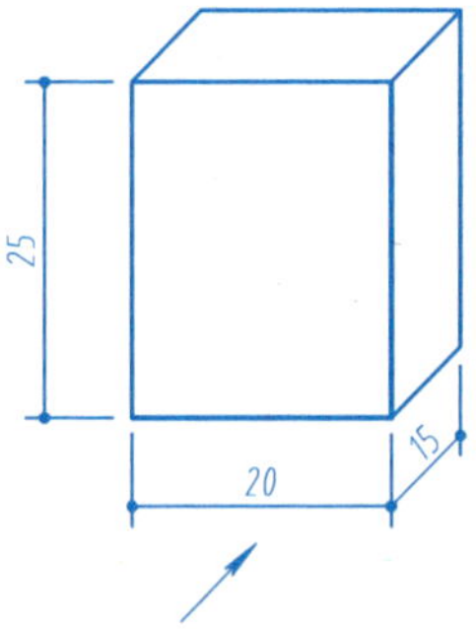

2.

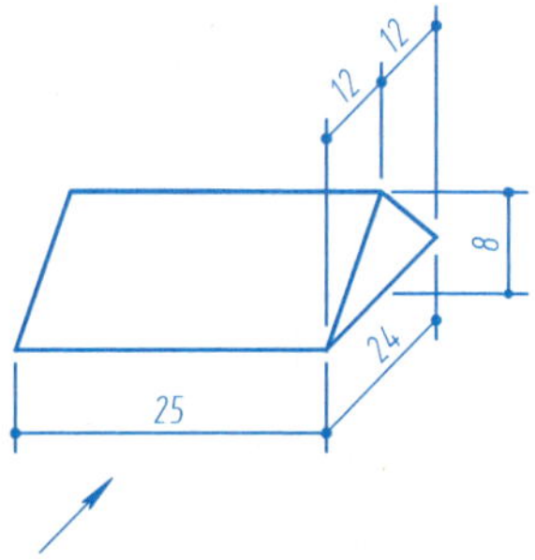

3.

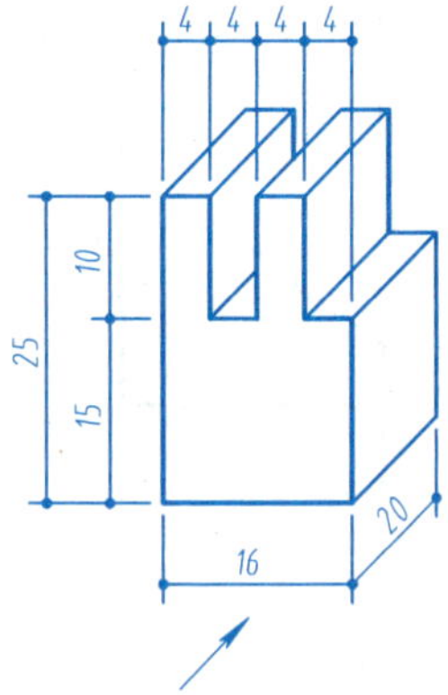

4.

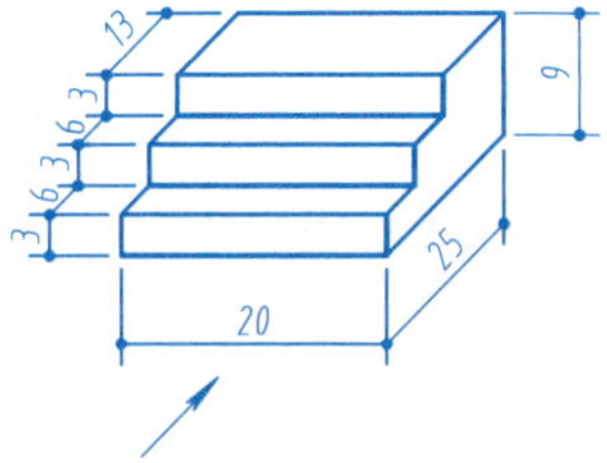

根据形体的立体图，作出其三面投影(作图比例 1:1)。

5.

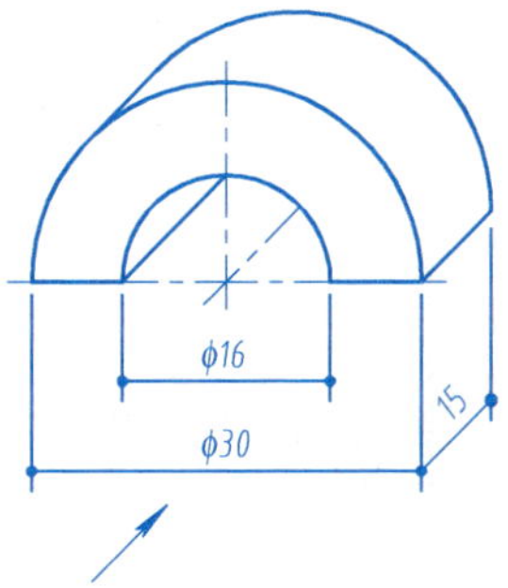

6.

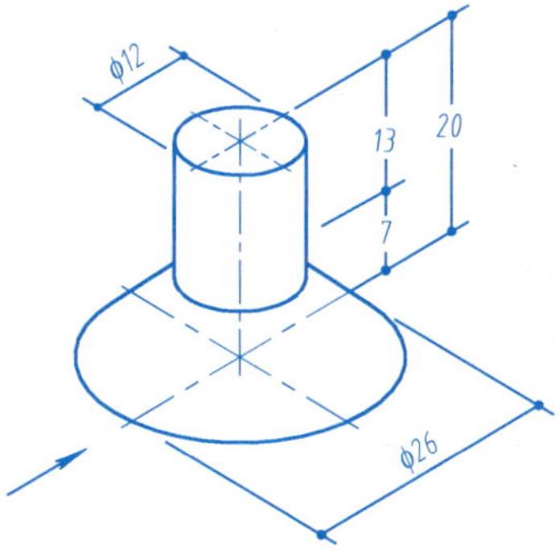

7.

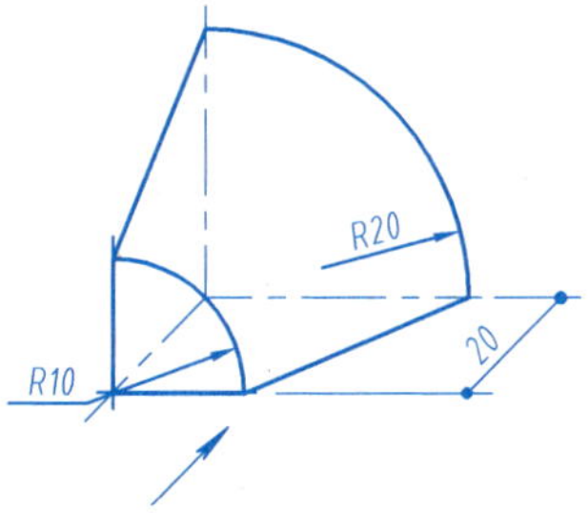

8.

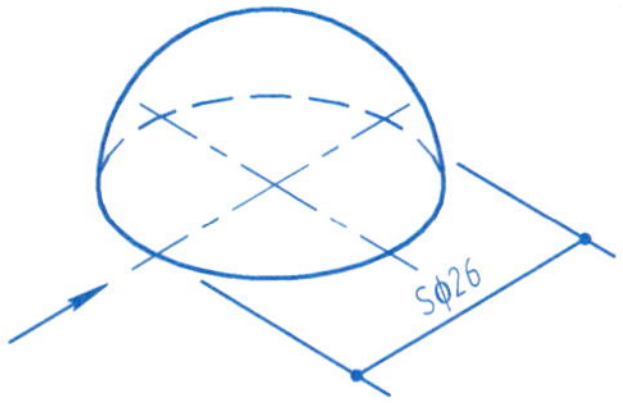

2-3 点的投影(一)

1. 求形体的 W 投影，并标出其表面上各点的三面投影。

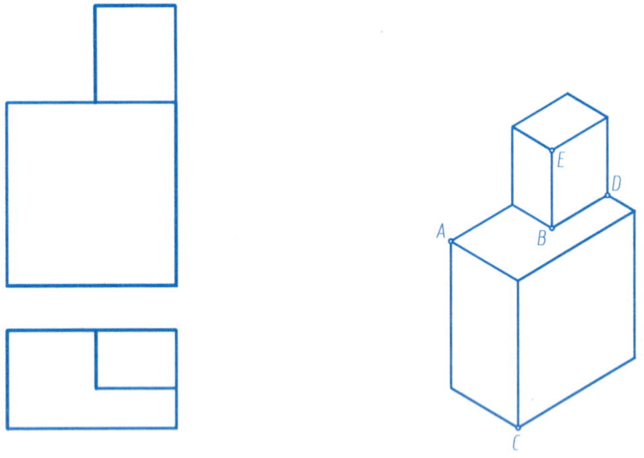

2. 画出以下各点的两面投影。

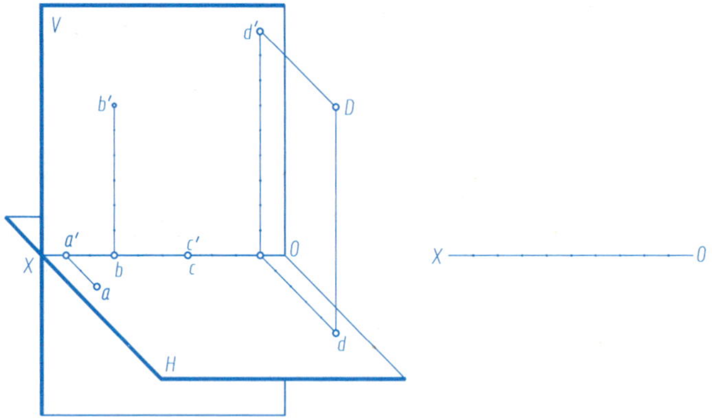

3. 画出以下各点的第三投影，并在表格内填上各点到投影面的距离。

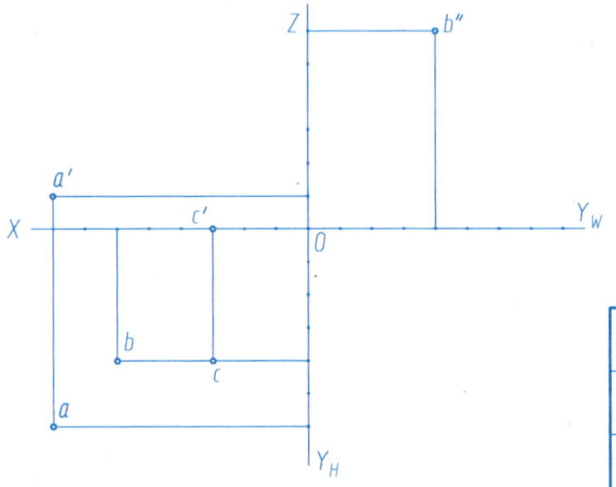

点	距 H 面(单位)	距 V 面(单位)	距 W 面(单位)
A			
B			
C			

4. 已知点 $A(5,20,10)$，点 B 在点 A 的左方 10、后方 15、上方 5，求作 A、B 两点的三面投影和立体图。

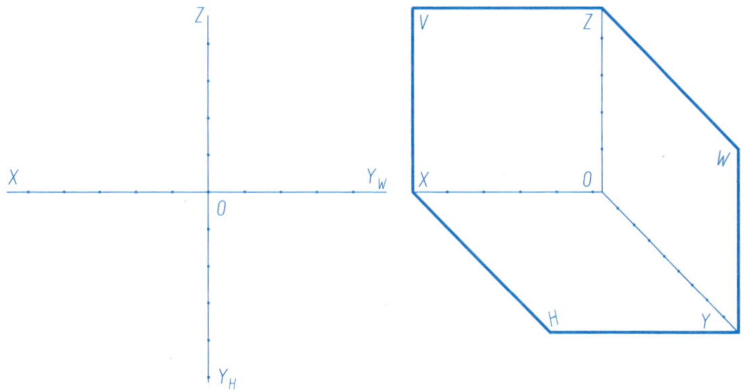

5. 画出以下各点的 ***W*** 投影及立体图，并将各投影图和立体图中的两点连成直线。

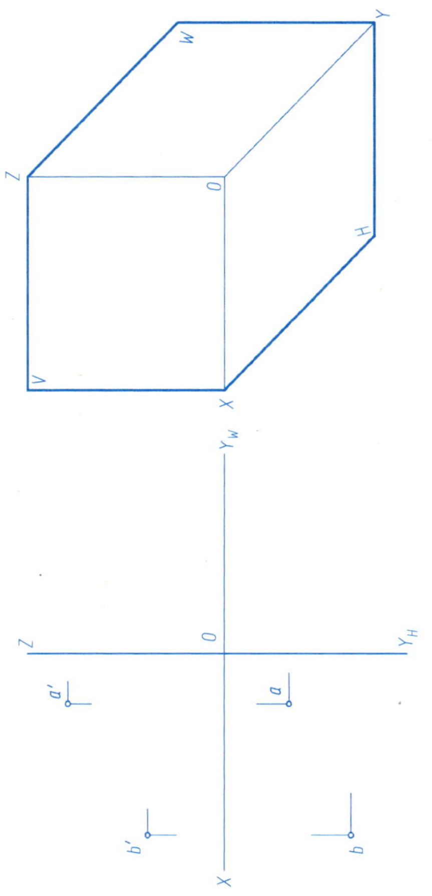

6. 画出以下各点的 ***W*** 投影及立体图，将各投影图和立体图中的每两点连成直线，并判断重影点的可见性。

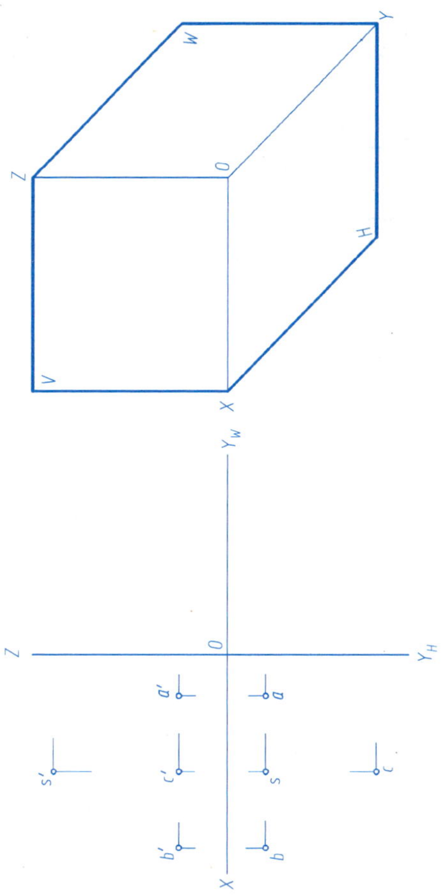

1. 求三棱锥的 W 投影，并根据棱线相对于投影面的位置填空。

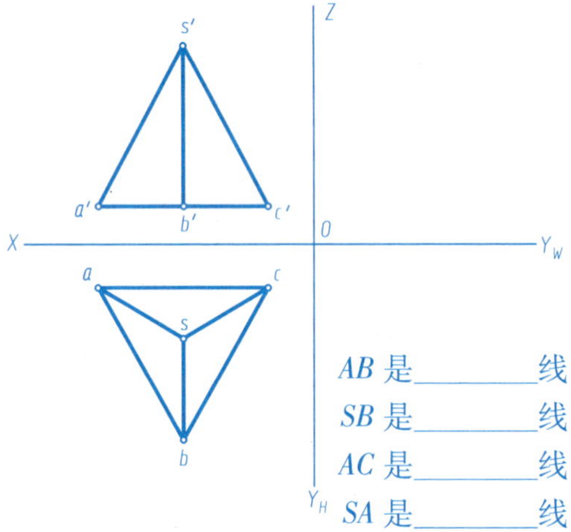

AB 是________线

SB 是________线

AC 是________线

SA 是________线

2. 求线段的第三投影，并判断各线与投影面的相对位置，在投影图上标出倾角 α、β、γ。

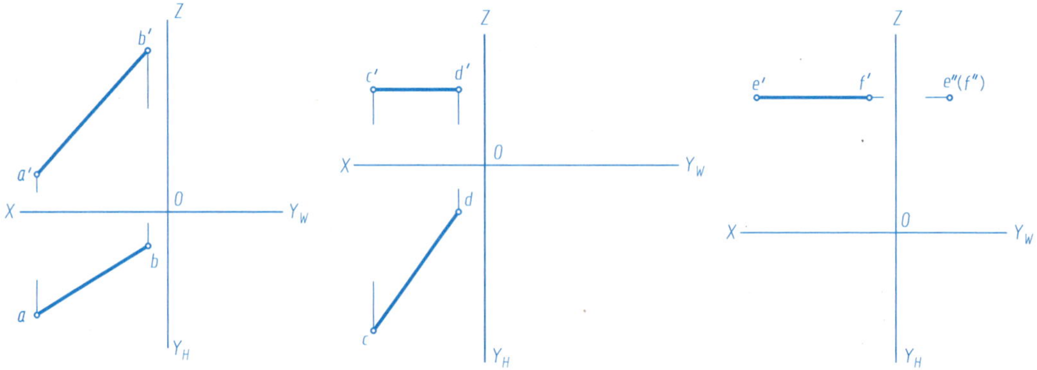

AB 是________线　　CD 是________线　　EF 是________线

3. 已知正平线 AB 的 V 投影 $a'b'$，且距 V 面 15，求作 ab。

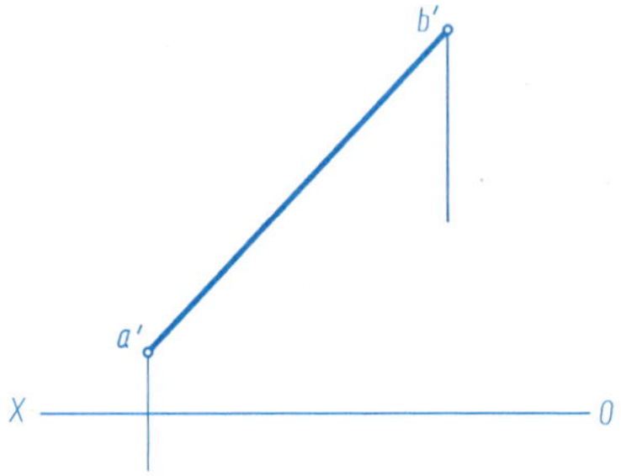

4. 已知水平线 AB 上点 A 的两投影 a' 和 a''，$AB=20$，点 B 距 V 面 20，且点 B 位于点 A 的左方，求 AB 的三面投影。

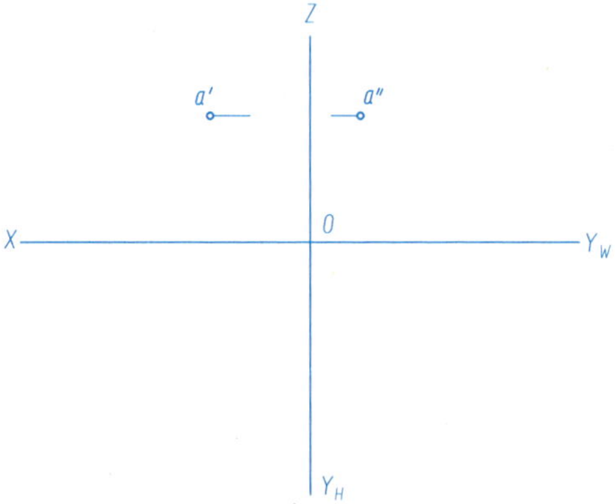

5. 求线段 AB 的倾角 α，线段 CD 的倾角 β。

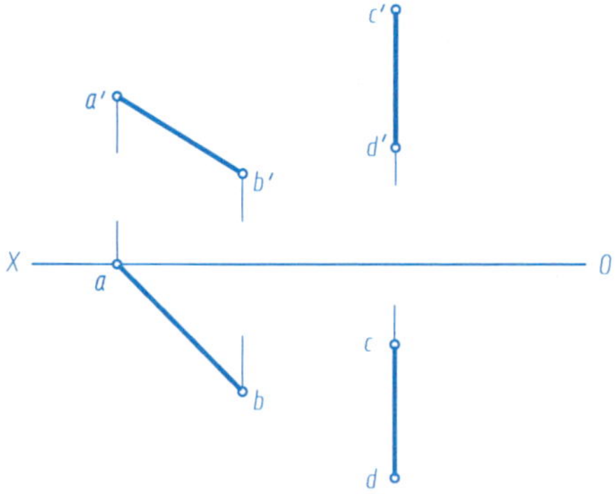

班级　　姓名　　学号

6. 已知线段 AB 对正面的倾角 $\beta=30°$，试完成 AB 的水平投影。

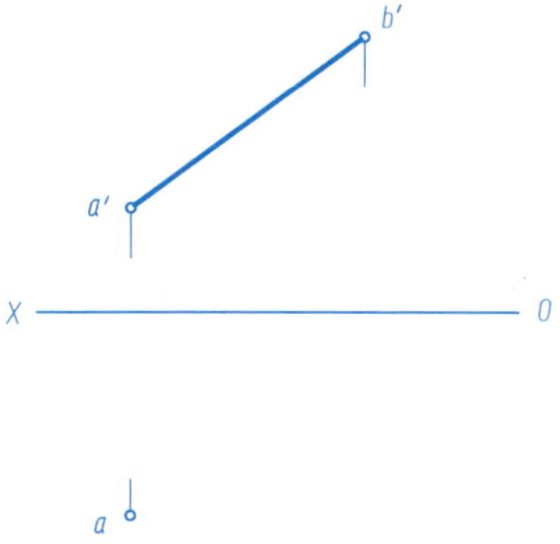

7. 判断点 F 是否在直线 AB 上。

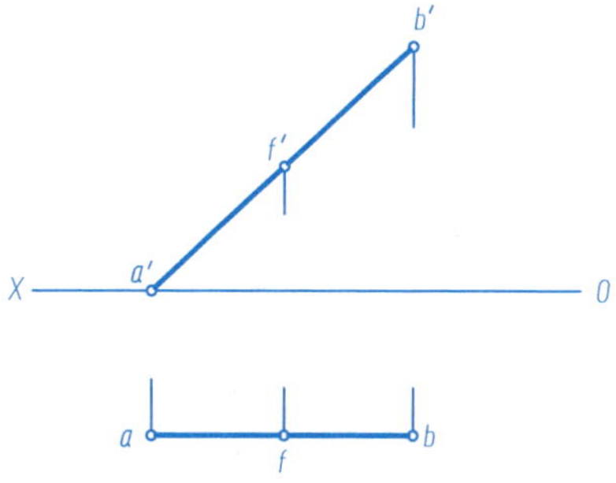

(　　)

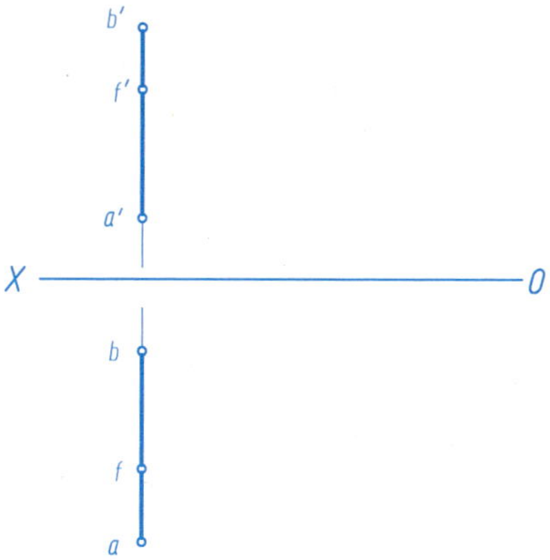

(　　)

8. 判断两直线的相对位置，并判断重影点的可见性。

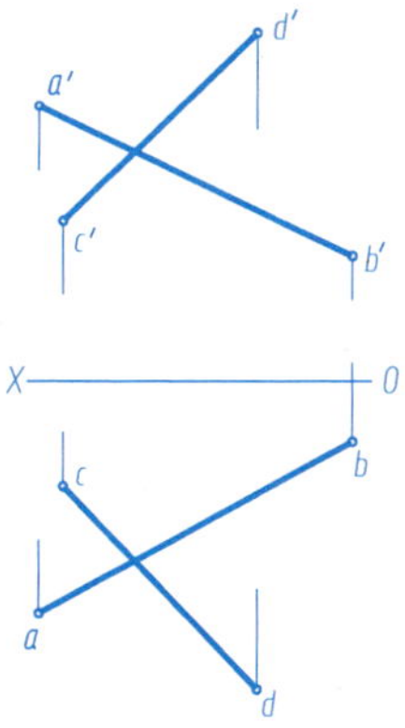

(　　)

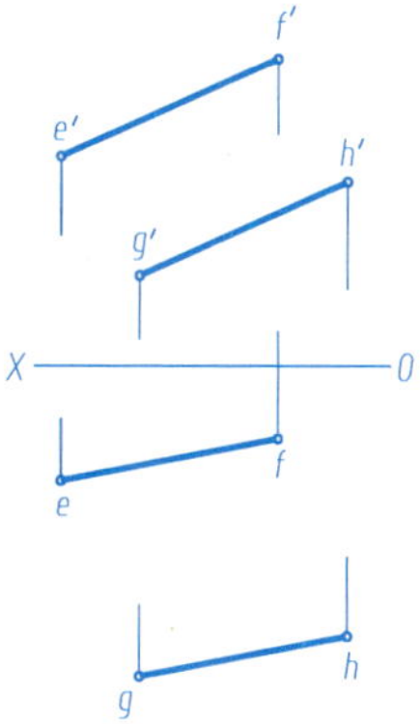

(　　)

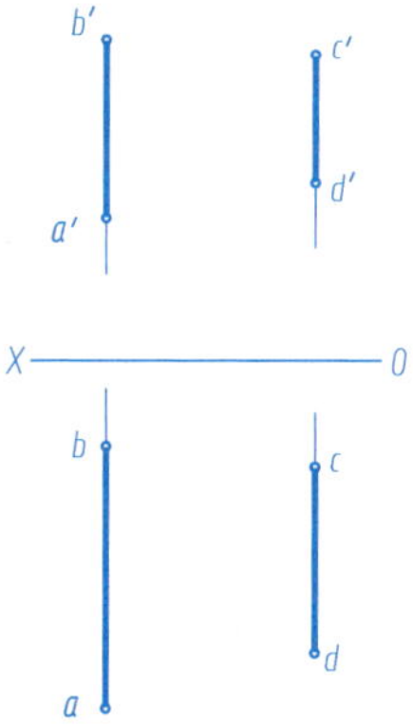

(　　)

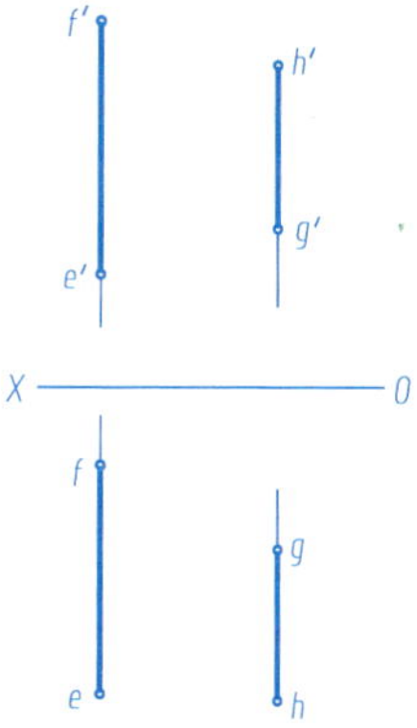

(　　)

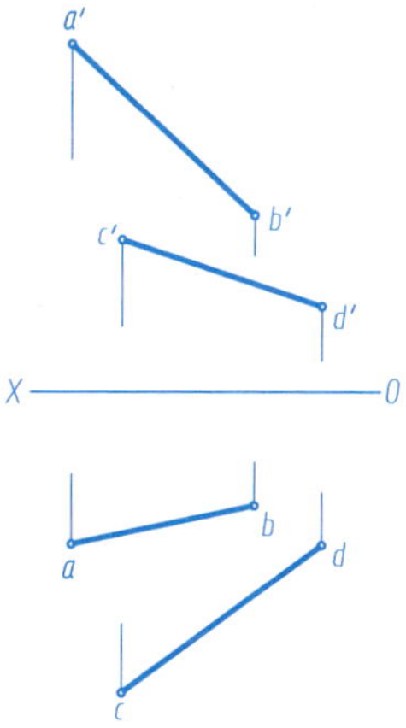

(　　)

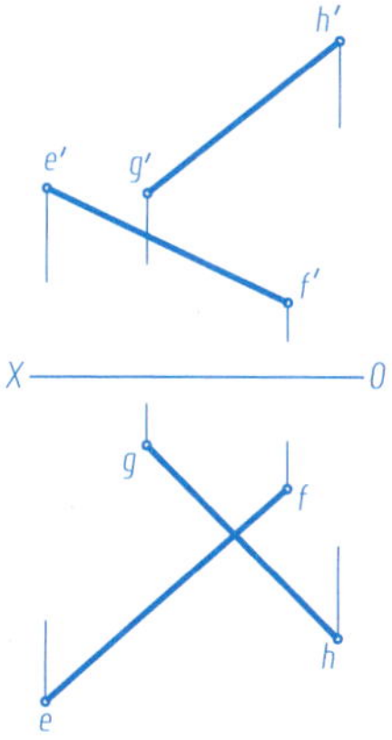

(　　)

2-7 直线的投影(三)

9. 已知正平线 *EF* 距 *V* 面 15，且与 *AB*、*CD* 相交于点 *E*、*F*，求作 *EF* 的投影。

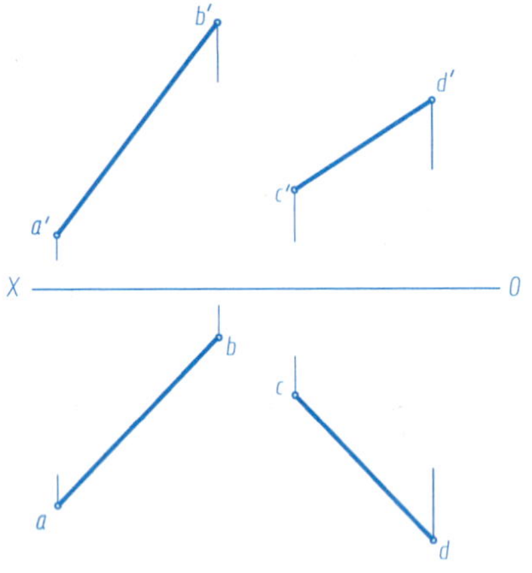

10. 补绘四边形 *ABCD* 的 *V* 投影。

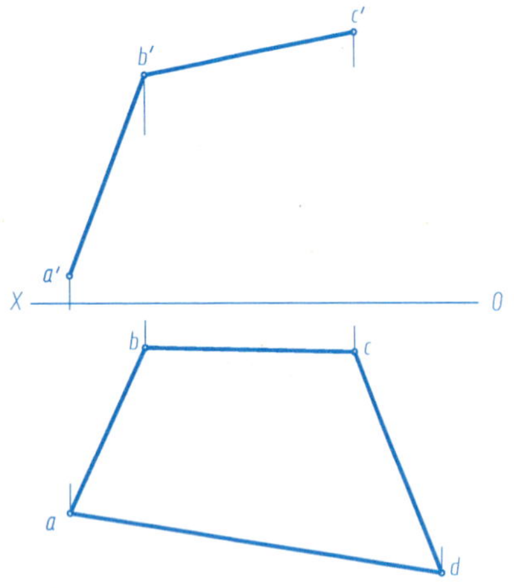

11. 过点 *G* 作直线 *MN* 与两交叉直线 *AB*、*CD* 相交，交点分别为点 *M*、*N*。

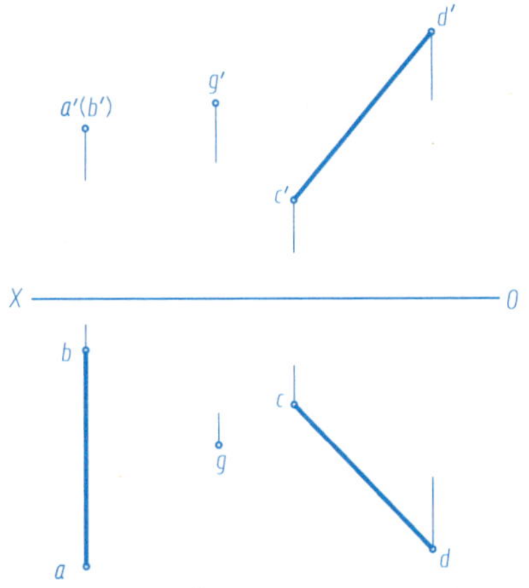

12. 求作交叉两直线 *AB*、*CD* 的公垂线，垂足分别为点 *M*、*N*。

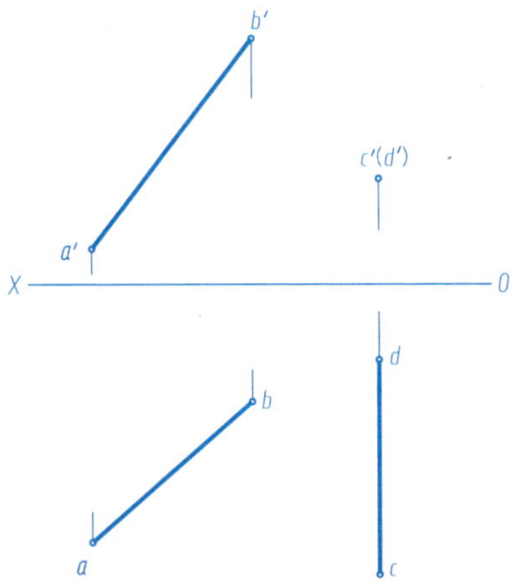

13. 已知 *AB*、*AC* 是直角△*ABC* 的两直角边，试完成该三角形的两投影。

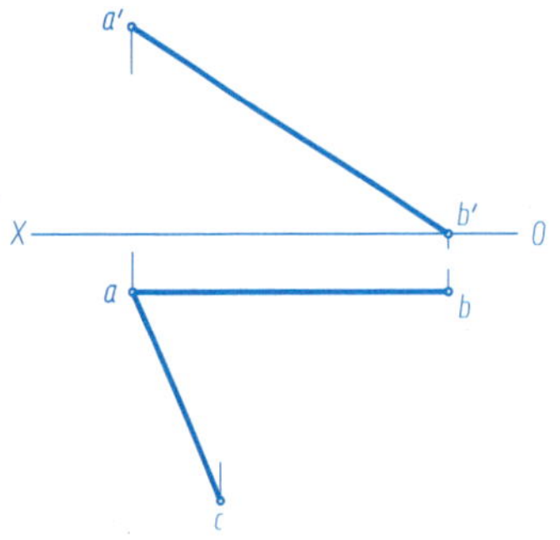

14. 求作点 *M* 到正平线 *AB* 的距离。

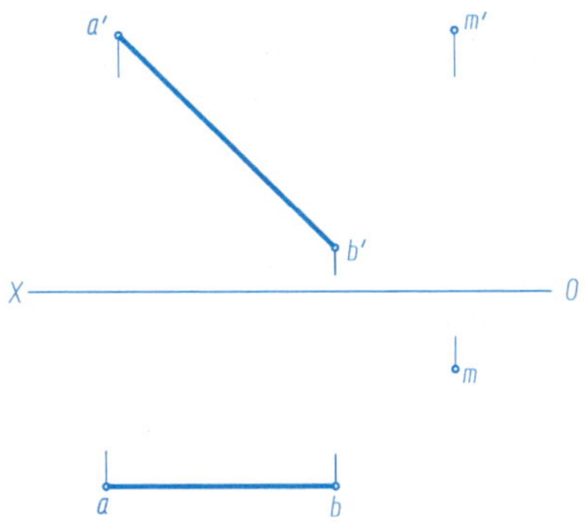

班级　　姓名　　学号

2-8　平面的投影(一)

1. 求 W 投影，并填空说明指定表面与投影面的相对位置，同时在投影图中标明各指定表面的三面投影。

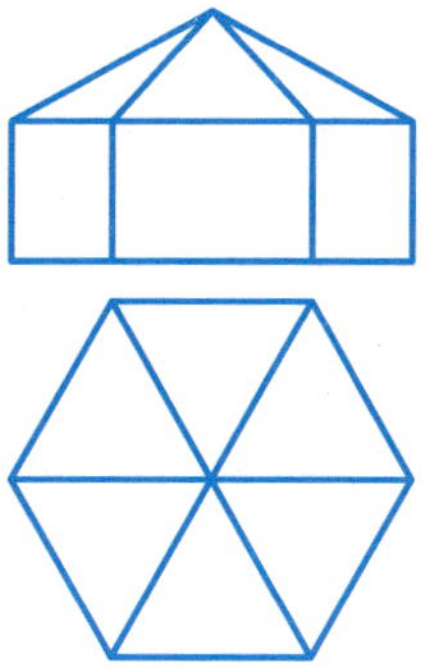

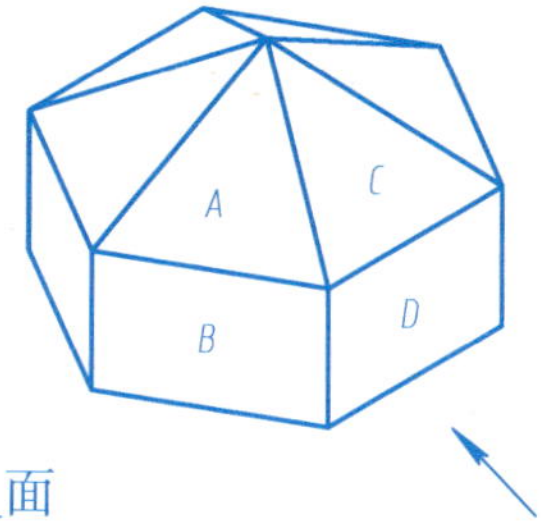

A 是＿＿＿＿＿＿面，B 是＿＿＿＿＿＿面

C 是＿＿＿＿＿＿面，D 是＿＿＿＿＿＿面

2. 求 W 投影，并填空说明指定表面与投影面的相对位置，同时在投影图中标明各表面的三面投影。

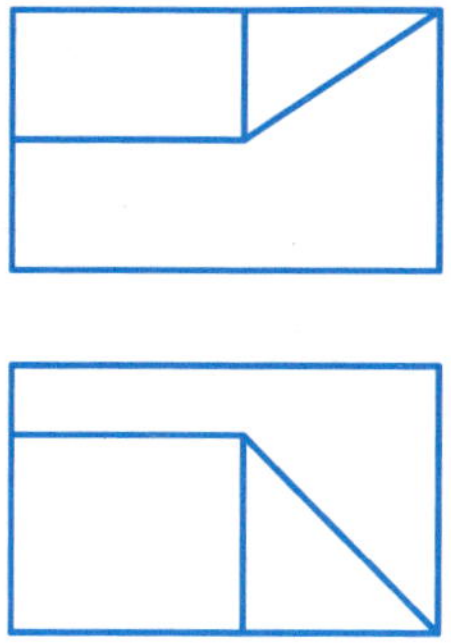

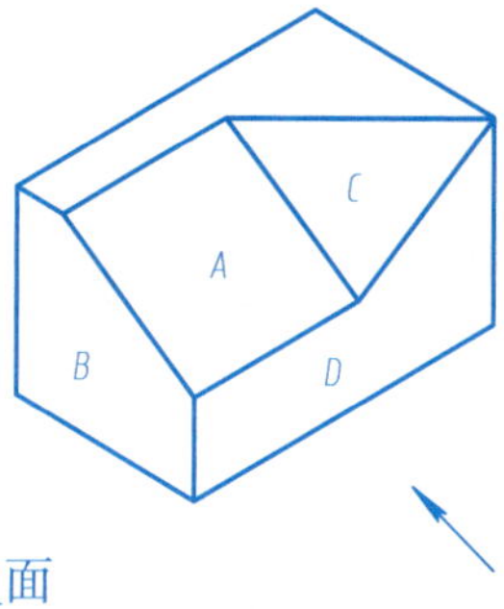

A 是＿＿＿＿＿＿面，B 是＿＿＿＿＿＿面

C 是＿＿＿＿＿＿面，D 是＿＿＿＿＿＿面

3. △ABC 为正垂面，BC 为正平线，作出△ABC 的投影(只作一解)。

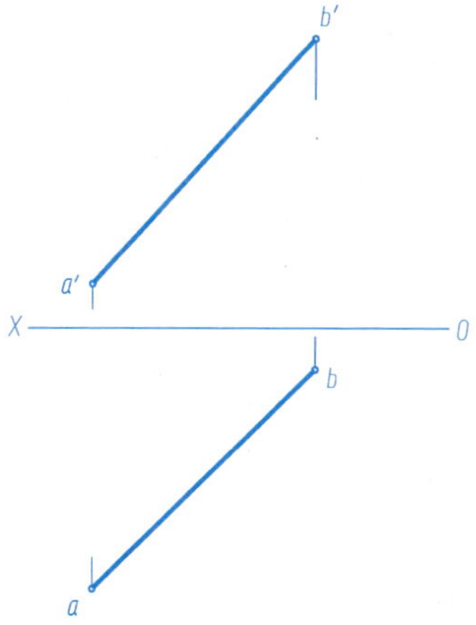

4. 四边形 $ABCD$ 为侧垂面，$\alpha = 60°$，作出四边形 $ABCD$ 及其面上的点 N 的水平投影和侧面投影。

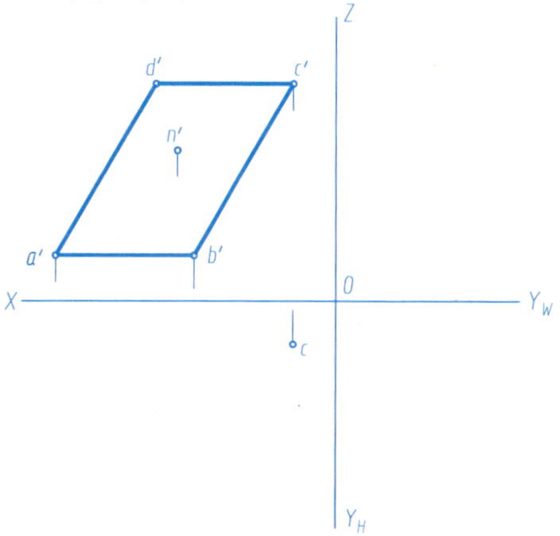

5. △ABC 为正平面，$AC = 30$，作出△ABC 的 V 投影。

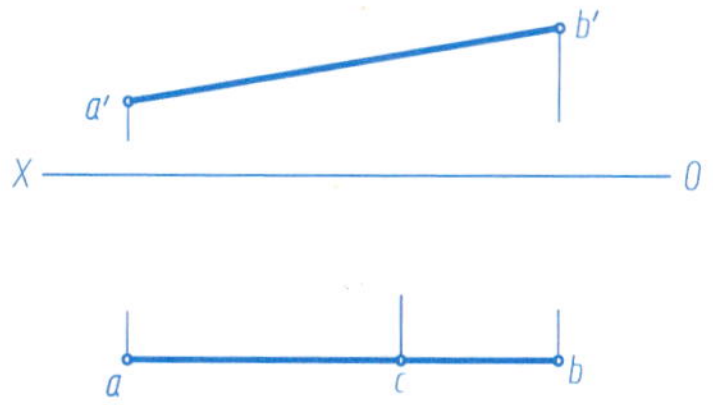

6. 求△*ABC* 上的点 *E* 的 *V* 投影。

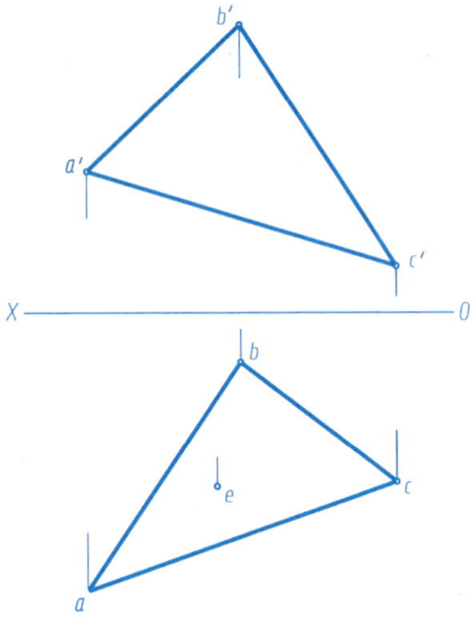

7. 已知四边形 *ABCD* 的 *CD* 边平行于 *V* 面，补绘 *ABCD* 的 *H* 投影。

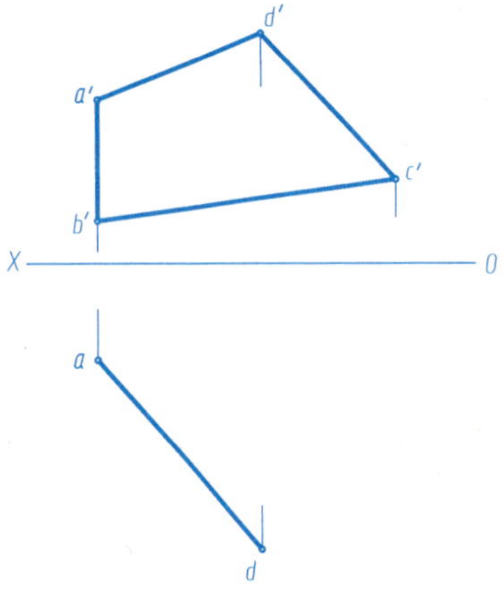

8. 作△*ABC* 内点 *K* 的两面投影，点 *K* 距 *V*、*H* 面分别为 13、15。

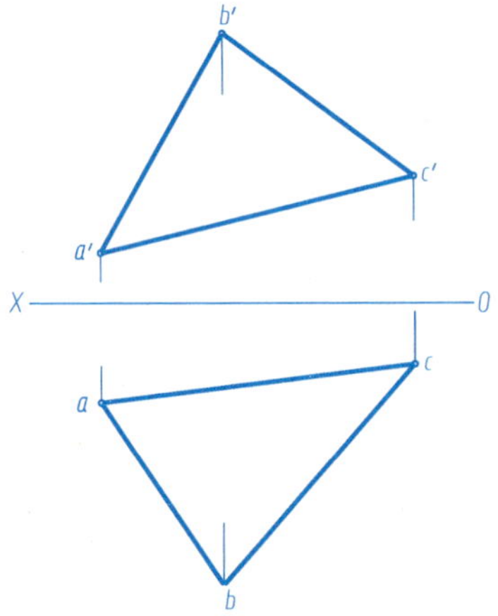

9. 已知点 *A* 和直线 *BC* 的正面投影，*AD* 为平面 *ABC* 对 *V* 面的最大斜度线，试完成平面 *ABC* 的两面投影。

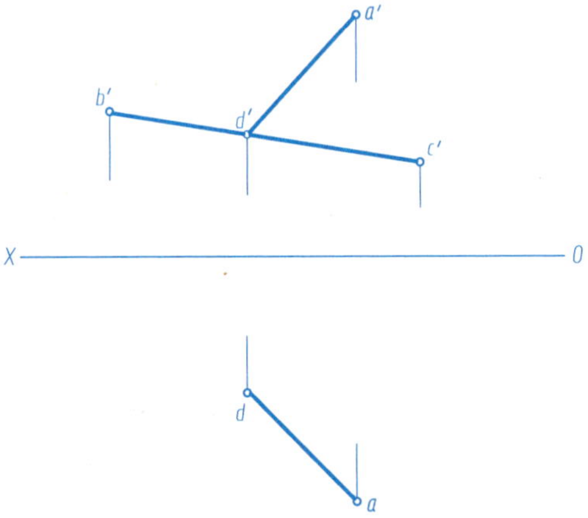

10. 求作由 *AB*、*CD* 平行两直线所确定的平面对 *H* 面的倾角 α。

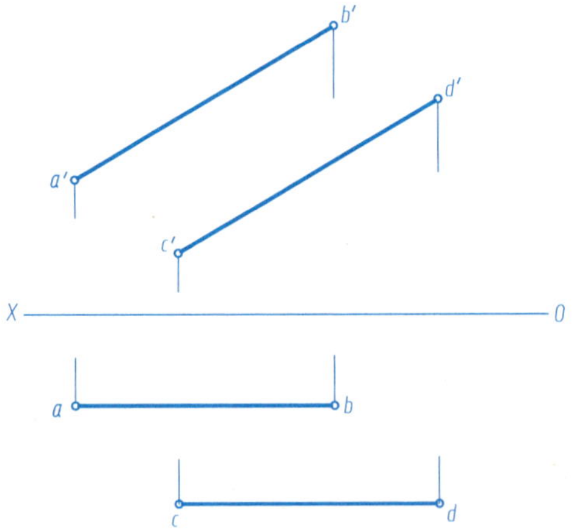

　　班级　　姓名　　学号

2-10 直线与平面的相对位置(一)

1. 判断图中的直线与平面、平面与平面是否平行。

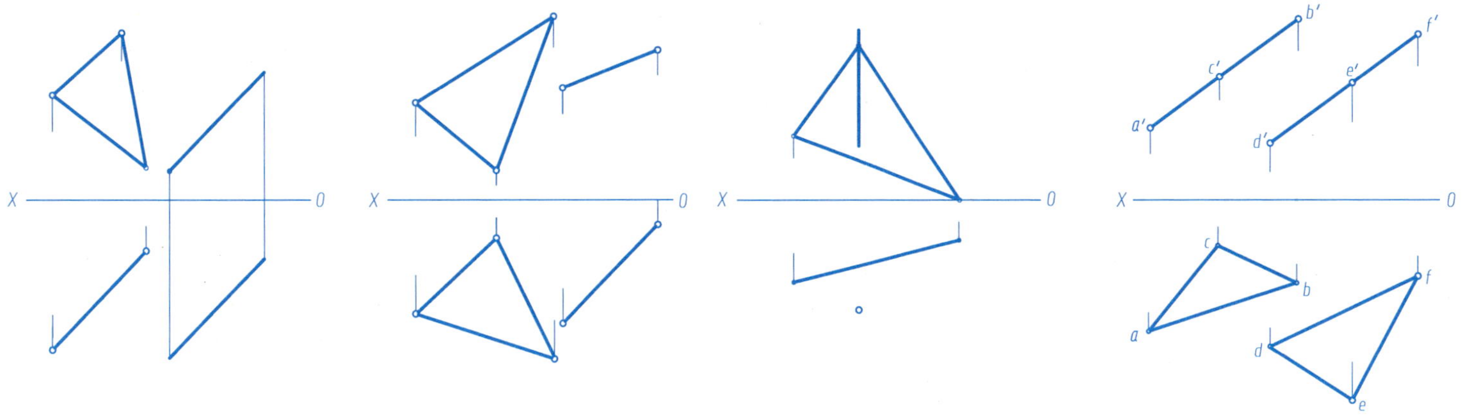

(　　　)　　(　　　)　　(　　　)　　(　　　)

2. 过点 K 作一直线平行于 AB 和 CD 所构成的平面。

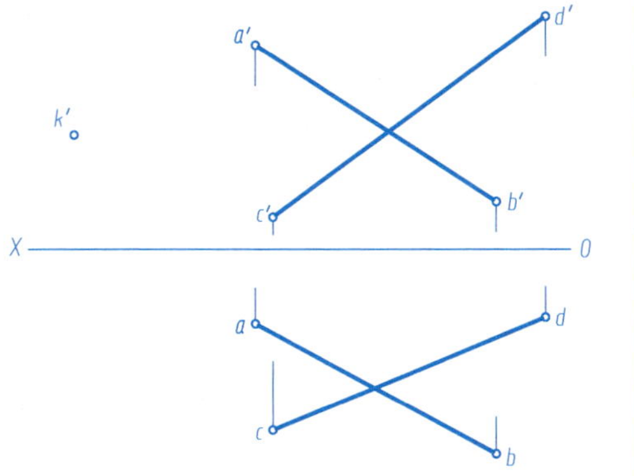

3. 过点 K 作一直线平行于 V 面和△ABC。

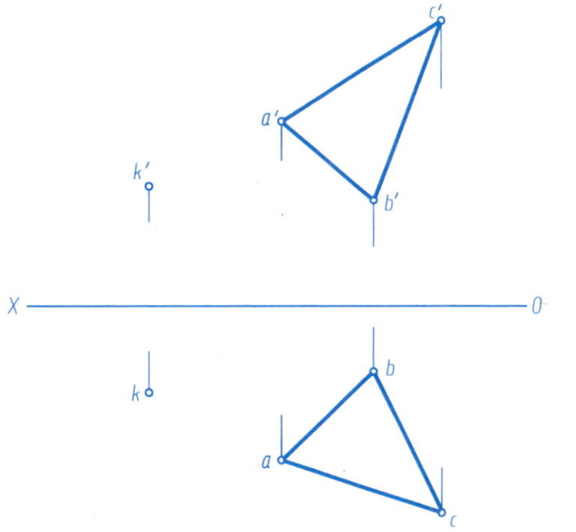

4. 已知平面 P(AB∥CD)平行于△EFG，试完成平面 P 的投影。

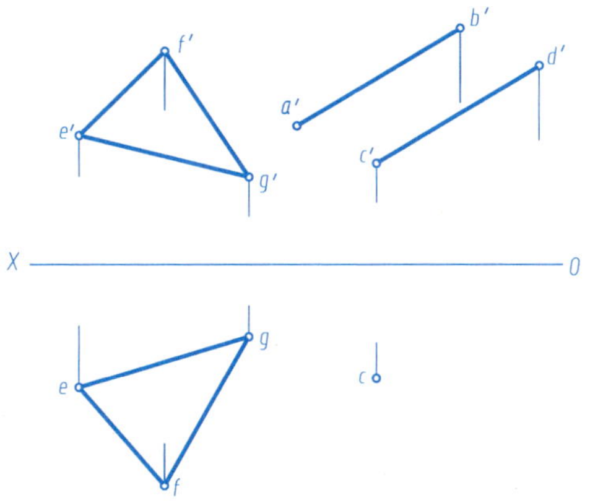

班级　　　　姓名　　　　学号

5. 求 *EF* 与正垂面 *ABCD* 的交点，并补全 *EF* 的投影。

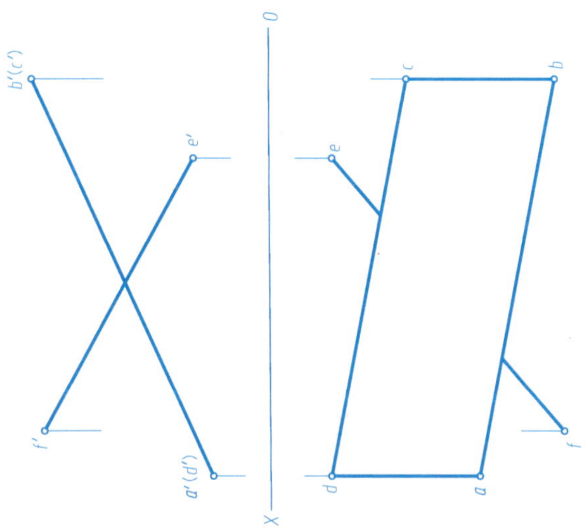

6. 求 *MN* 与平面△*ABC* 的交点，并补全 *MN* 的投影。

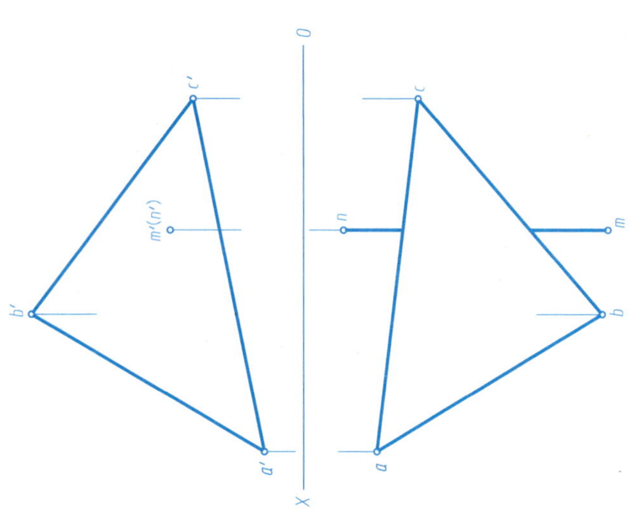

7. 求 *MN* 与平面△*ABC* 的交点，并补全 *MN* 的投影。

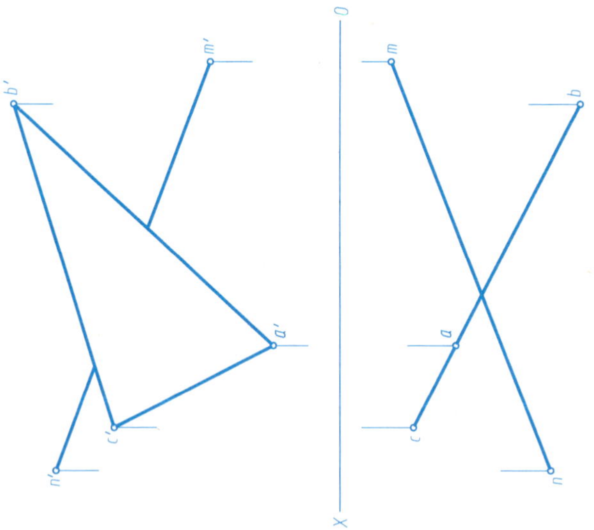

8. 求 *MN* 与平面△*ABC* 的交点，并补全 *MN* 的投影。

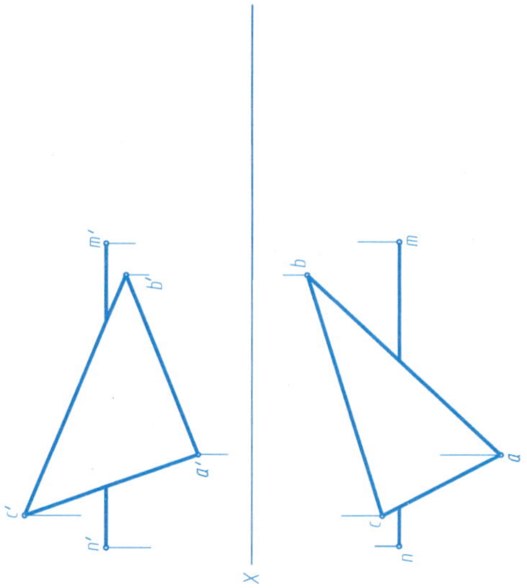

 班级 姓名 学号

9. 求直线 *EF* 与侧垂面 *ABCD* 的交点，并补全直线 *EF* 的投影。

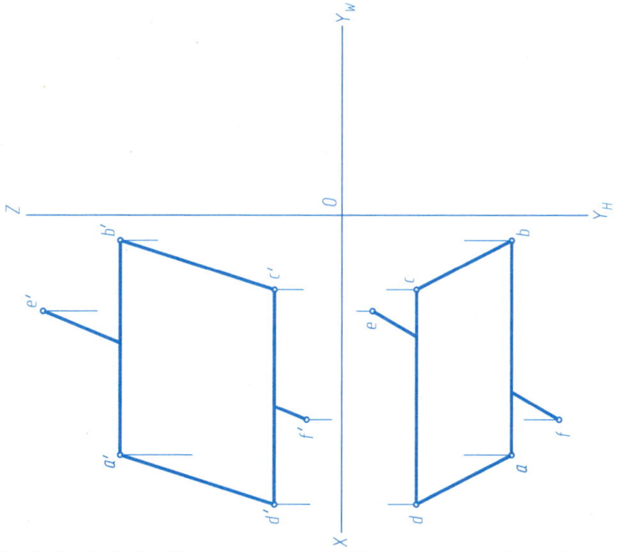

10. 求作直线 *MN* 与平面 *ABCD* 的交点 *K*，并补全直线 *MN* 的投影。

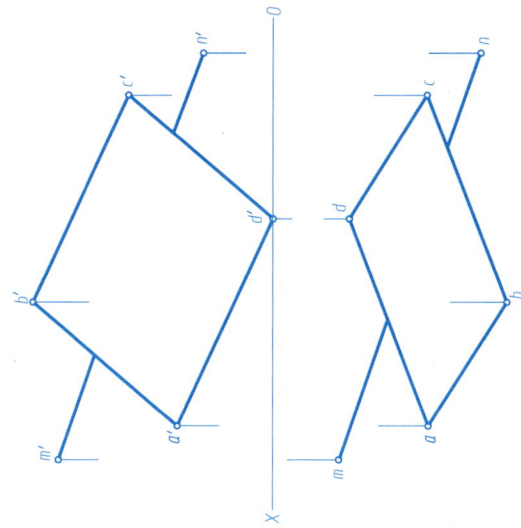

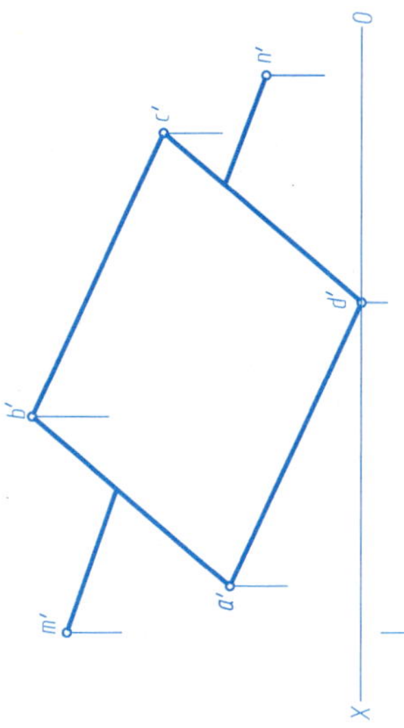

11. 求两平面的交线，并补绘所缺的图线。

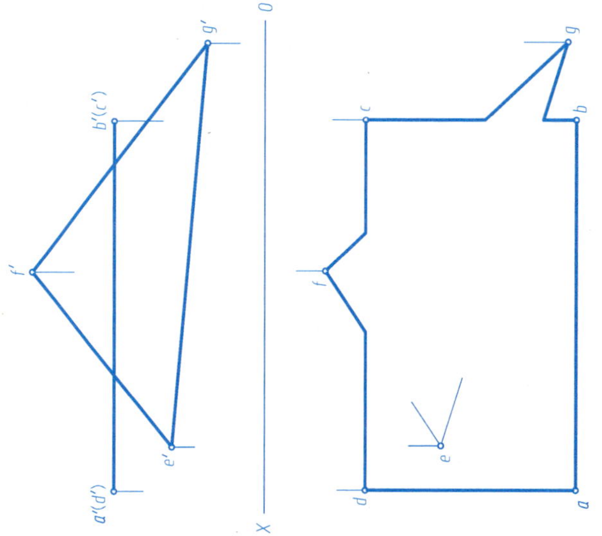

12. 求两平面的交线，并补绘所缺的图线。

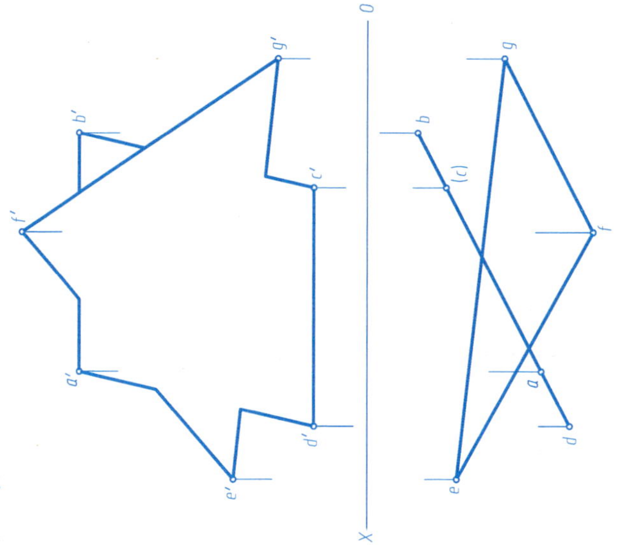

13. 求作两平面的交线 *KL*，并判别可见性。

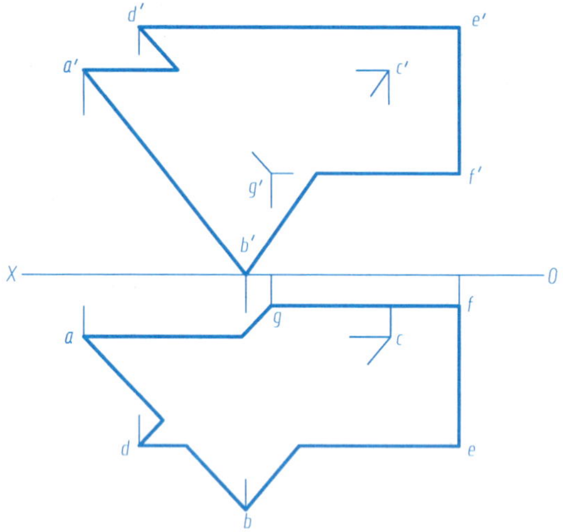

14. 求点 *K* 到△*ABC* 平面的距离的两面投影和实长。

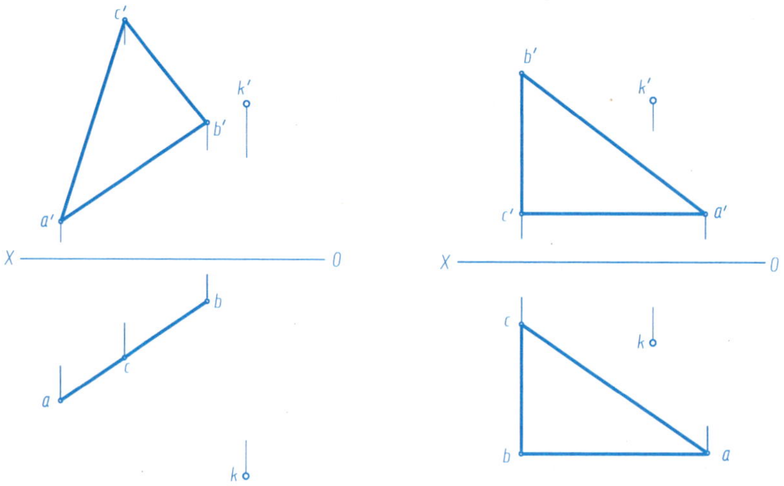

(1) (2)

15. 求作平面 *ABCD* 与平面△*EFG* 的交线。

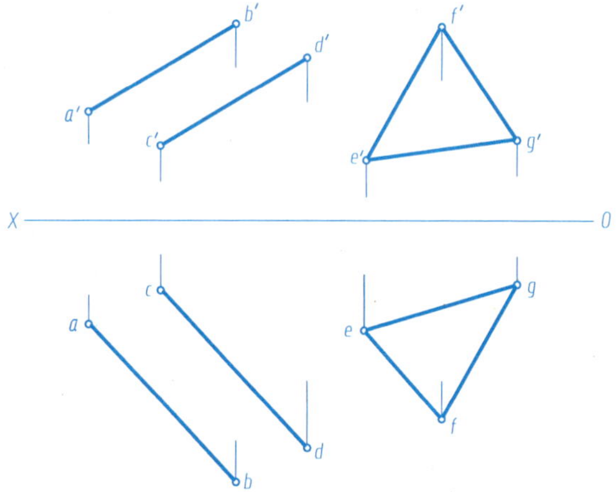

16. 过点 *A* 作一直线与平面 *CDEF* 平行，并与直线 *MN* 垂直。

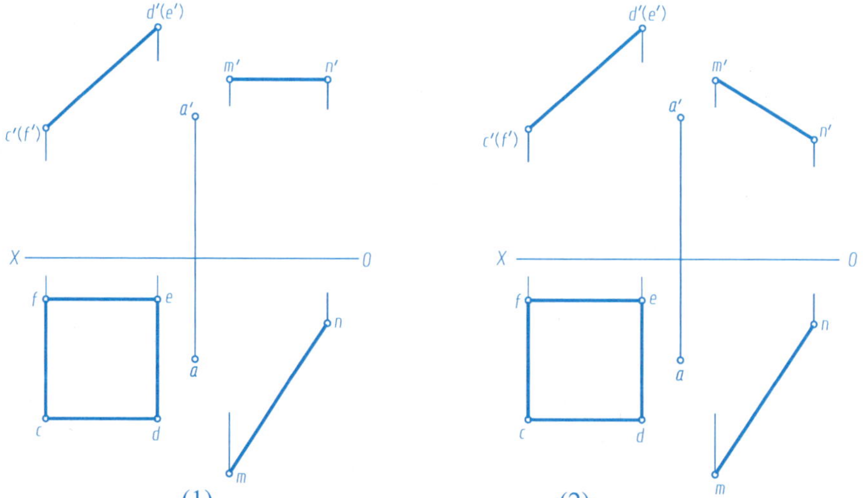

(1) (2)

2-14　直线与平面的相对位置(五)

17. 已知平面△*ABC* 垂直于平面△*EFG*，补画 *EFG* 的水平投影。

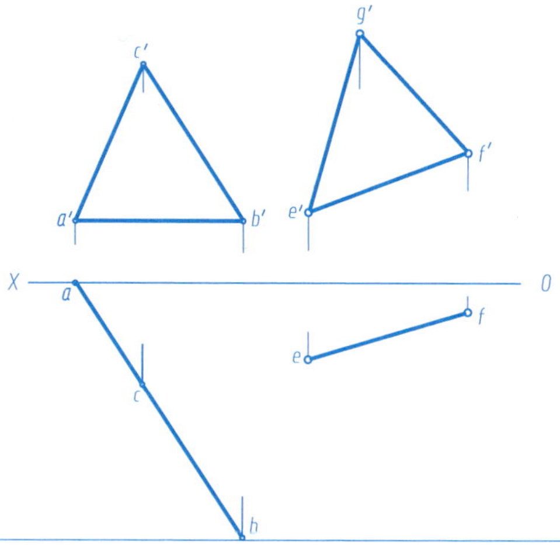

18. 已知直线 *AB*⊥*BC*，试完成直线 *BC* 的投影。

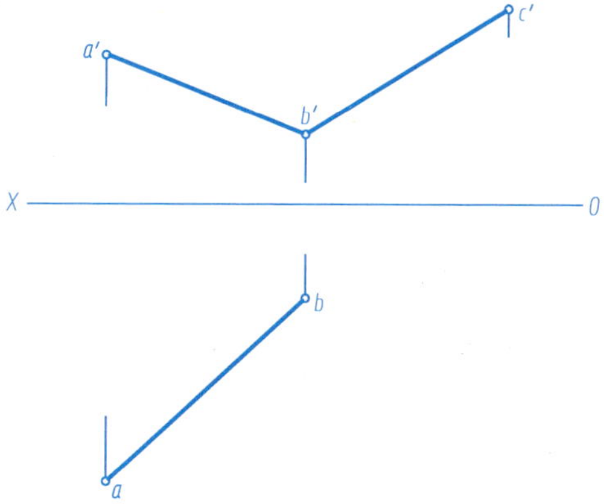

19. 在直线 *AB* 上找一点 *C*，使其与点 *E*、*F* 等距。

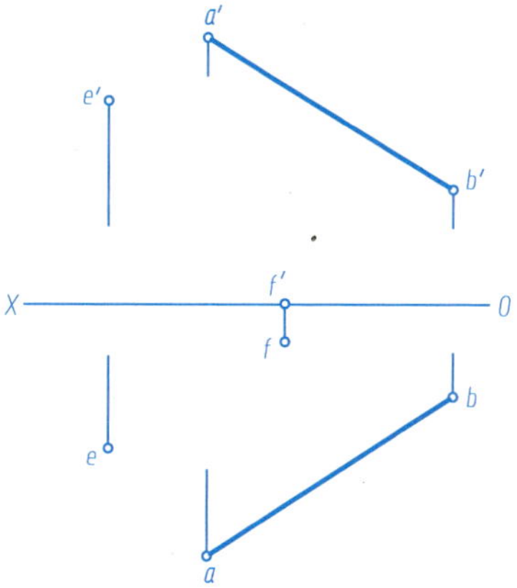

20. 作直线 *MN* 平行于 *EF*，并与交叉两直线 *AB*、*CD* 相交，求 *MN* 的两面投影。

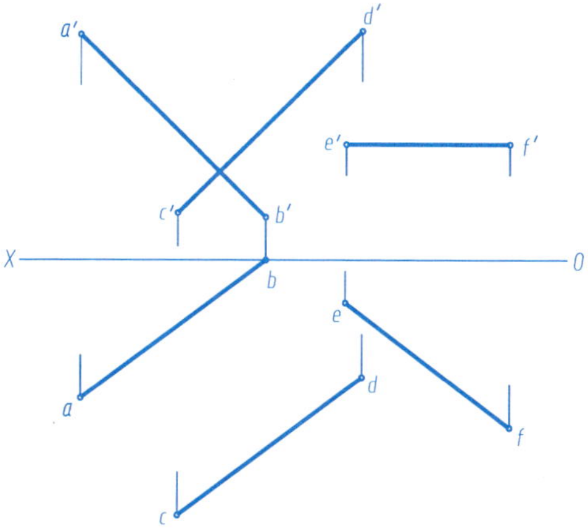

2-15　直线与平面的相对位置(六)

21. 以 AB 为底边作等腰 $\triangle ABC$，点 C 在 EF 上，试完成该等腰三角形。

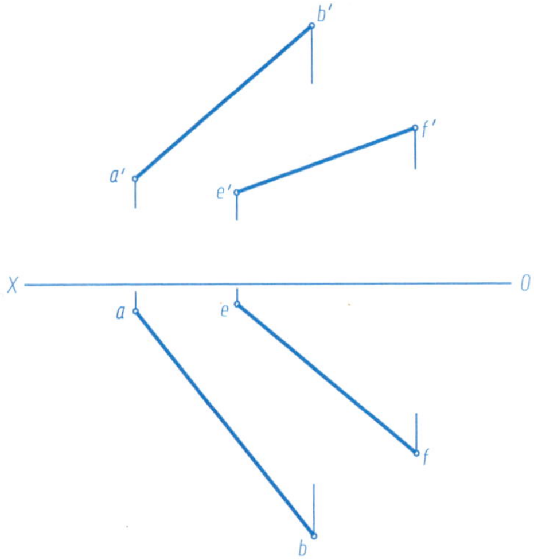

22. 已知两平行直线 AB 和 CD 相距 20，求作直线 AB 的水平投影。

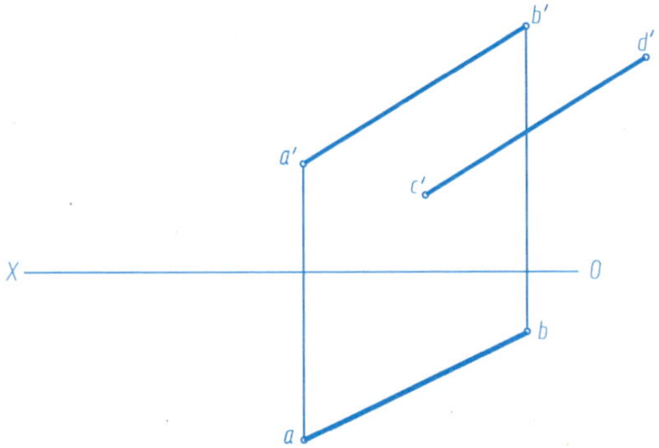

23. 已知等腰 $\triangle ABC$ 的一腰 AB 在 AG 上，且平行于 $\triangle DEF$，另一腰 $AC \perp \triangle DEF$，垂足为 C，求作 $\triangle ABC$ 的两面投影。

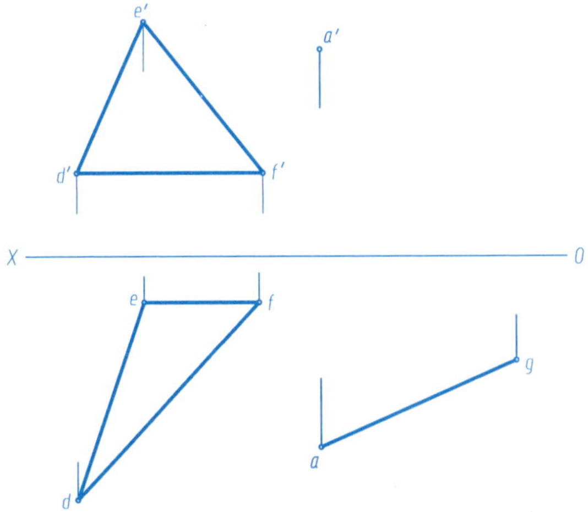

24. 求直线 AB 与 $\triangle DEF$ 的夹角。

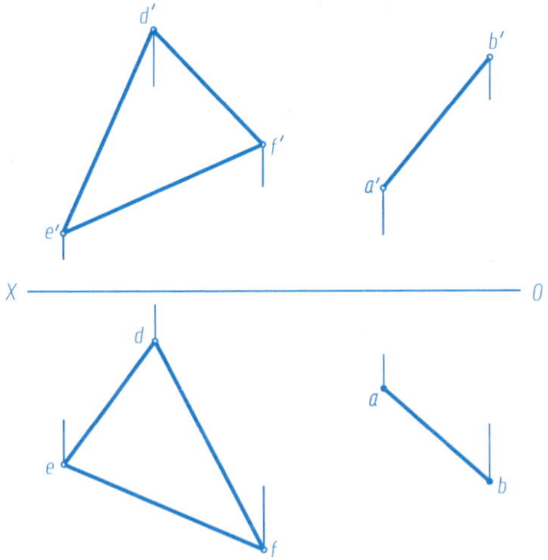

1. 求六棱柱的 *W* 投影及其表面上 *A*、*B*、*C* 点的另外两面投影。

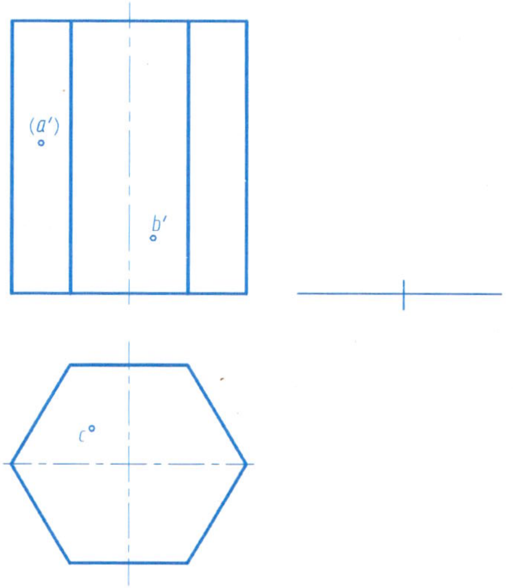

2. 求三棱柱的 *W* 投影及其表面上折线 *ABC* 的另外两面投影。

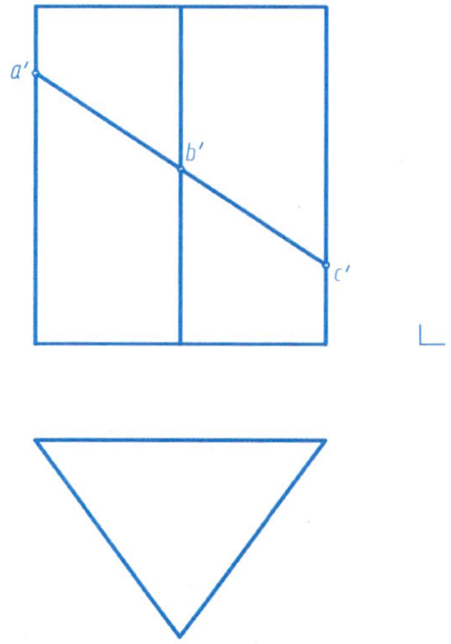

3. 求三棱锥的 *W* 投影及其表面上 *A*、*B*、*C* 点的另外两面投影。

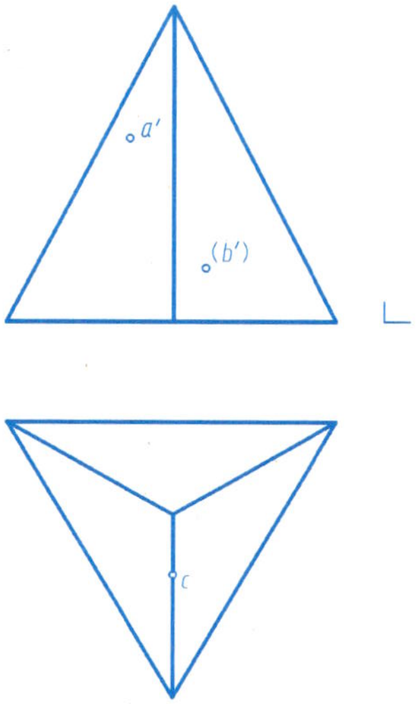

4. 求四棱台的 *H* 投影及其表面上 *A*、*B* 两点的另外两面投影。

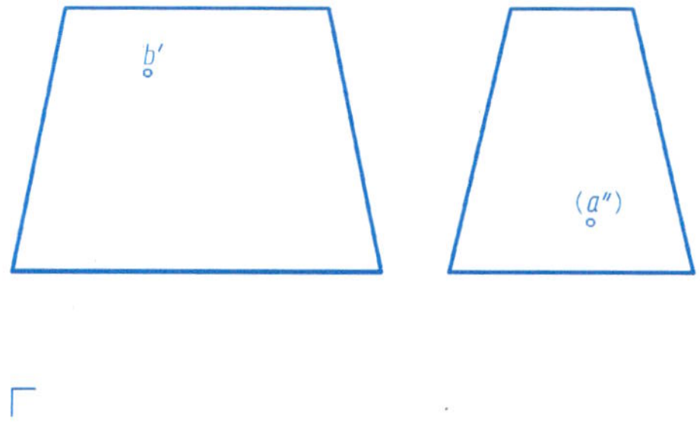

5. 求作三棱柱的 *W* 投影及其表面上 A、B、C 三点的 *H*、*W* 投影。

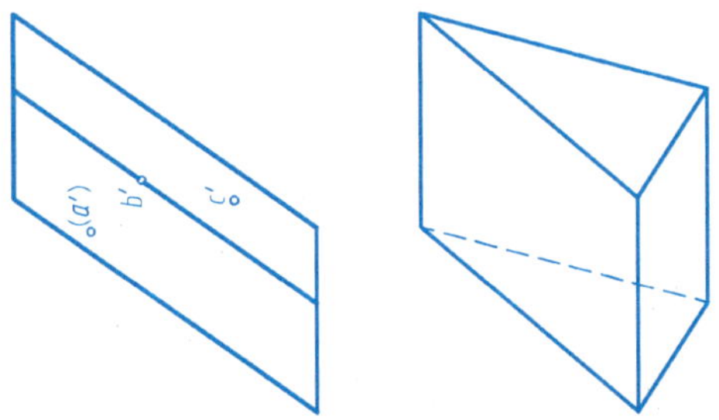

6. 求三棱锥的 *W* 投影及其表面上折线 *ABCD* 的 *H*、*W* 投影。

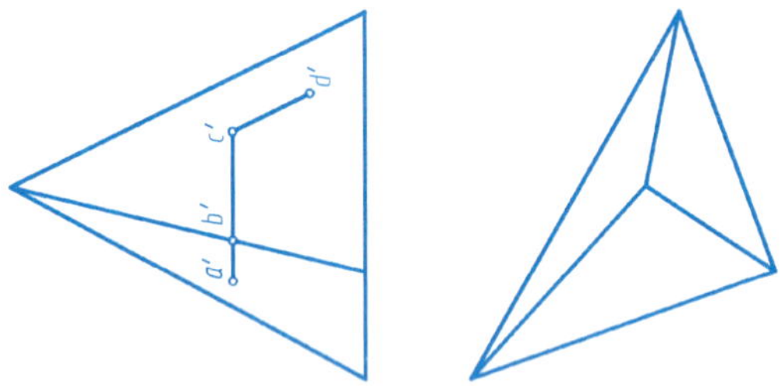

7. 求圆柱表面上各点的另外两面投影。

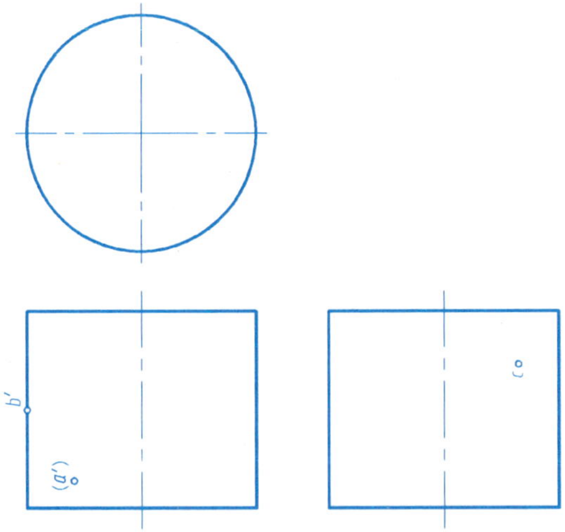

8. 求圆柱表面上曲线 *ABC* 的另外两面投影。

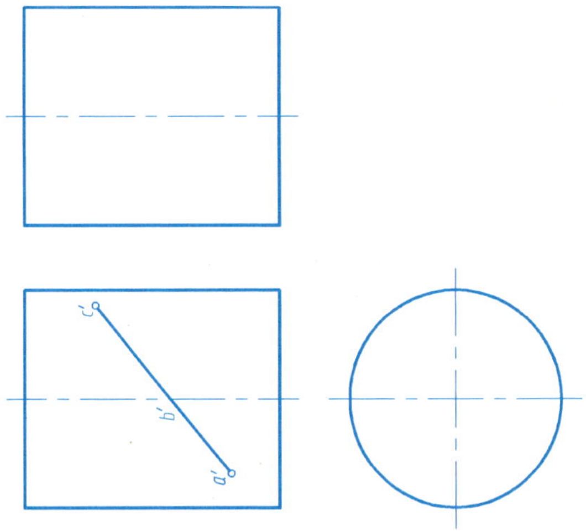

9. 求圆锥表面上各点的另外两面投影。
（利用纬圆法求解）

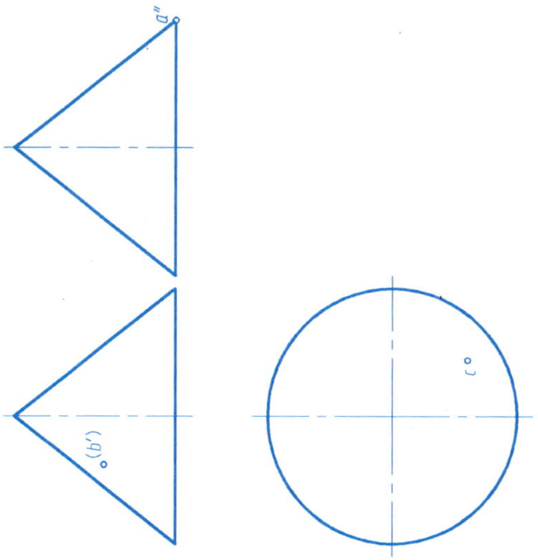

10. 求圆锥表面上各点的另外两面投影。
（利用素线法求解）

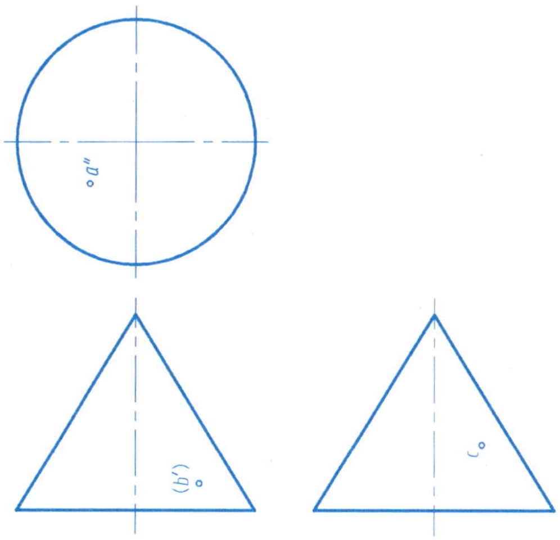

11. 求圆球表面上各点的另外两面投影。

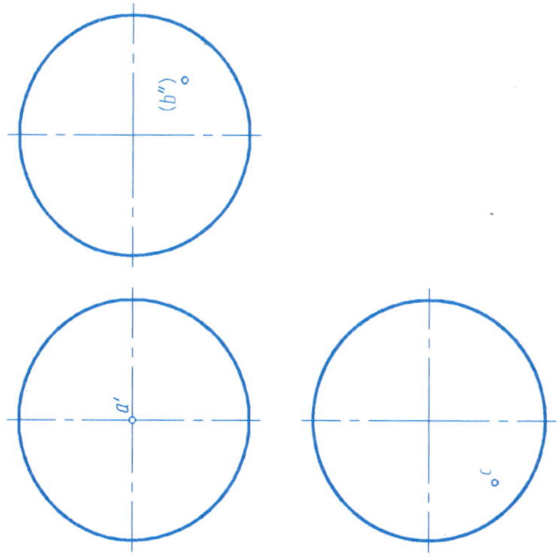

12. 求圆环表面上各点的另外两面投影。

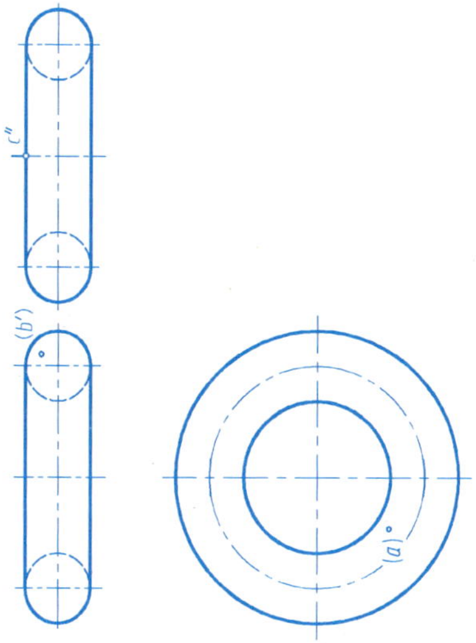

1. 求直线 AB 的实长及倾角 α。

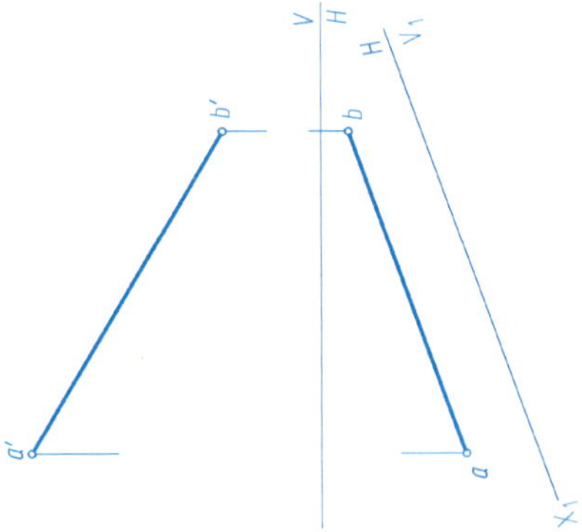

2. 已知 $AB \perp BC$，求 AB 线的 V 投影。

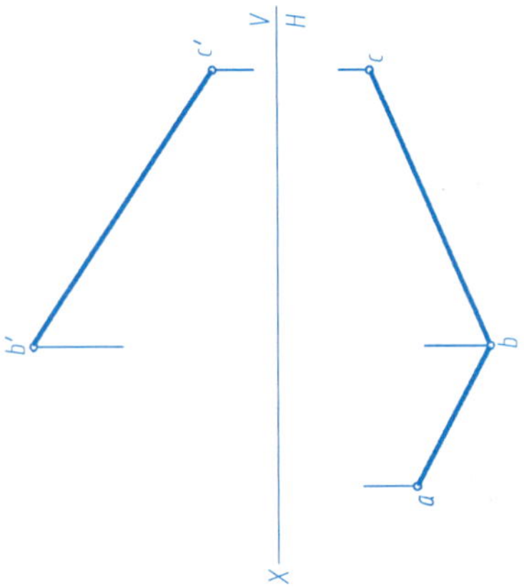

3. 求铅垂面 $\triangle ABC$ 的实形。

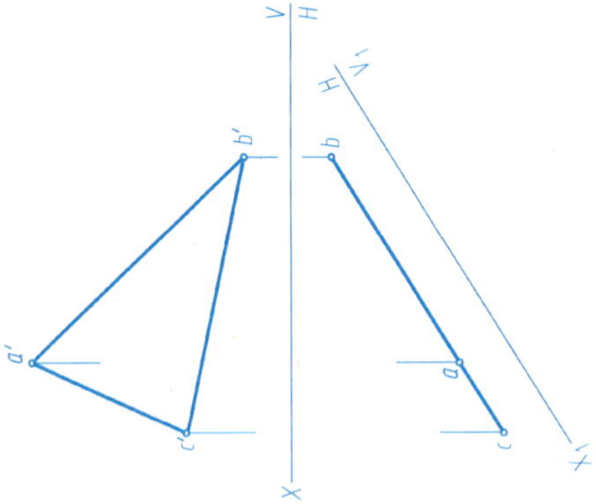

4. 根据铅垂面的水平投影和反映实形的 V_1 面投影，作出其正面投影。

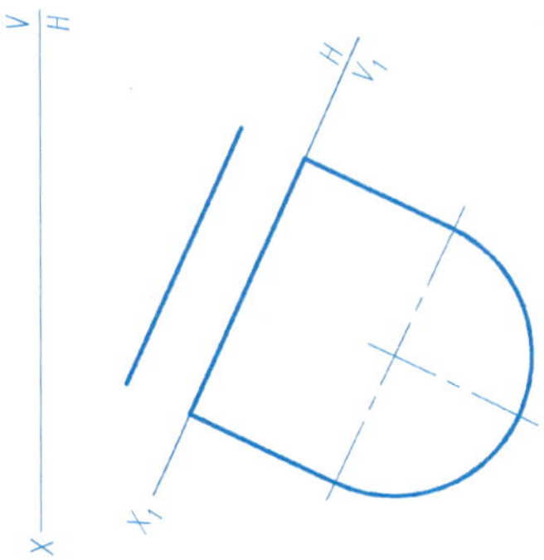

 班级 姓名 学号

5. 求点 A 到直线 BC 的距离，并作出垂足的投影。

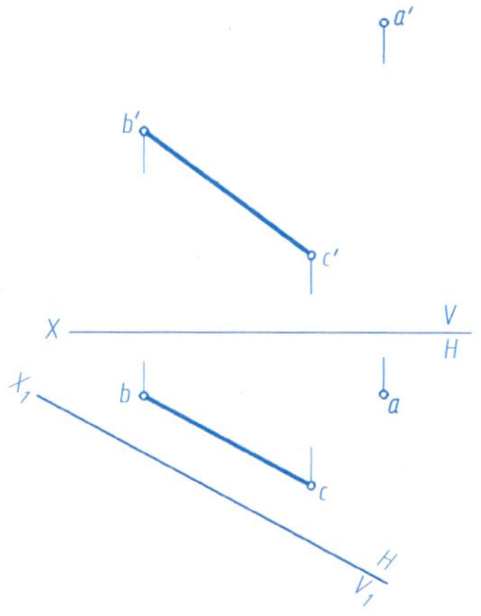

6. 用换面法求△ABC 的 β 角。

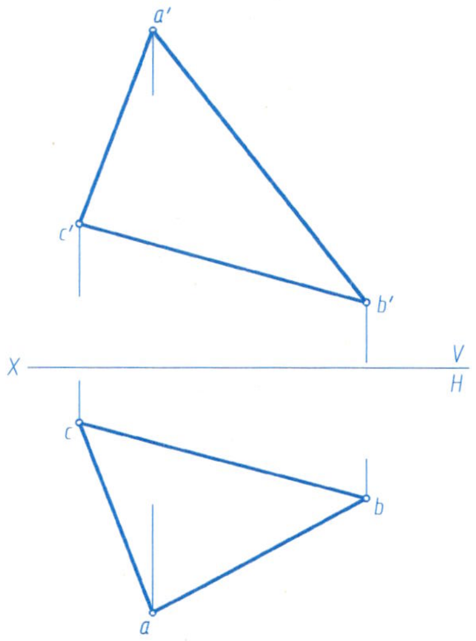

7. 用换面法求△ABC 的实形。

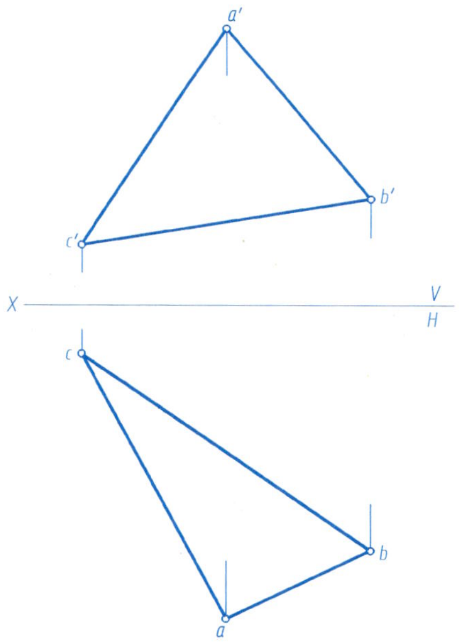

8. 求两平行线 *MN* 与 *ST* 之间的距离。

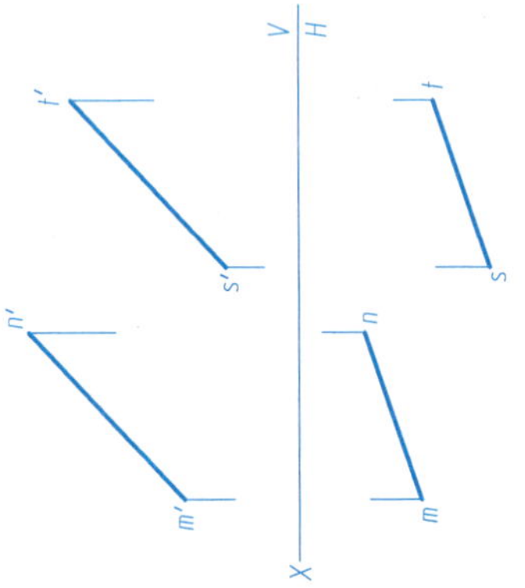

9. 求直线 *AB*、*CD* 的公垂线 *EF*。

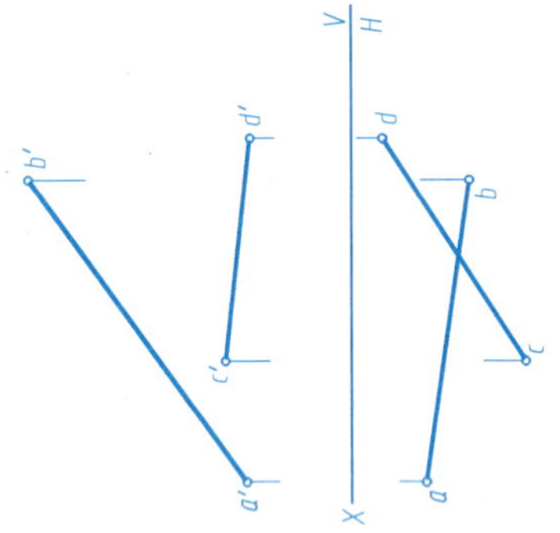

10. 求作挡土墙两表面 *ABCD* 与 *CDEF* 夹角 θ 的真实大小。

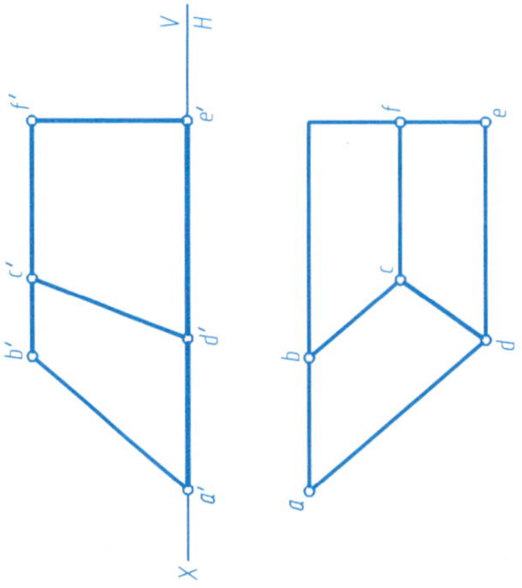

班级 姓名 学号

第三章　工程形体表面的交线

3-1　平面体的截交线(一)

1. 补画 *W* 投影。

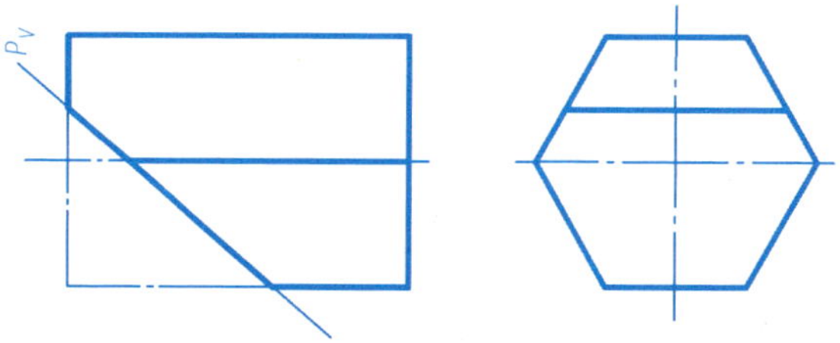

2. 补画 *H* 投影。

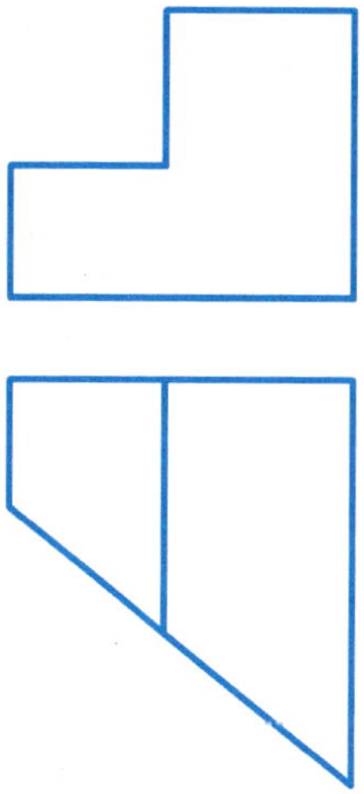

3. 完成截切后的 *H* 投影，补画 *W* 投影。

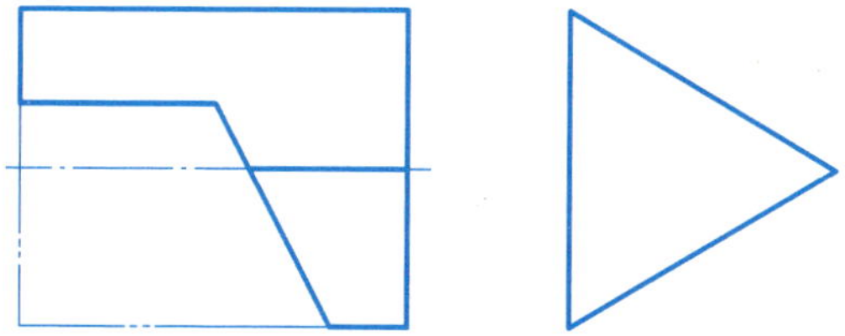

4. 补画 *V* 投影。

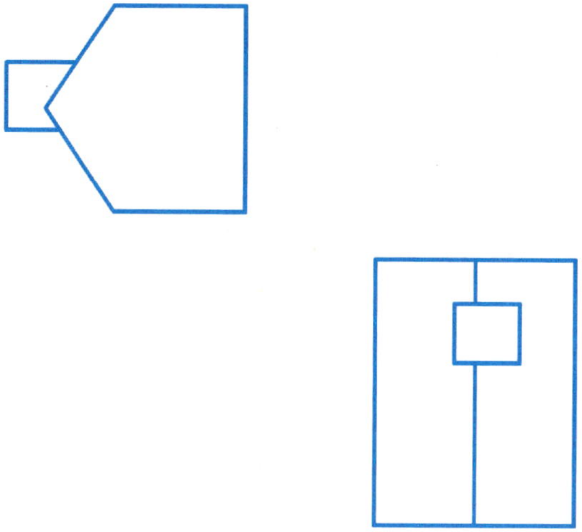

5. 补画 *W* 投影。

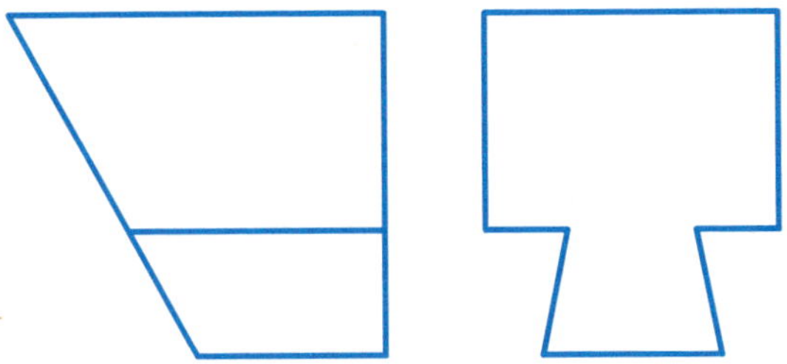

6. 补画 *H*、*W* 投影。

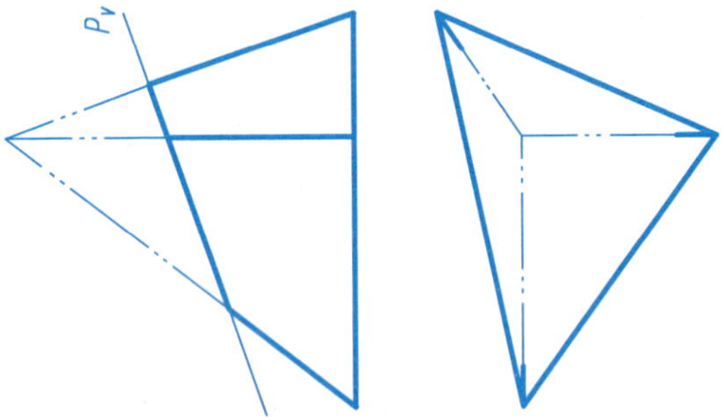

7. 补画 *H*、*W* 投影。

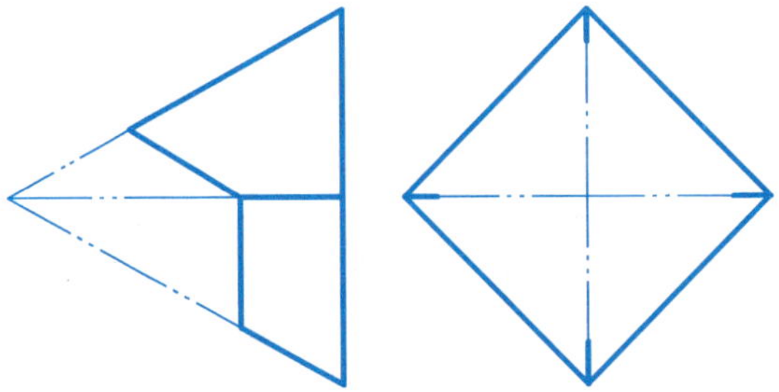

8. 补画三棱柱通孔和三棱锥交线的投影。

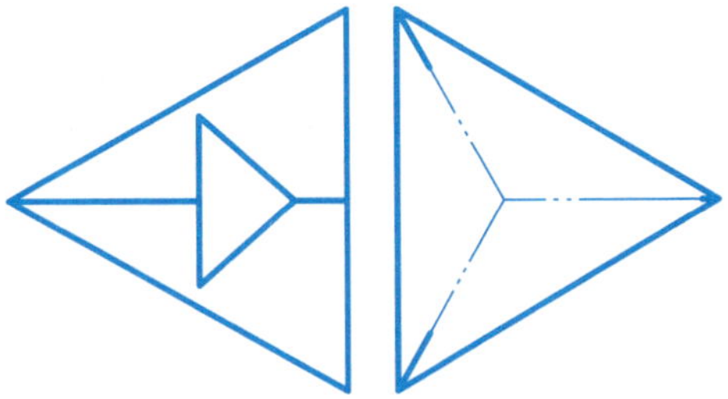

3-3 平面体的截交线(三)

9. 补画 *H* 投影。

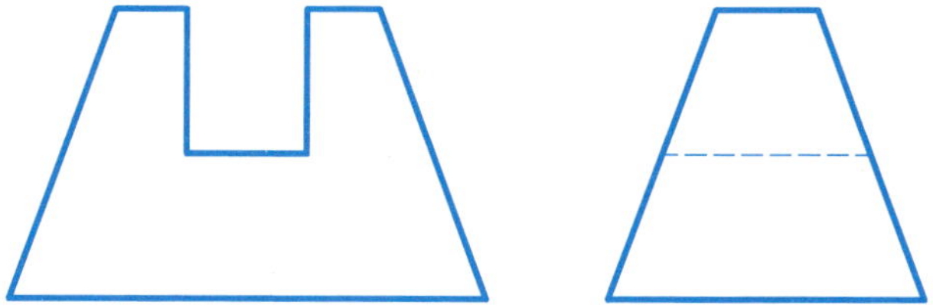

10. 补画屋面的 *W* 投影。

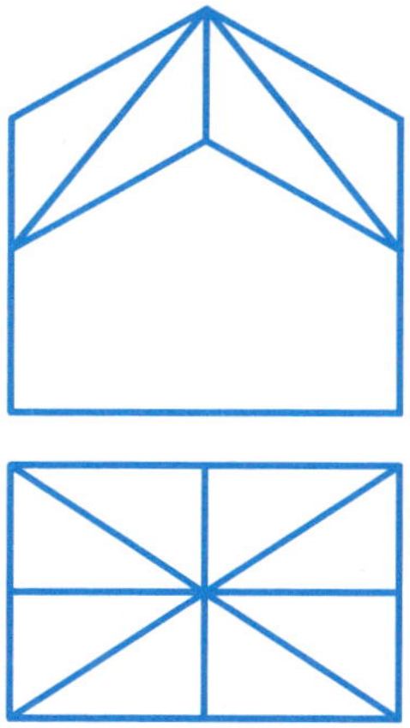

11. 根据水平投影，构思至少两种正面投影。

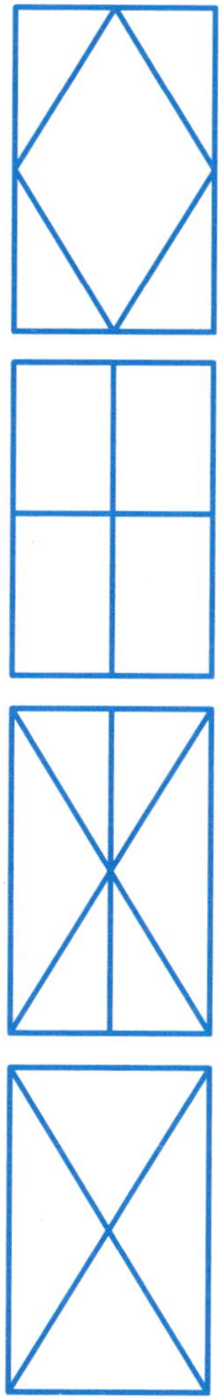

班级　　　　姓名　　　　学号

1. 补画 *W* 投影。

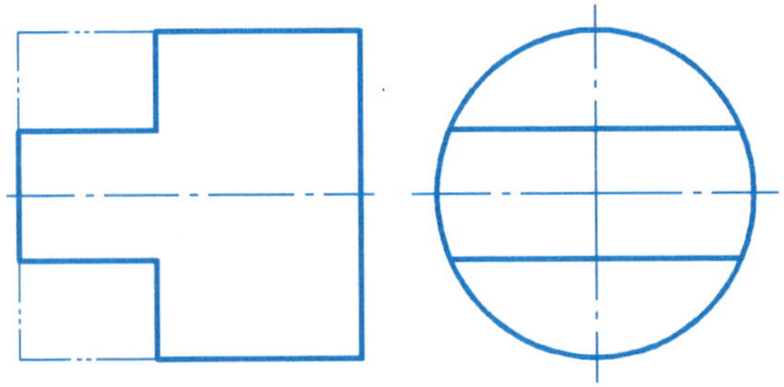

2. 补画 *W* 投影。

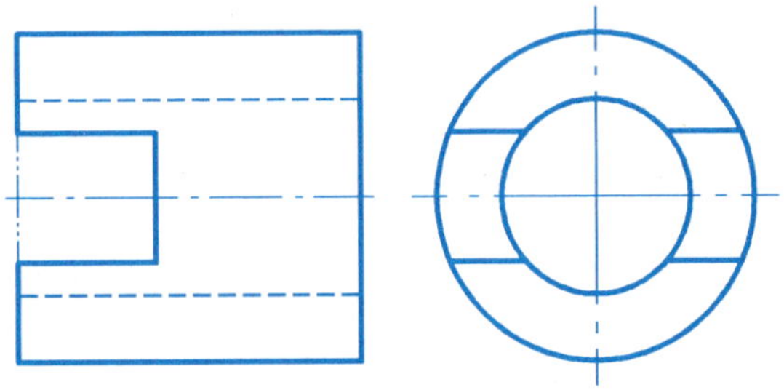

3. 补画 *H* 投影。

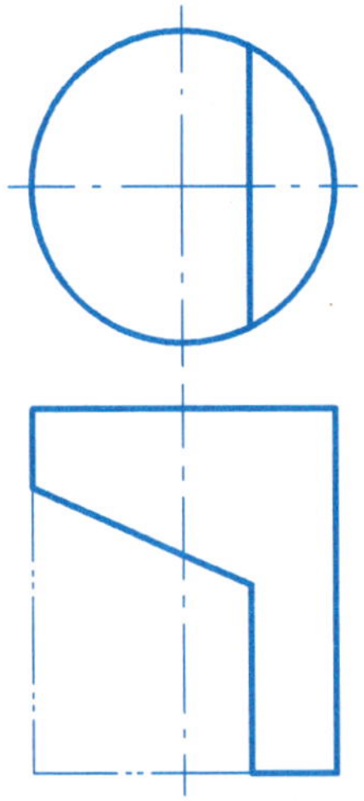

4. 补画 *H* 投影。

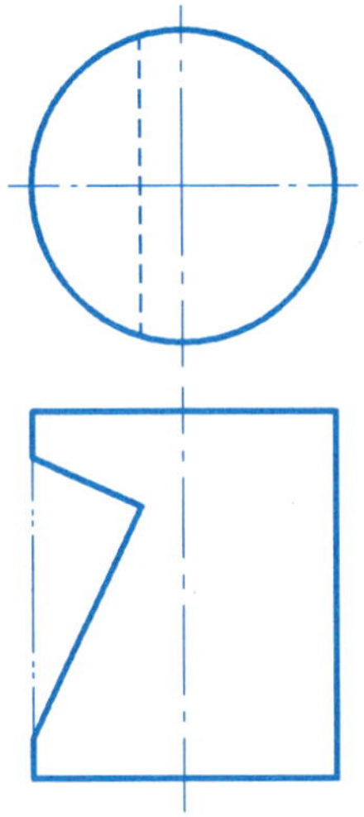

班级　　　　姓名　　　　学号

5. 补画 V 投影。

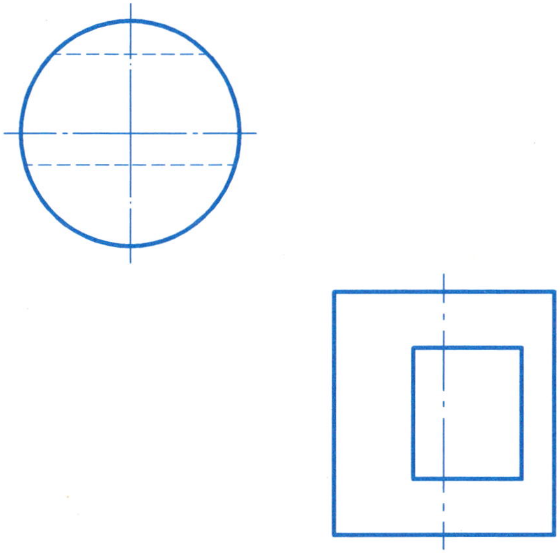

6. 补画 W 投影。

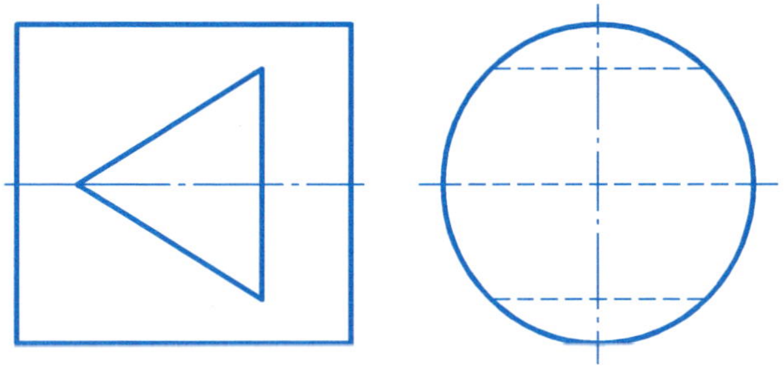

7. 补画 W 投影。

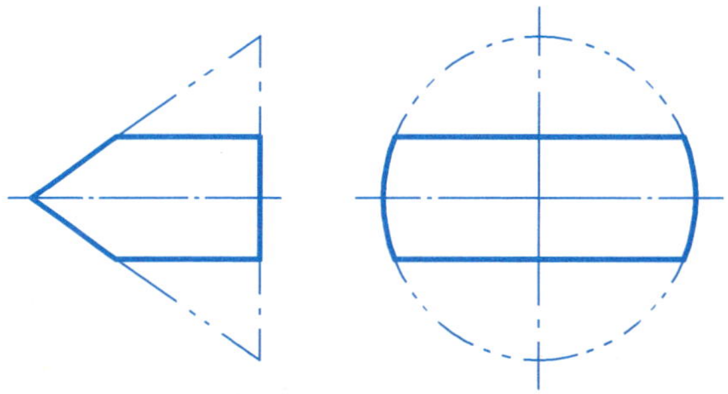

8. 补画 H、W 投影。

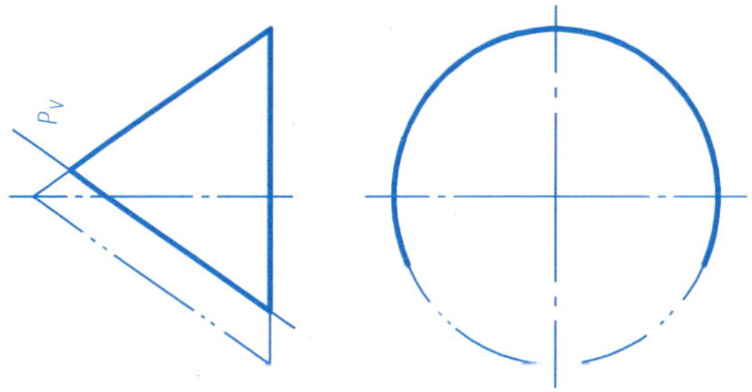

班级　　姓名　　学号

9. 补画三面投影中所缺的投影线。

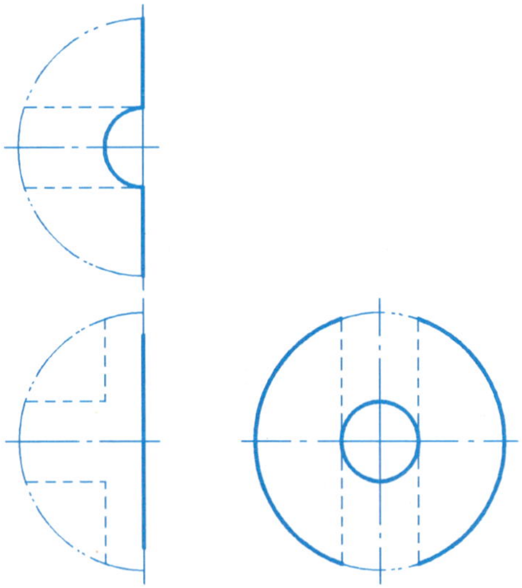

10. 补画 *H*、*W* 投影。

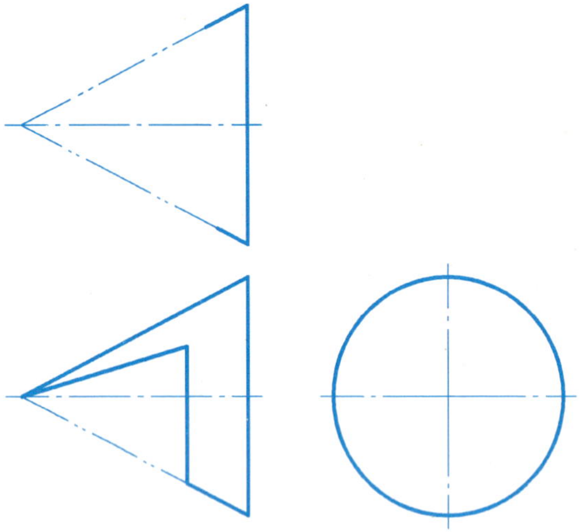

11. 补画截切半球后的 *V*、*W* 投影。

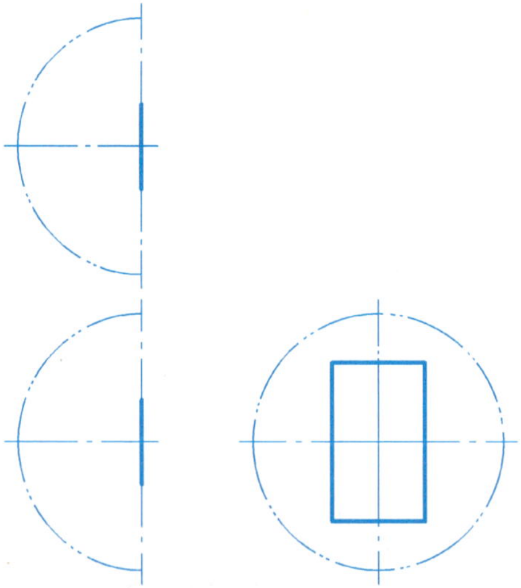

12. 补画通孔半球的 *V*、*W* 投影。

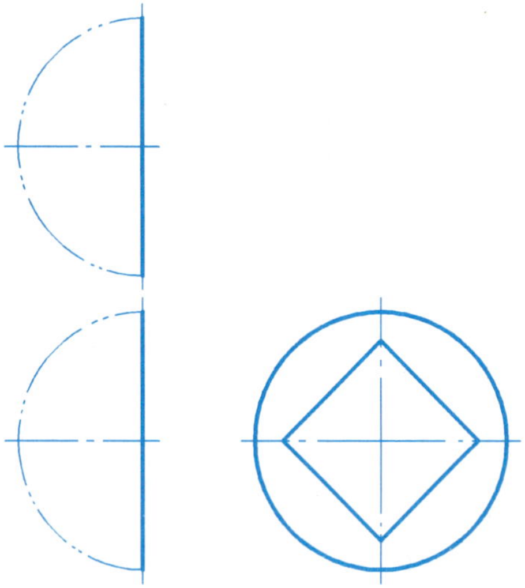

1. 补画 H 投影。

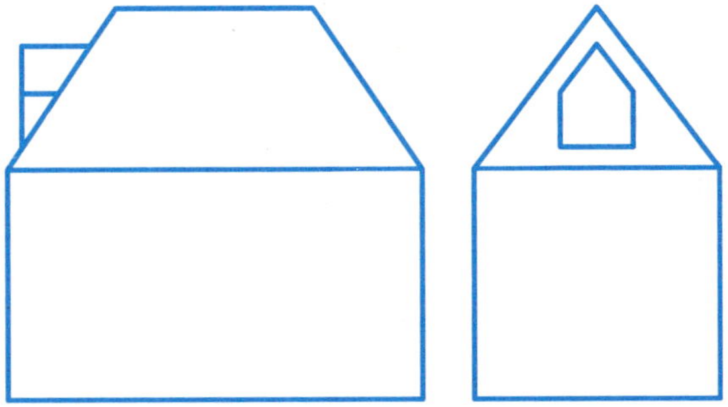

2. 补画屋面交线的 H 投影。

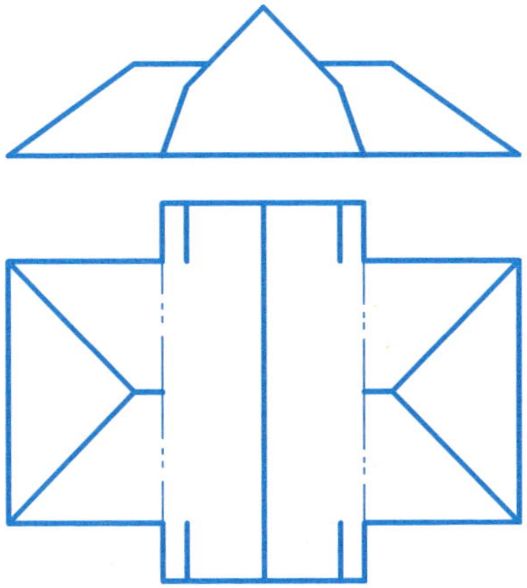

3. 补画屋面和烟囱交线的投影。

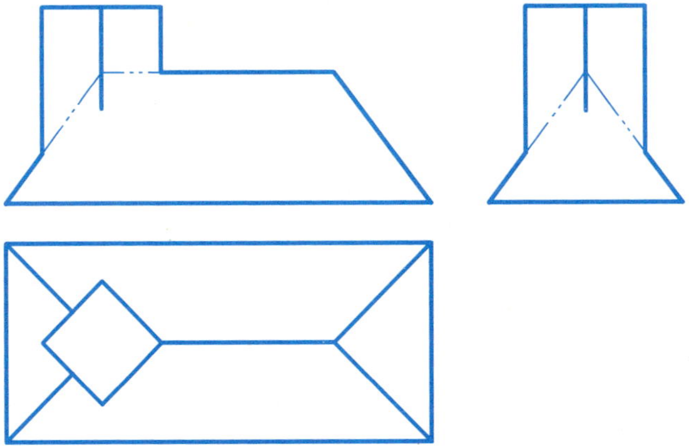

4. 补画房屋的 H 投影。

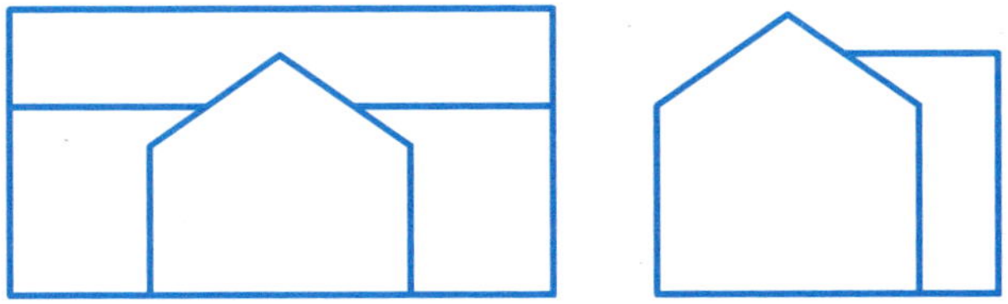

班级　　　　姓名　　　　学号

5. 两个金字塔形四棱锥相贯，补画其 H、V 投影。

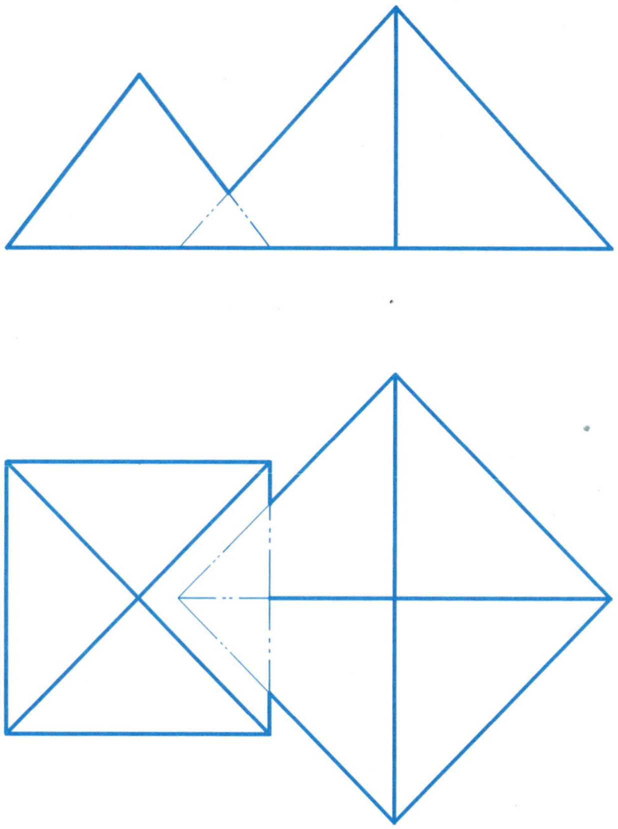

6. 补画六棱锥与四棱柱的 W 投影及交线的投影。

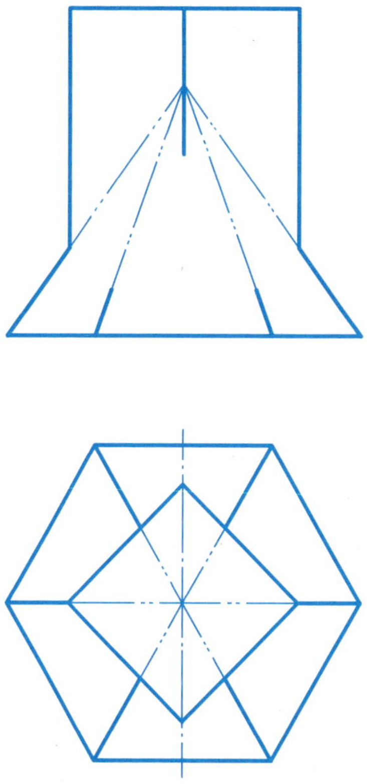

班级 姓名 学号

3-9 平面体与曲面体的表面交线(一)

1. 补绘房屋表面交线的投影。

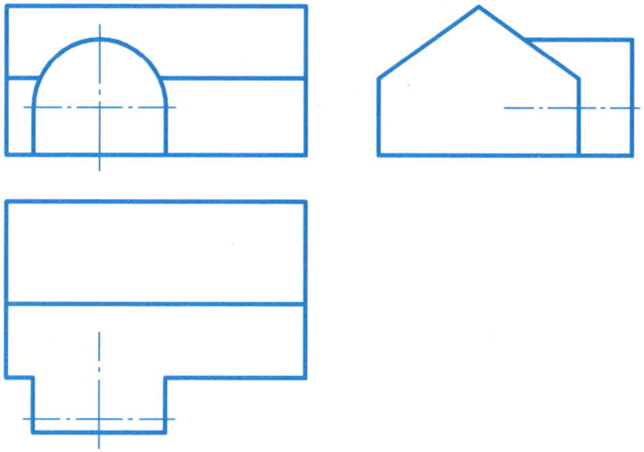

2. 补绘房屋表面交线的投影。

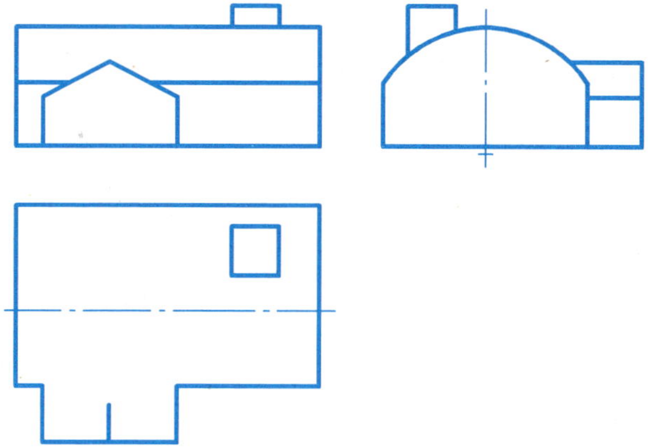

3. 已知涵洞端部挡土墙的两投影，补画 *H* 投影。

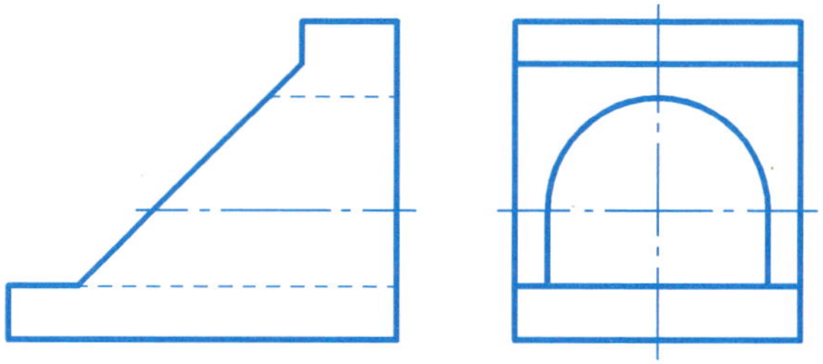

4. 补绘梁、柱表面交线的投影。

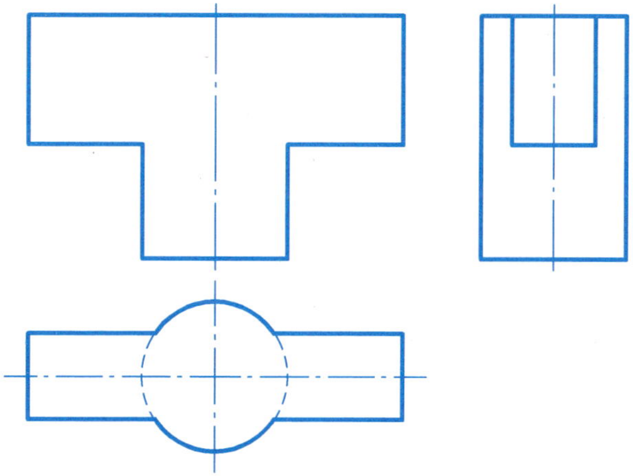

5. 补绘混凝土基础表面交线的投影。

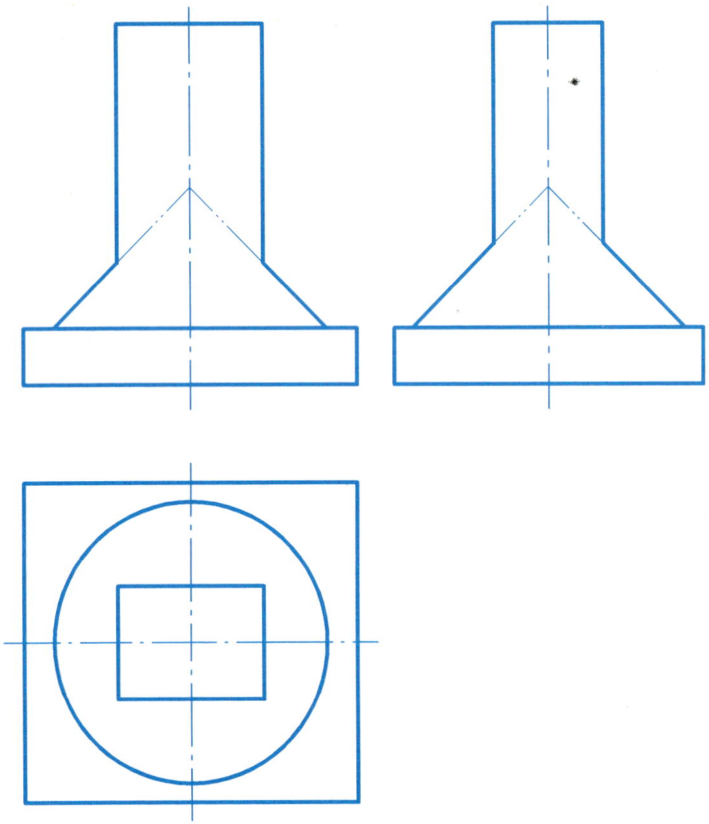

6. 补画四棱锥与圆柱表面交线的 V 投影。

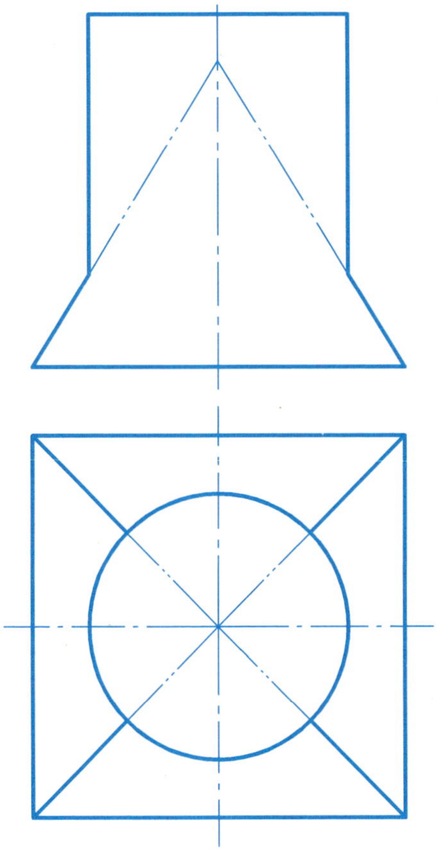

 班级 姓名 学号

1. 补绘立体相贯线的 V 投影。

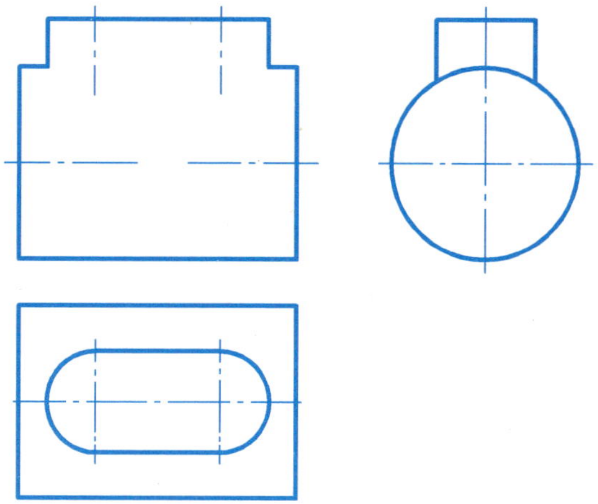

2. 补画 W 投影。

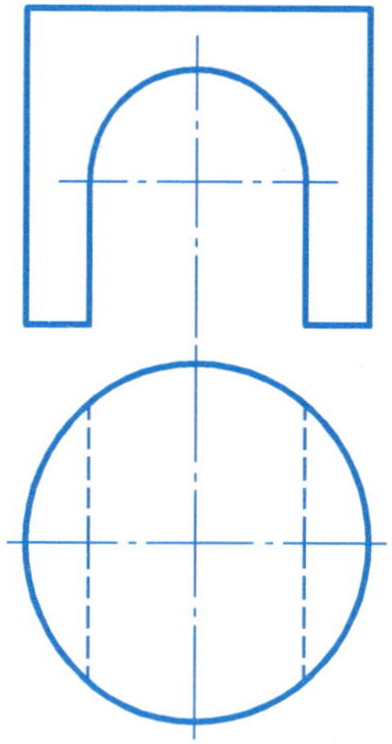

3. 补绘投影图线。

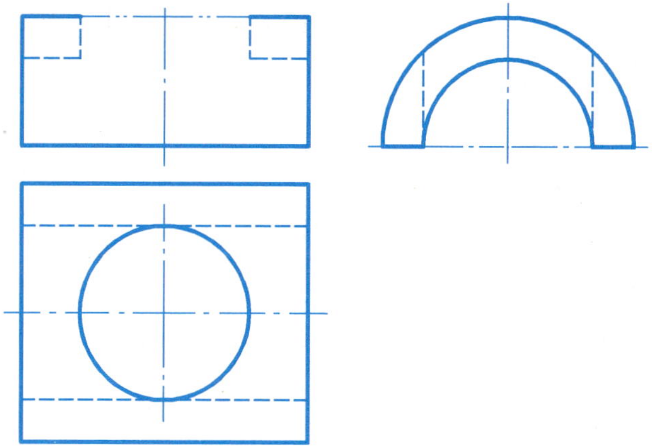

4. 求作相交屋面的投影。

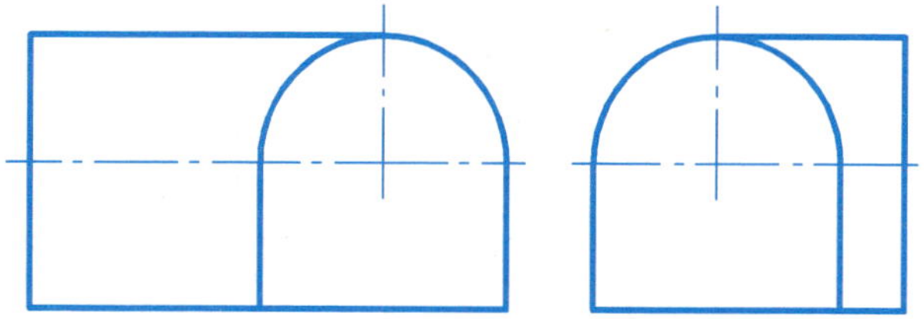

班级 姓名 学号

5. 求半圆球与圆柱的相贯线及 *W* 投影。

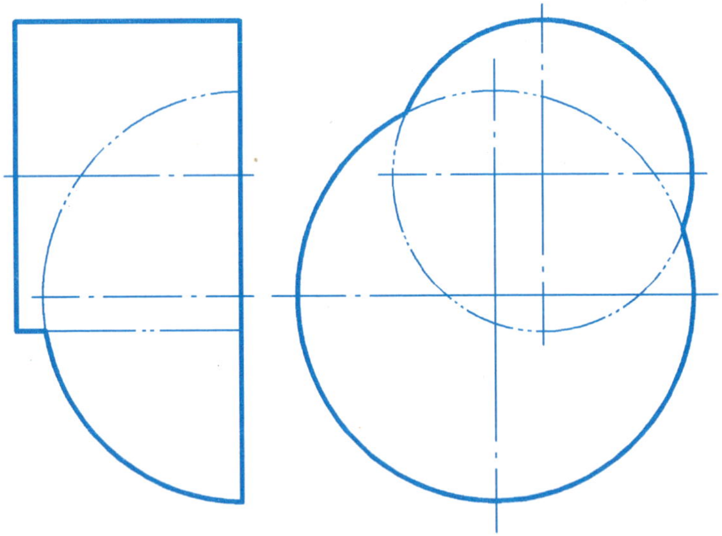

6. 求作斜交拱形通道的表面交线。

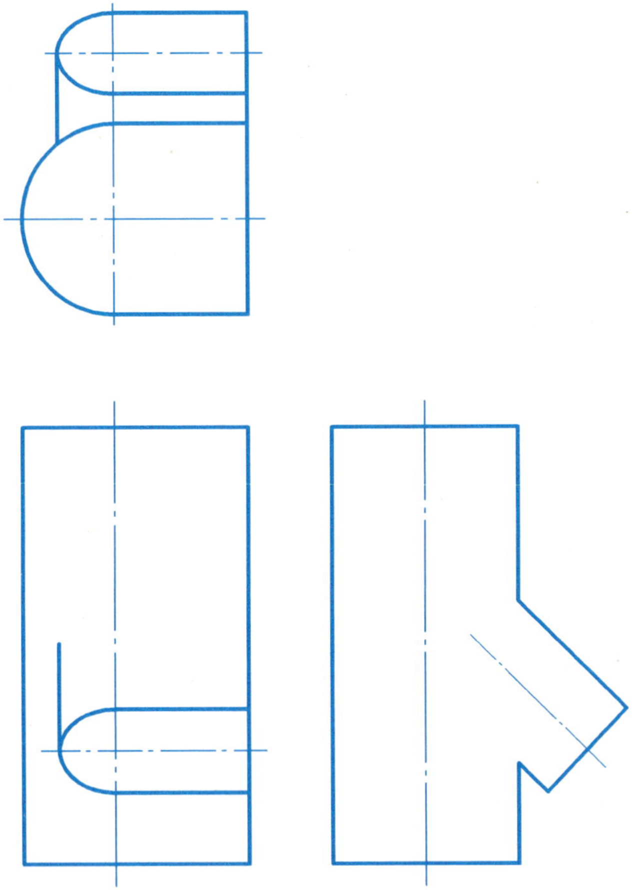

1. 补绘 H 投影。

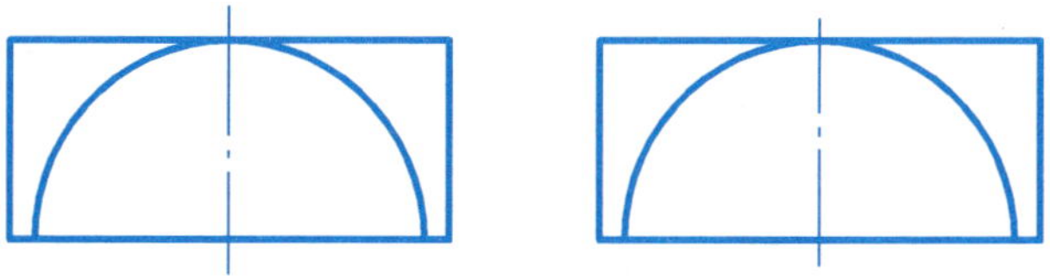

2. 求作表面交线的投影。

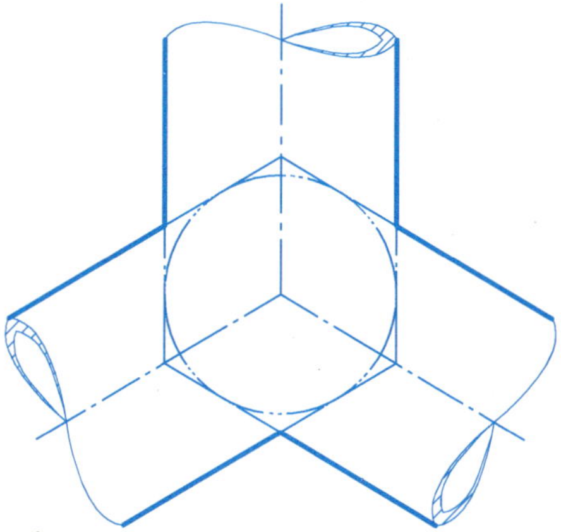

3. 已知四坡屋面的倾角 $\alpha=30°$ 及檐口线的 H 投影，求屋面交线的 H 投影和屋面的 V、W 投影。

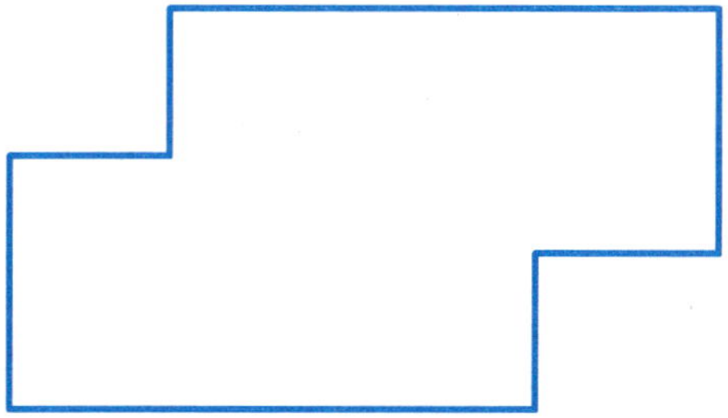

4. 已知四坡屋面的倾角 $\alpha=30°$ 及檐口线的 H 投影，求屋面交线的 H 投影和屋面的 V、W 投影。

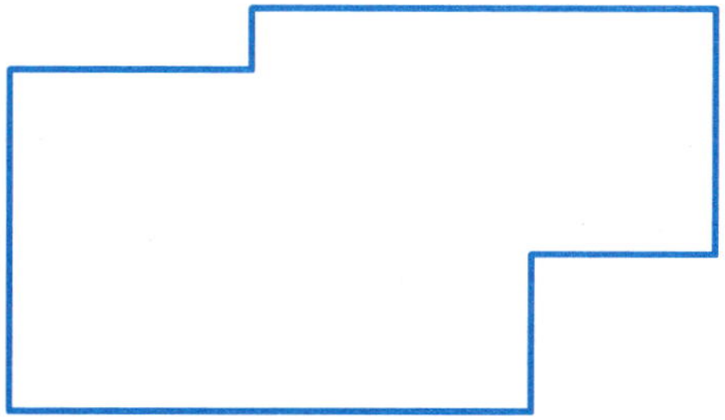

班级　　　　　　姓名　　　　　　学号

第四章　工程应用曲面

4-1　作建筑应用曲面的投影(一)

1. 作闸墩的 V 投影。

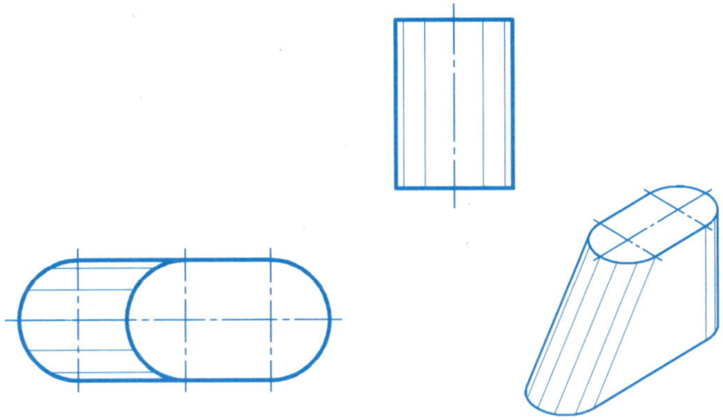

2. 作桥墩的 W 投影。

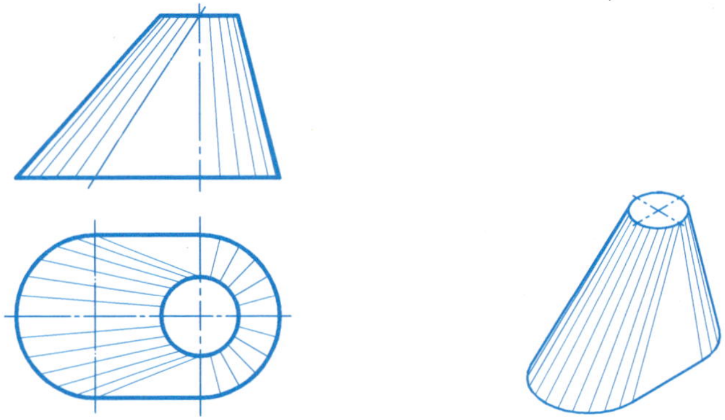

3. 作柱状屋面的 W 投影。

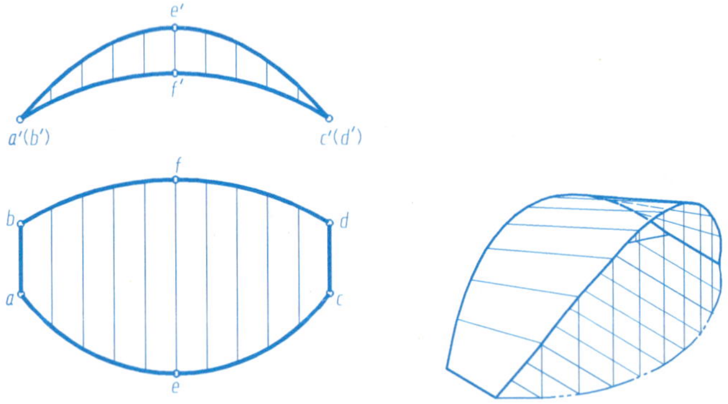

4. 作锥状面的 W 投影。

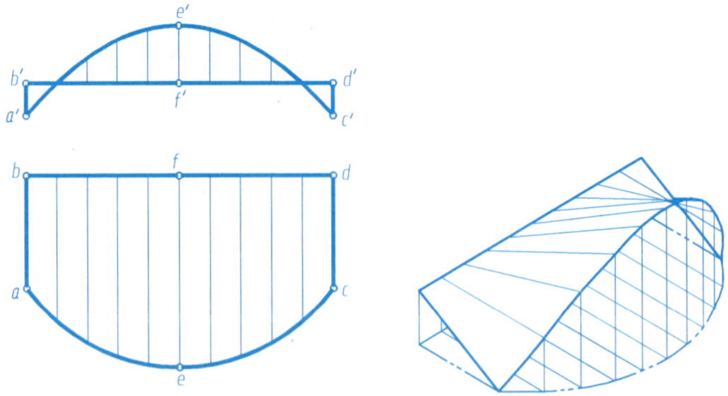

班级　　　姓名　　　学号

4-2 作建筑应用曲面的投影(二)

5. 作渠道中的双曲抛物面的 H 投影。

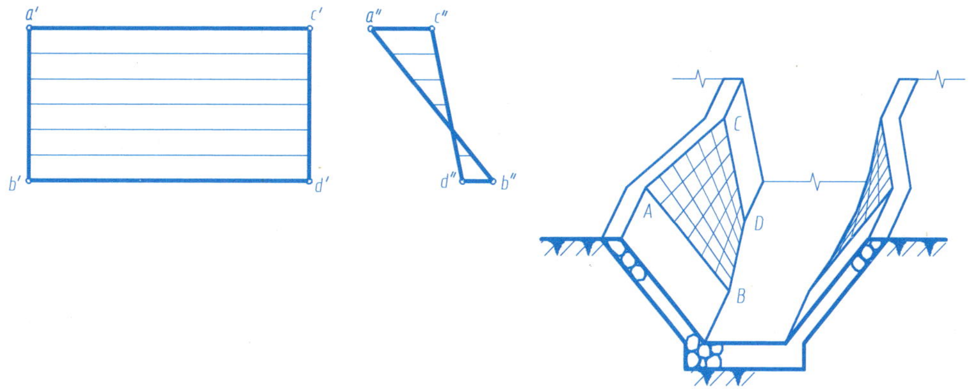

8. 根据直母线 AB 和轴线 $O—O$ 的投影，画出单叶双曲回转面的投影。

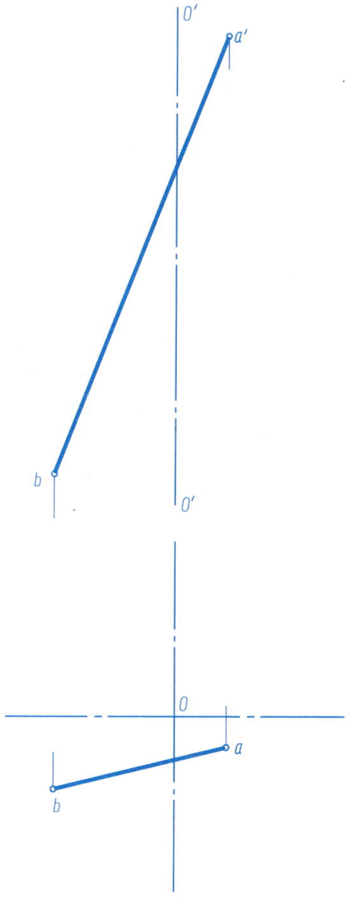

6. 已知导圆柱及导程 P_h，试作右旋圆柱螺旋线。

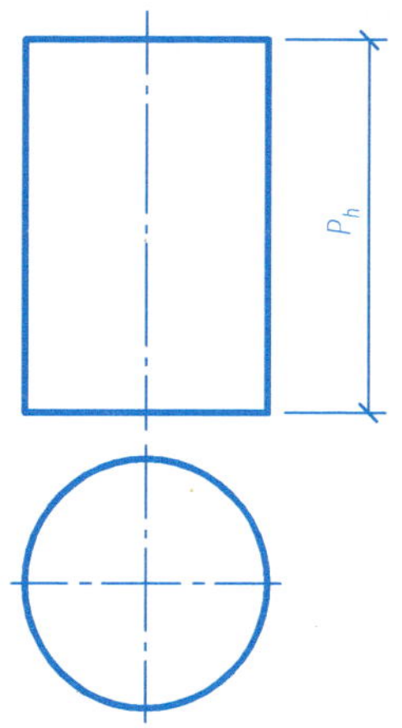

7. 完成扶手弯头的 V 面投影。

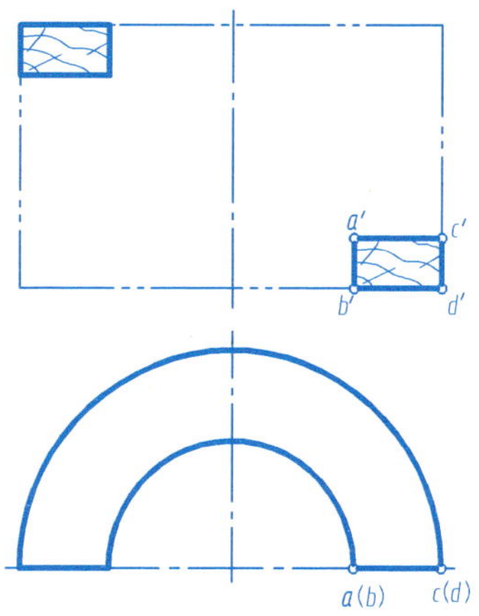

4-3　作圆柱螺旋面的投影

已知左旋转楼梯的 H 投影，旋转一圈的高度为图中网格的高度，踢面高度及梯板竖直厚度均为网格的每一小格，试画出该楼梯的 V 投影。

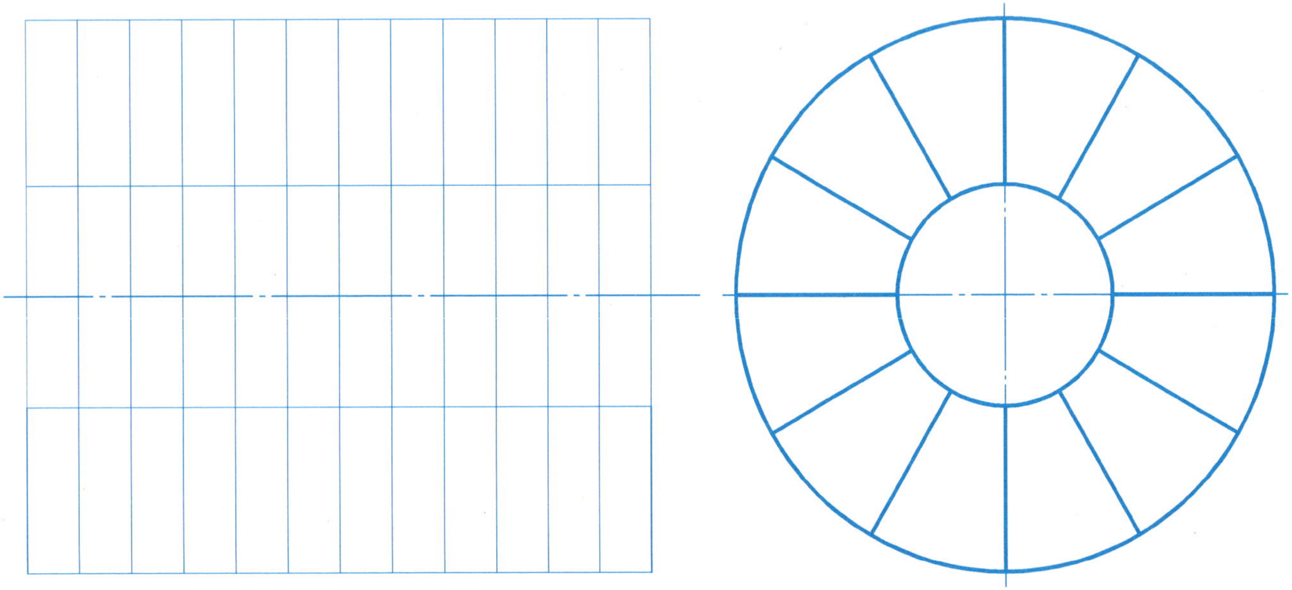

班级　　姓名　　学号

第五章 轴 测 图

5-1 根据正投影图，画出正等测轴测图（一）

1.（作出一解）

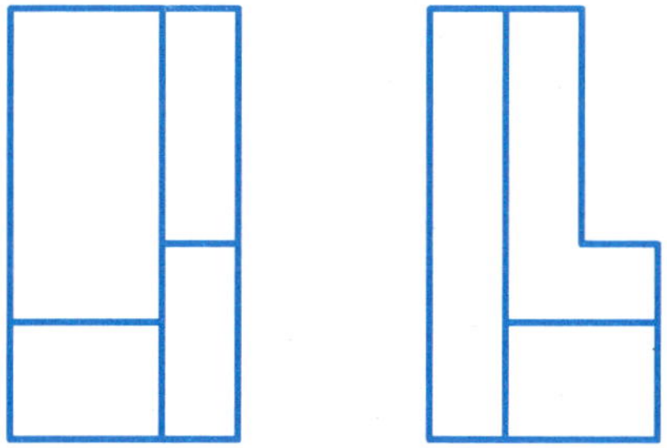

2.

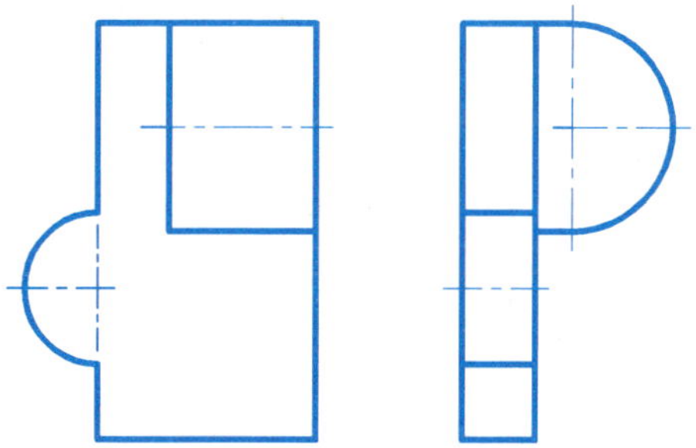

班级 姓名 学号

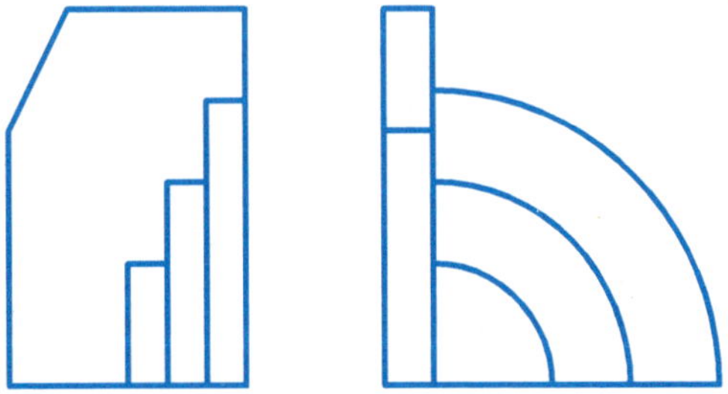

3.

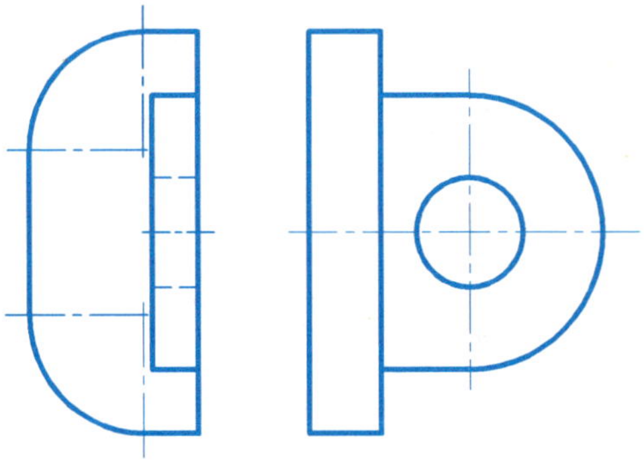

4.

班级 姓名 学号

5-3 根据正投影图，画出斜轴测图

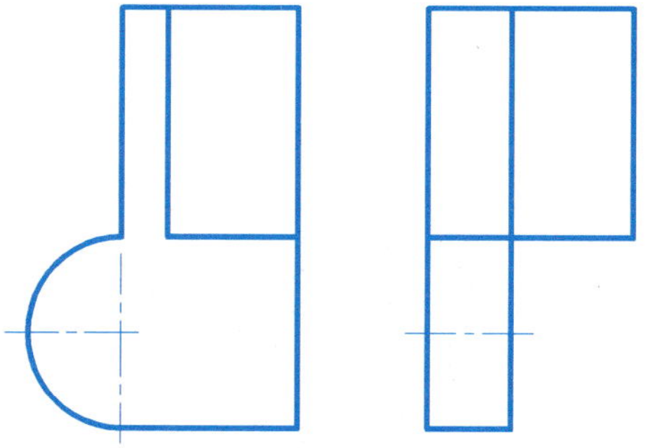

1.

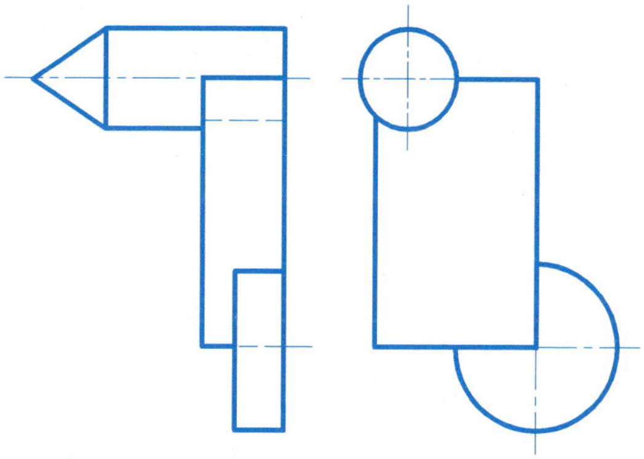

2.

5-4 按所给三面投影在指定位置徒手绘出轴测图（第 1、2、3 题绘制正等测轴测图，第 4 题绘制斜二测轴测图）

1.

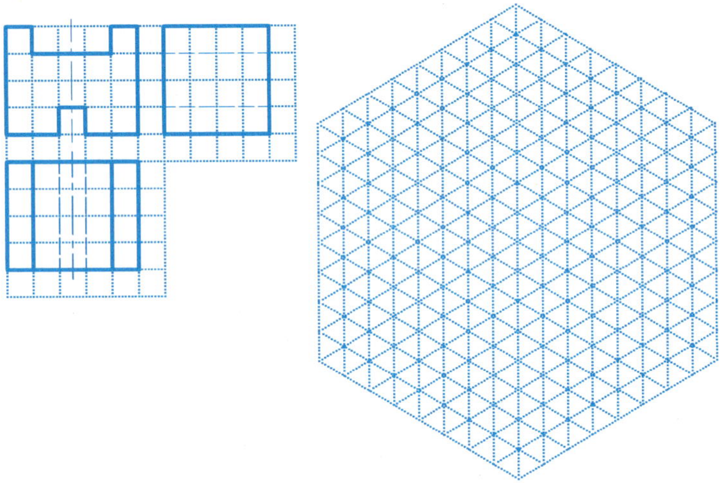

2.

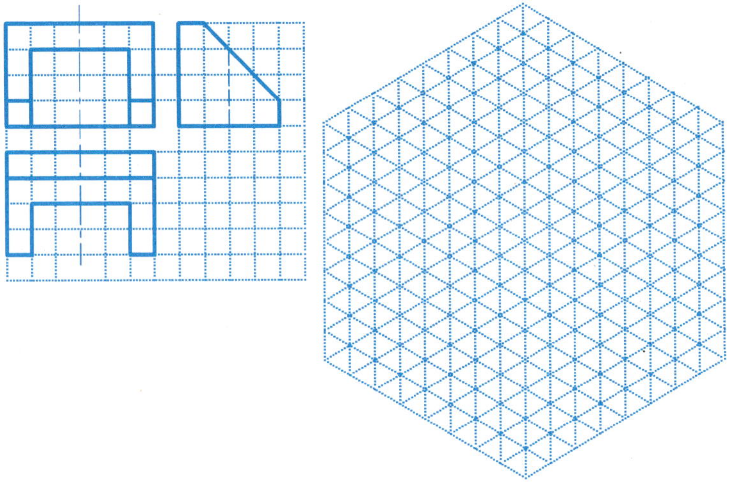

3.

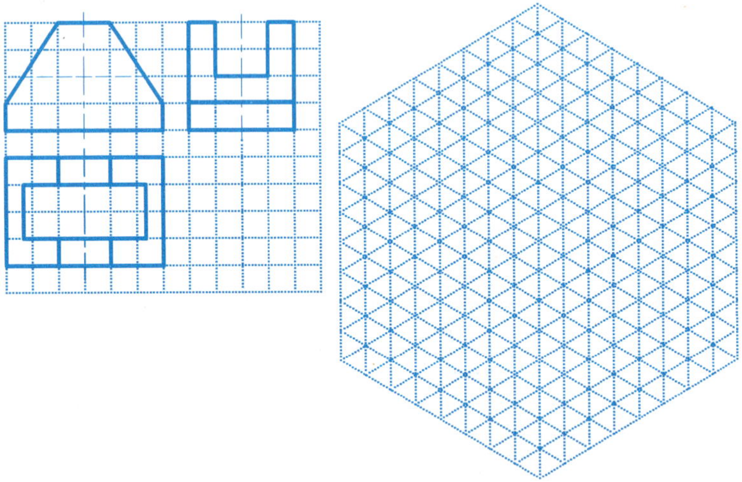

4.

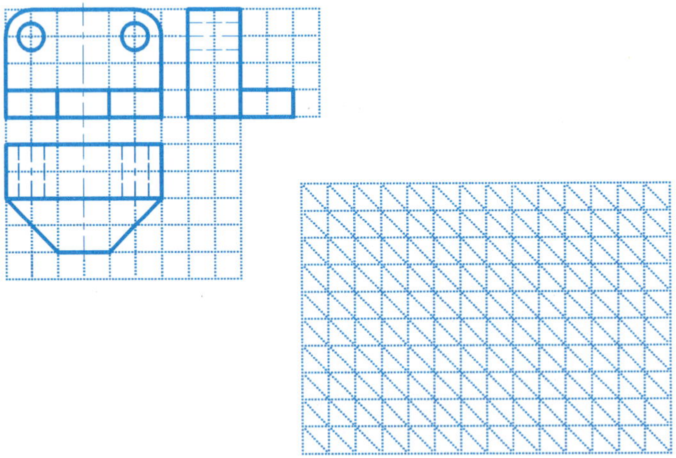

第六章 组合形体与构型设计

6-1 根据给出的两面投影补画第三面投影(一)

1.

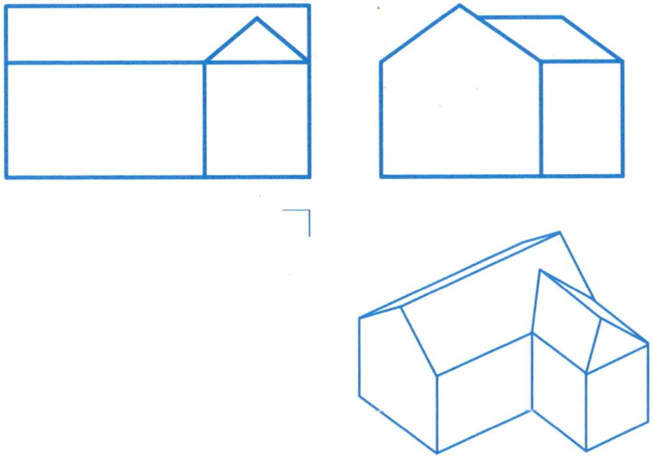

2.

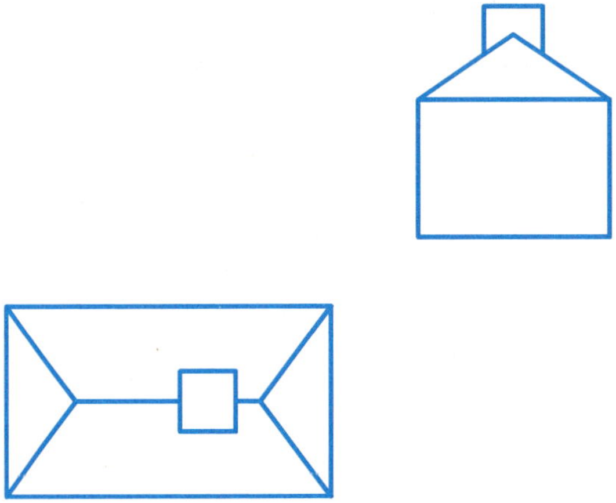

3.

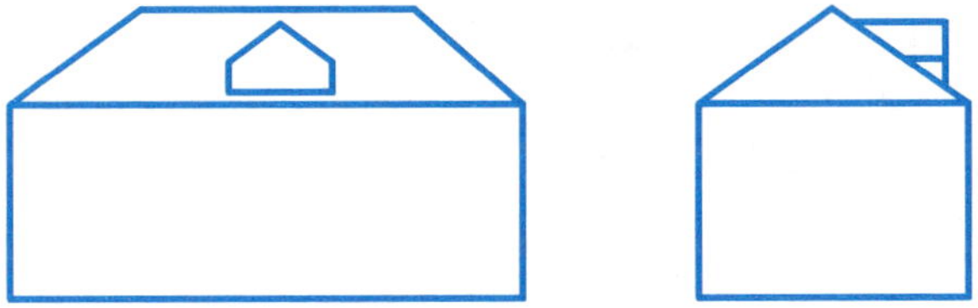

4.

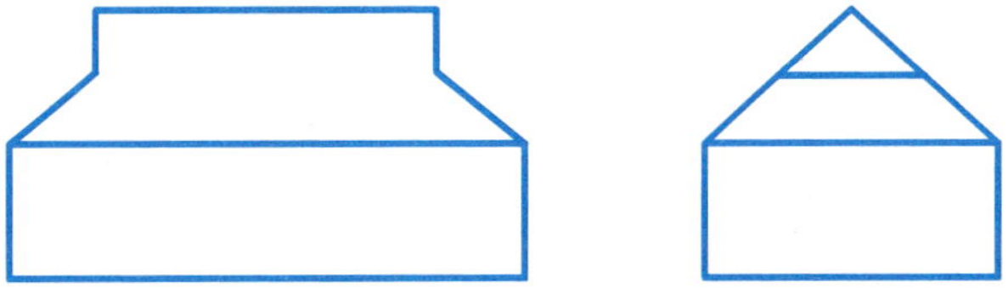

班级　　姓名　　学号

6-2 根据给出的两面投影补画第三面投影(二)

5.

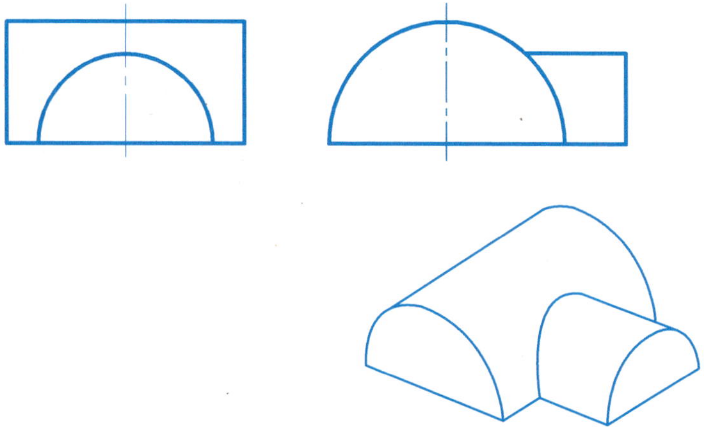

6.

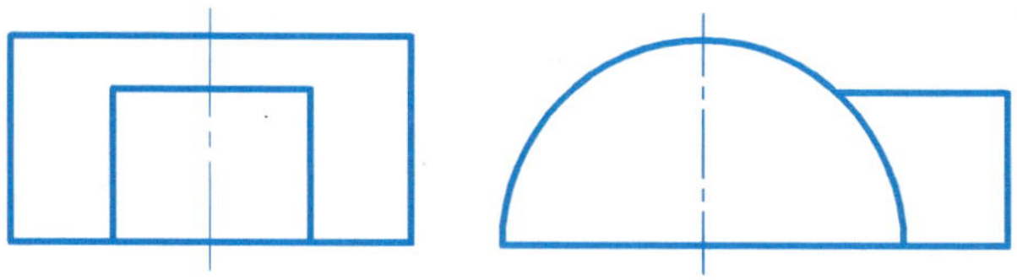

7.

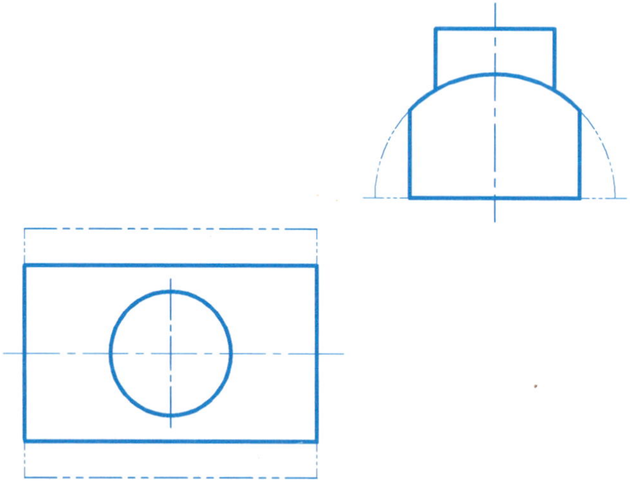

8.

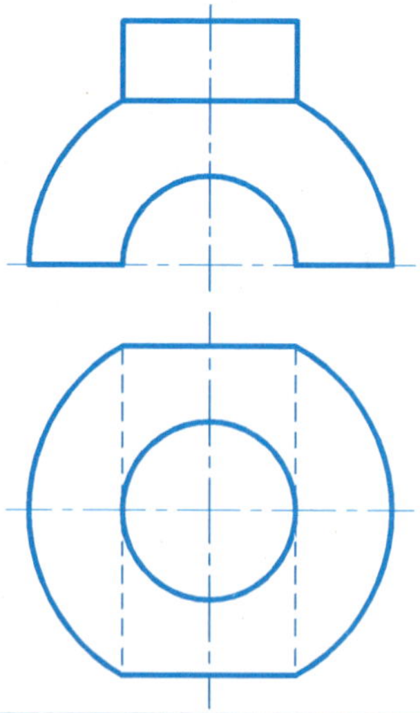

班级　　　　姓名　　　　学号

6-3　根据轴测图，绘制组合形体的三面投影(1、2题用尺规绘制在A3图纸上，尺寸从图中量取，比例2∶1，尺寸不必标注；3、4题徒手画出)

1. 踏步

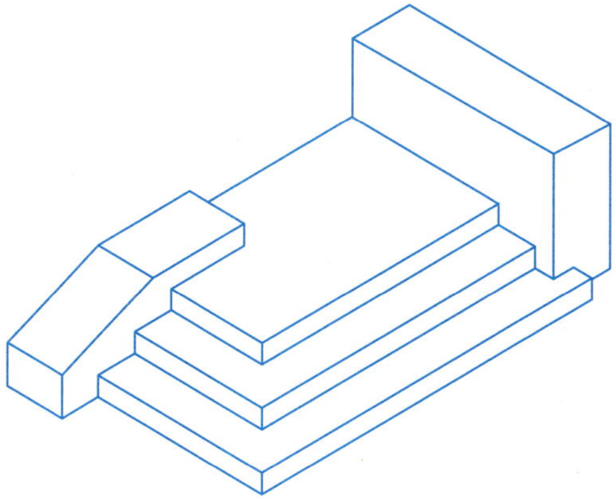

2. 坡道

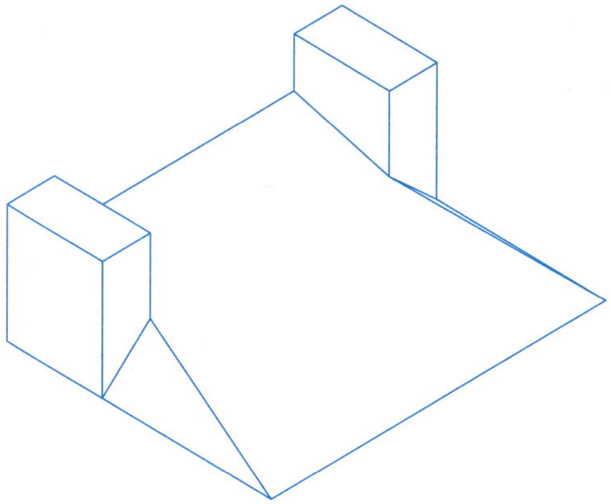

3. 房屋

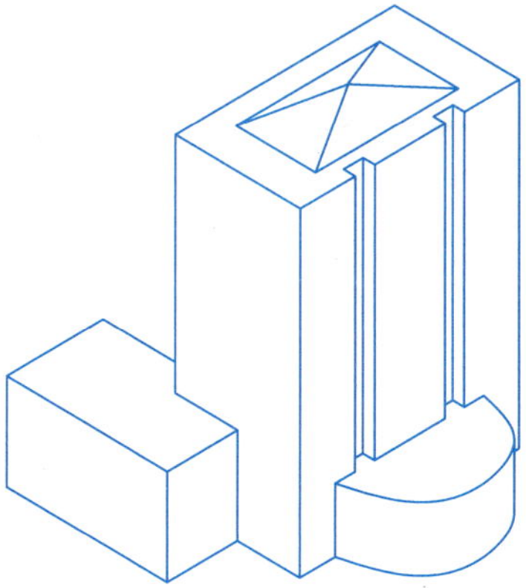

4. 基础

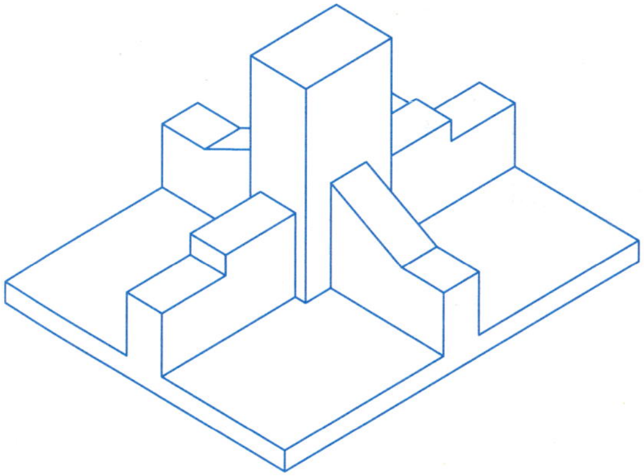

班级　　　　姓名　　　　学号

6-4 组合形体的识读

1. 分析形体（挡土墙）的三面投影，补齐所缺的平面投影符号，比较面与面之间的相对位置，在右侧空白处徒手绘出该形体的轴测图，并填空。

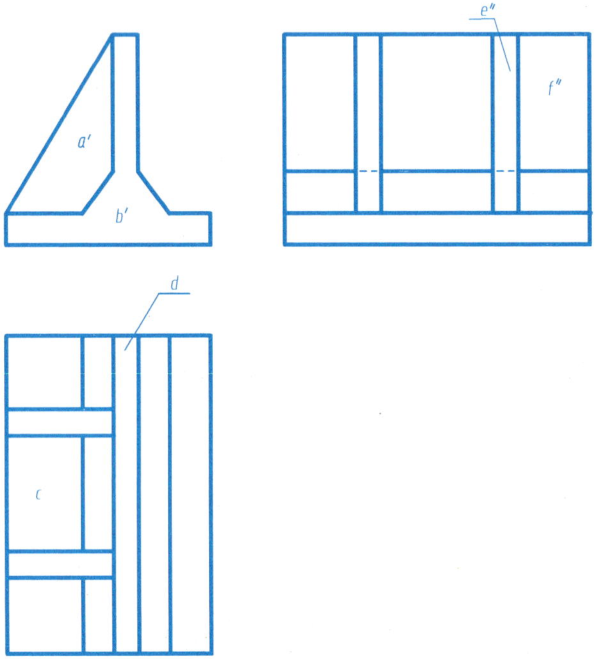

A 面在 B 面之____（前、后）

C 面比 D 面____（高、低）

E 面在 F 面之____（左、右）

2. 补齐所缺直线和平面的投影符号，并填空。

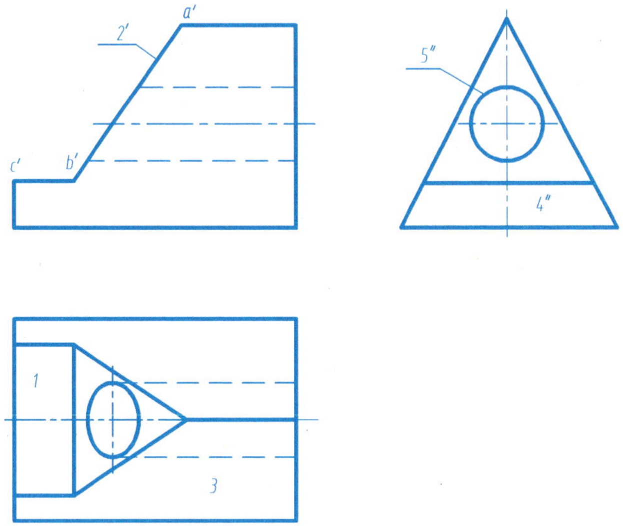

Ⅰ 平面是________面，它的形状是________

Ⅱ 平面是________面，它的形状是________

Ⅲ 平面是________面，它的形状是________

Ⅳ 平面是________面，它的形状是________

Ⅴ 表示________面

AB 线是________线，BC 线是________线

6-5 根据给出的两面投影，想象出形体形状，选择正确的第三投影(在正确的图号上画√)

1.

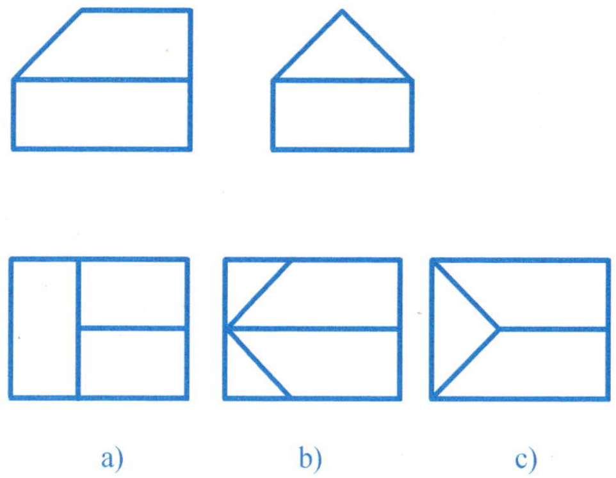

2.

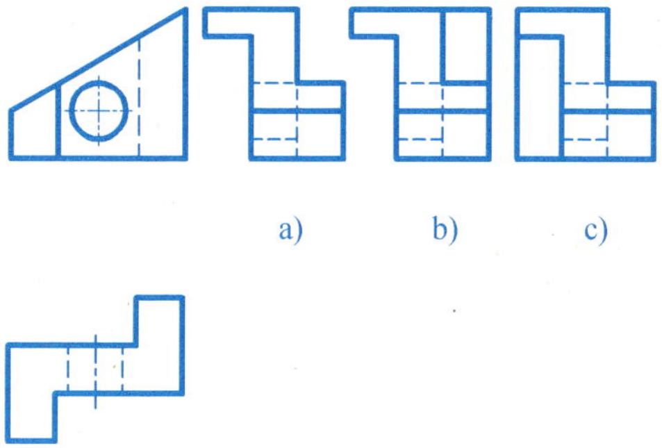

3.

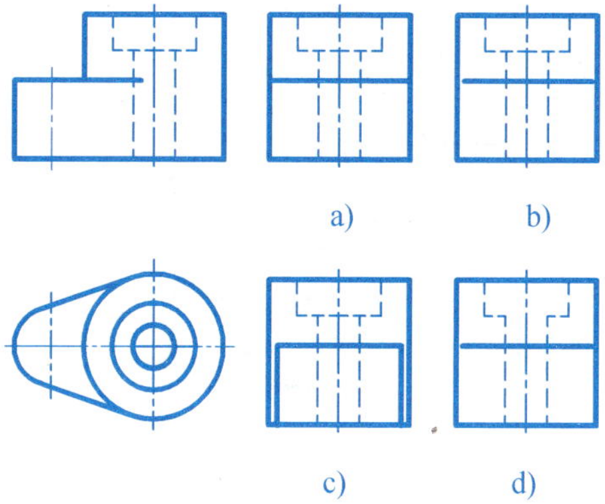

4.

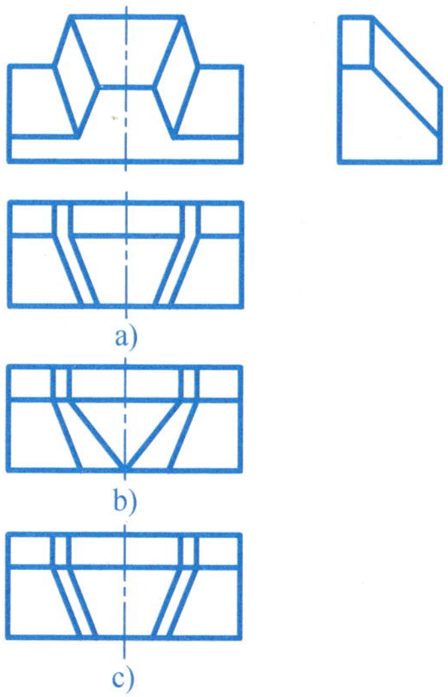

5.

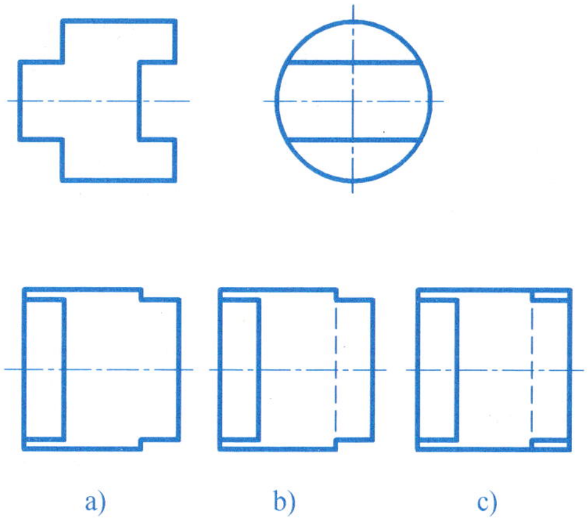

6.

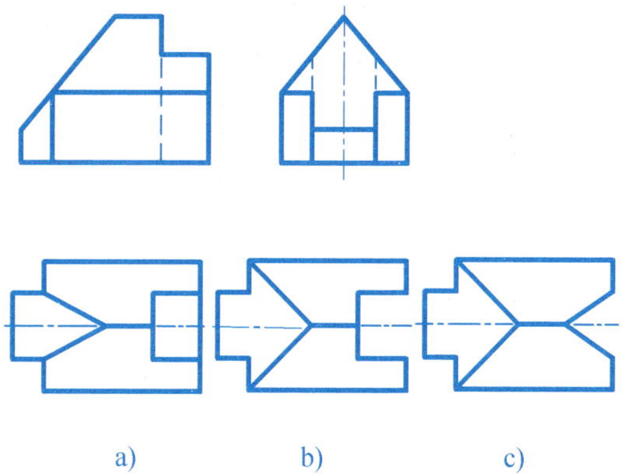

6-6 补画三面投影中所缺的线

1.

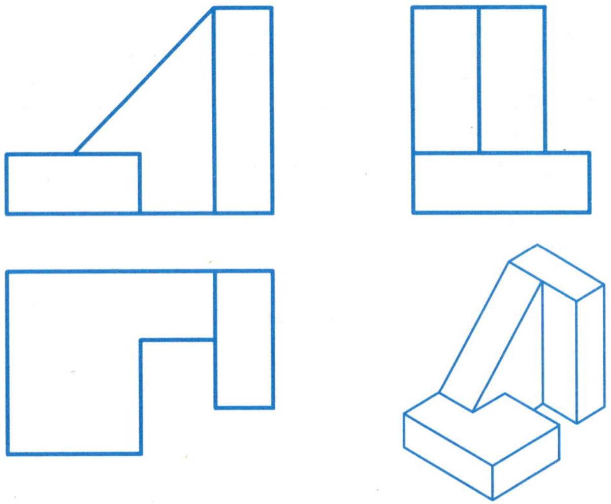

2.

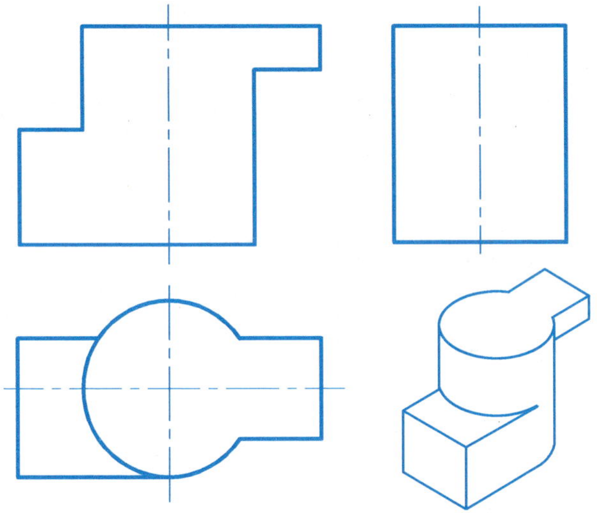

3.

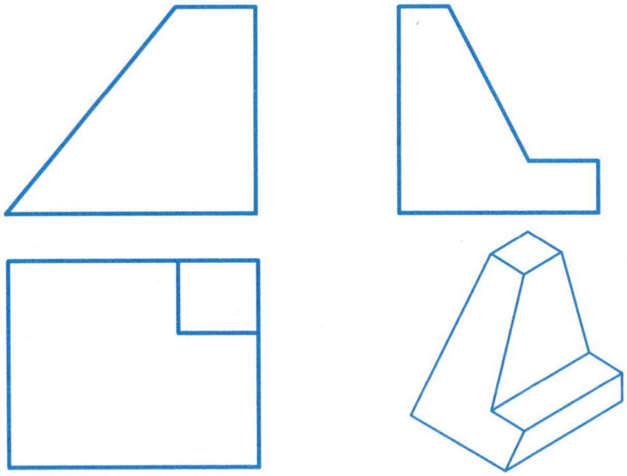

4.

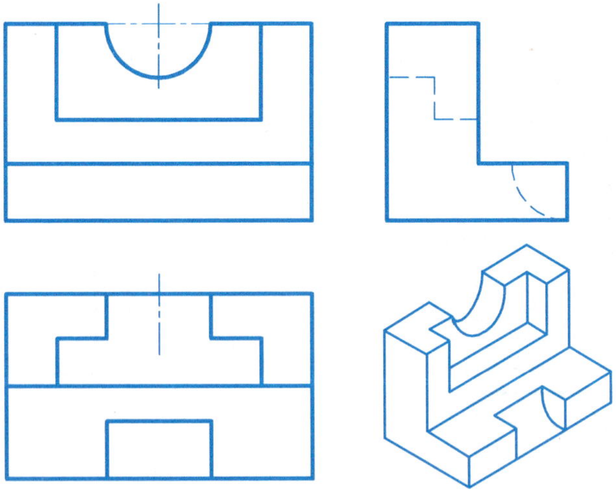

班级 姓名 学号

6-7 根据给出的两面投影，补画第三面投影(一)

1.

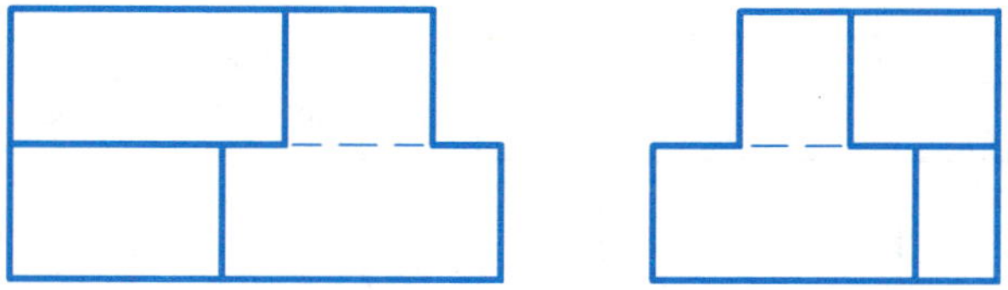

2.

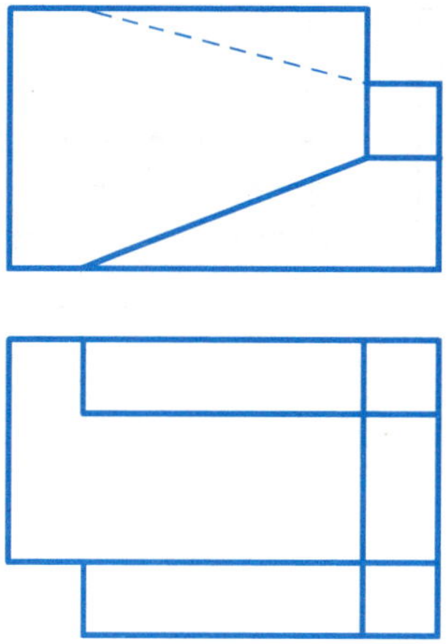

3.

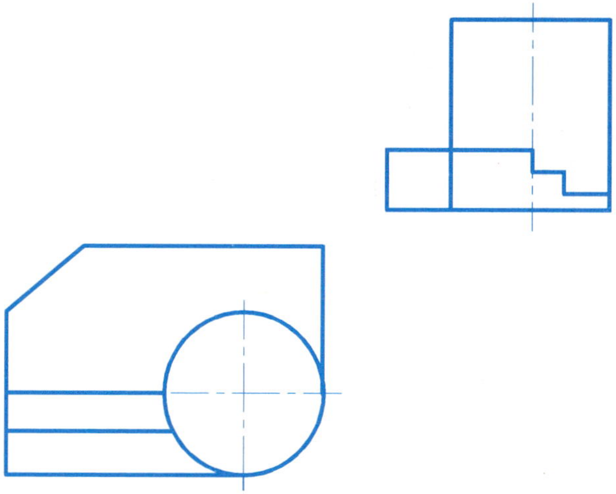

4.

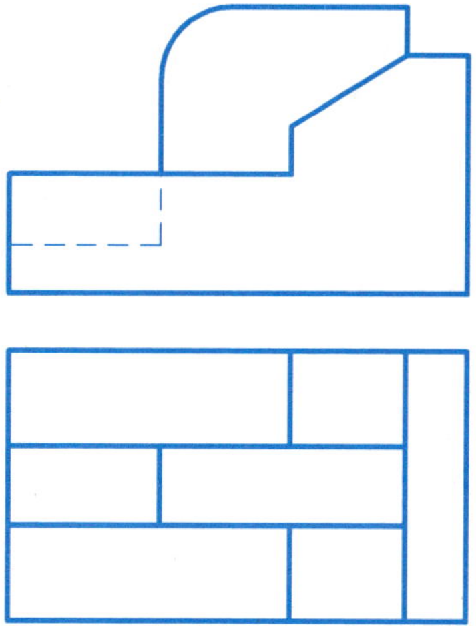

班级　　　　姓名　　　　学号

6-8 根据给出的两面投影，补画第三面投影(二)

5.

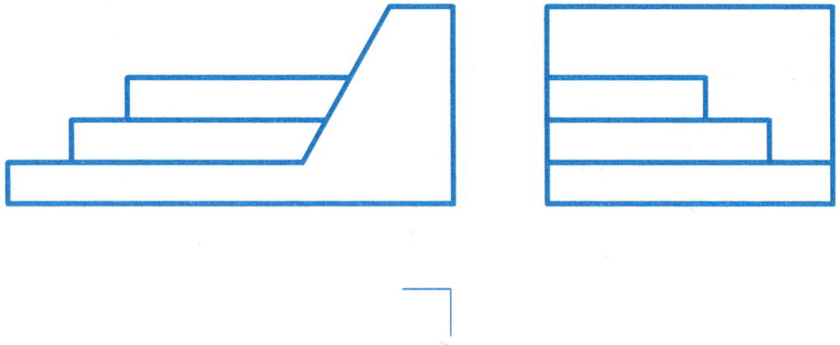

6.

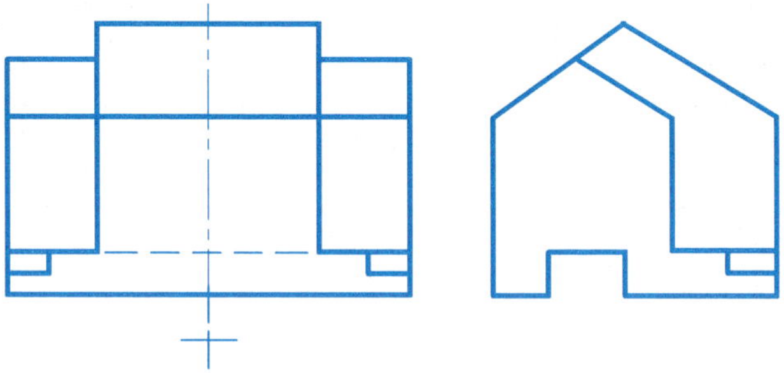

7.

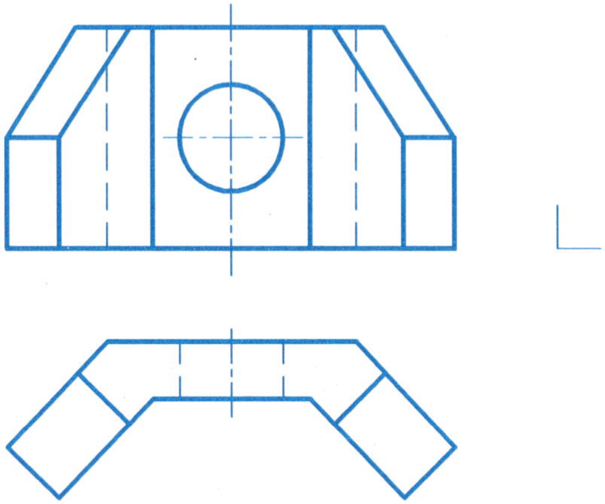

8.

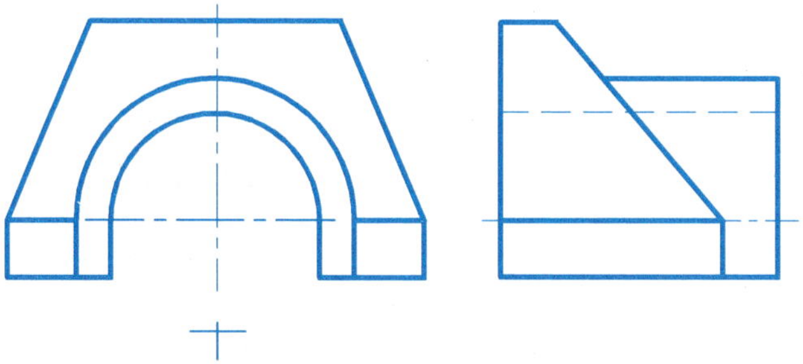

班级　　姓名　　学号

6-9 根据给出的两面投影，补画第三面投影(三)

9.

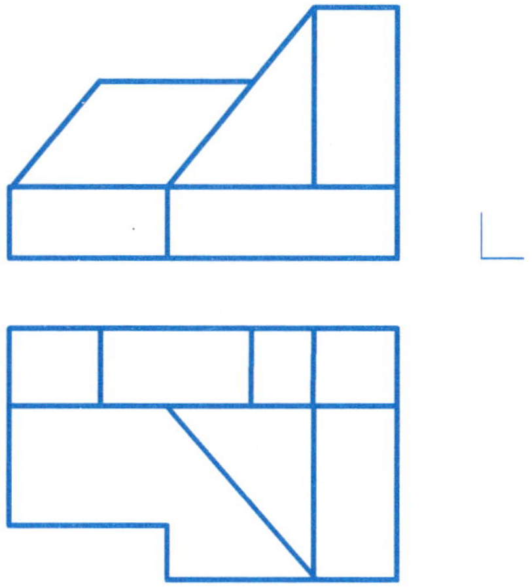

10.

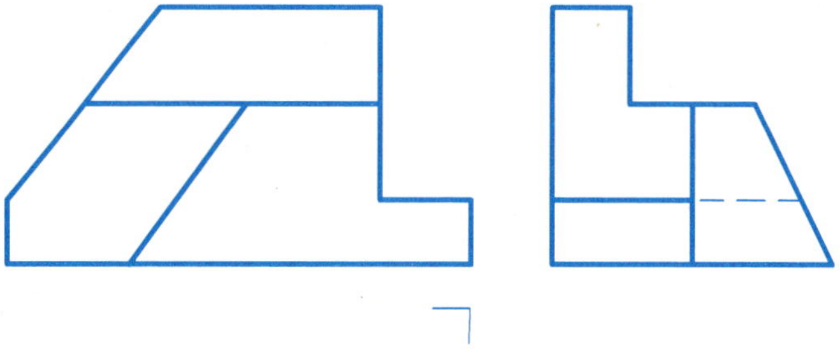

11.

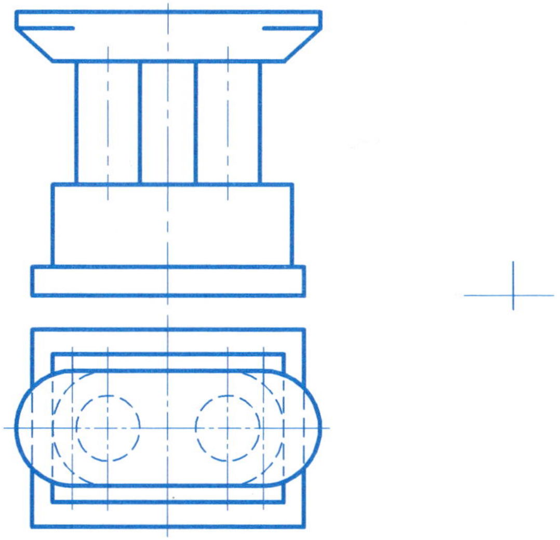

12.

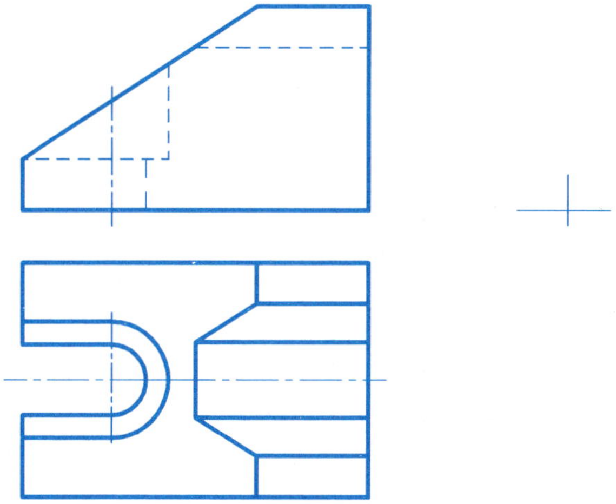

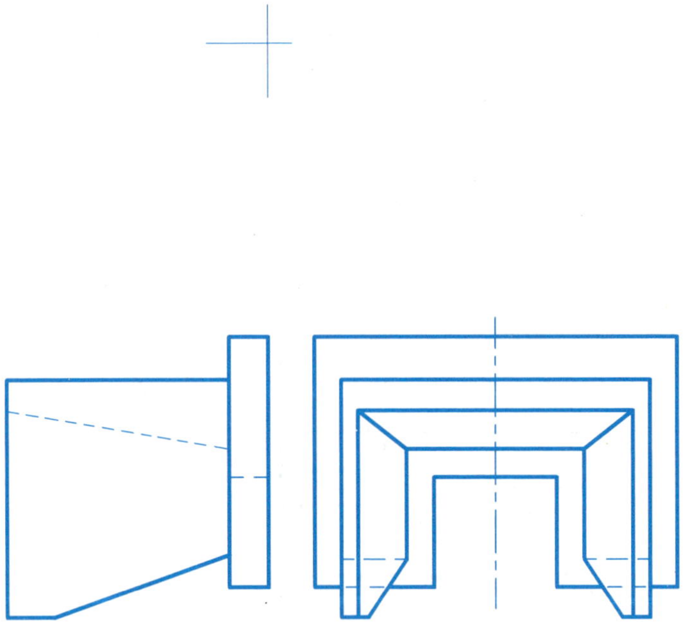

13.

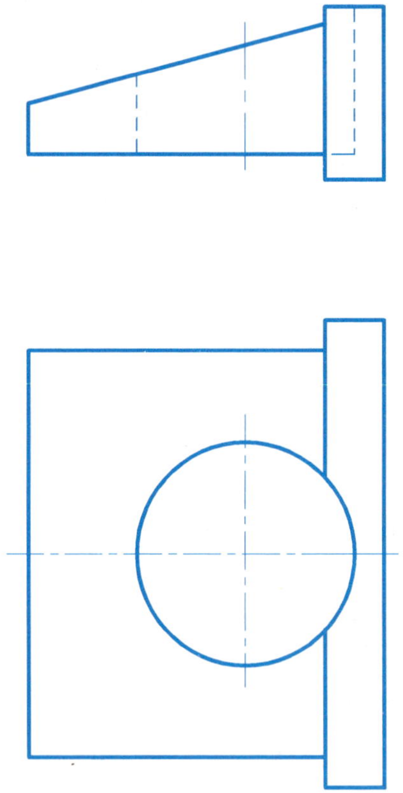

14.

班级 姓名 学号

1. 由水平投影构思出三个形体，分别画出它们的正面投影和侧面投影。

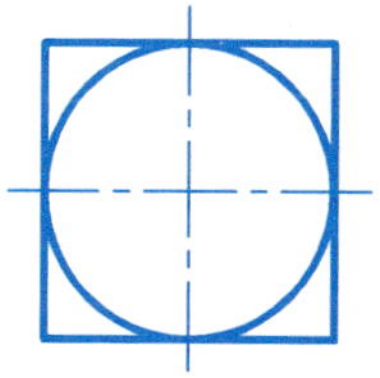

a)

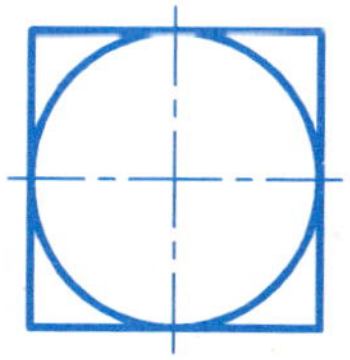

b)

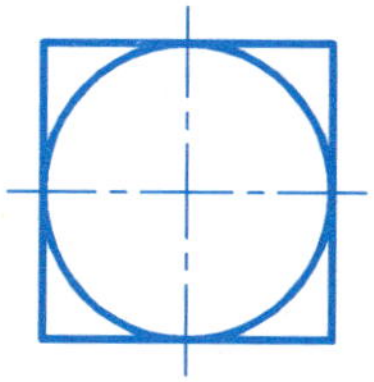

c)

2. 由正面投影和水平投影构思出三个形体，分别画出它们的侧面投影。

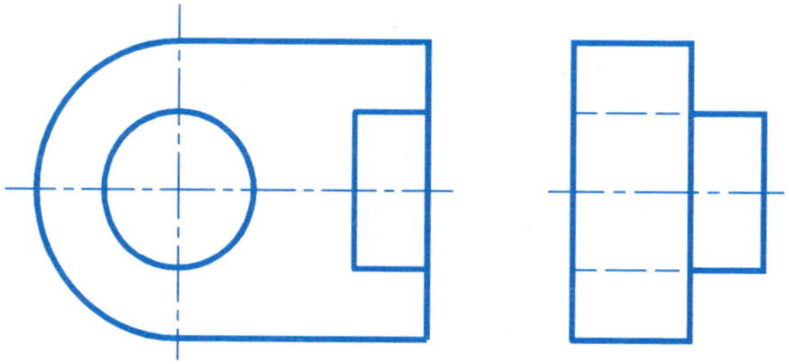

a)

b)

c)

班级　　姓名　　学号

3. 由正面投影和水平投影构思出两个形体，分别画出它们的侧面投影。

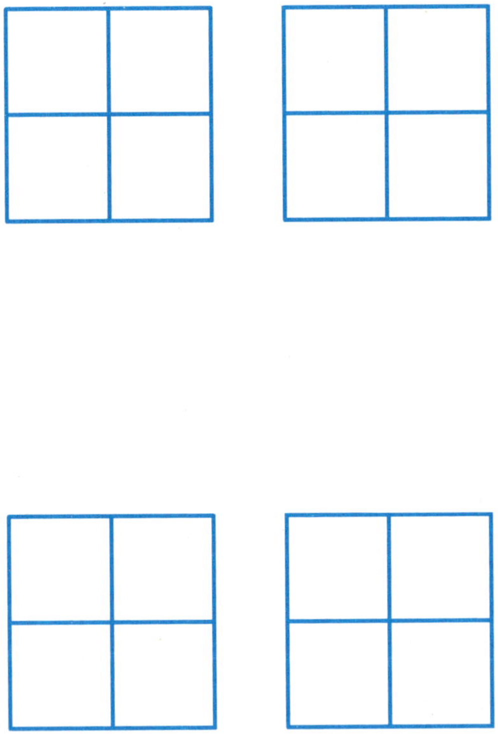

a) b)

4. 由正面投影和侧面投影构思出两个形体，分别画出它们的水平投影。

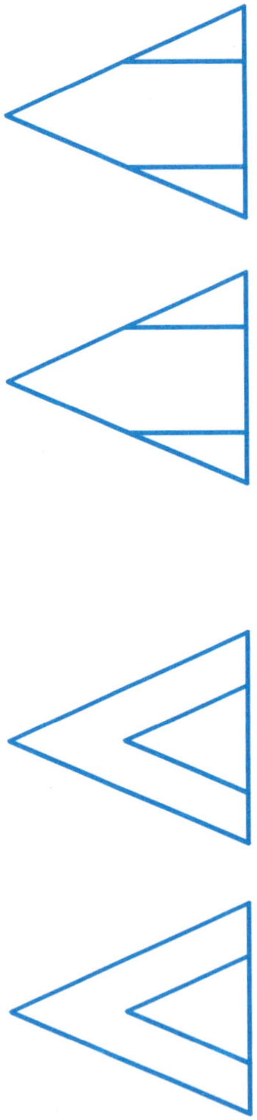

a) b)

1. 平板上制有三个孔，试构思一个形体，使它能分别沿三个方向通过这三个孔，并画出该形体的三面投影（尺寸从图中量取）。

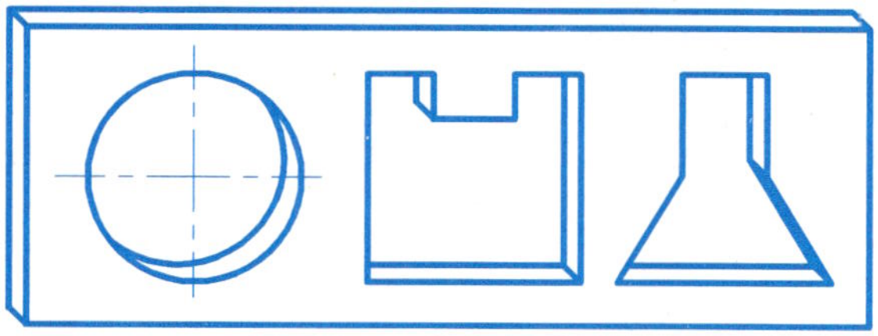

2. 选择若干个基本体构成一个建筑形体，组合形式不限。用 A3 图纸画出该形体的三面投影。

3. 由一个投影设计组合形体，并画出另外两个投影。

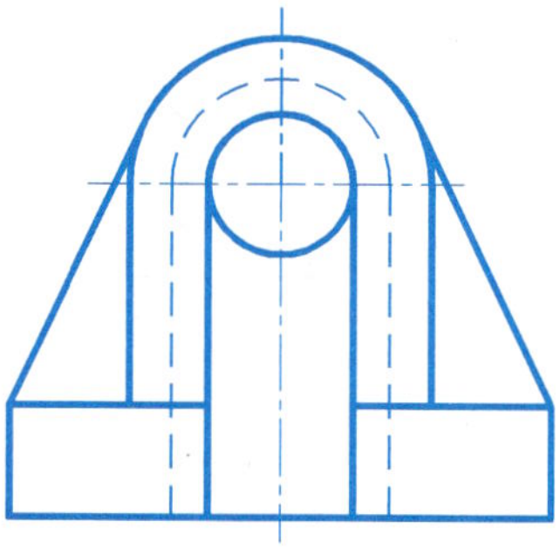

6-14 补画第三面投影，并标注尺寸（尺寸从图中量取）（一）

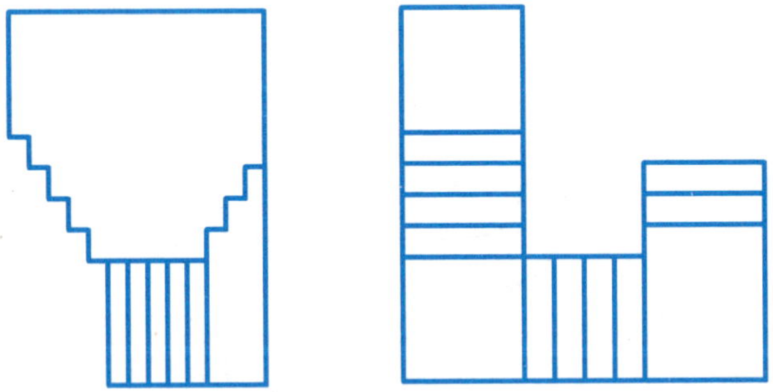

1.

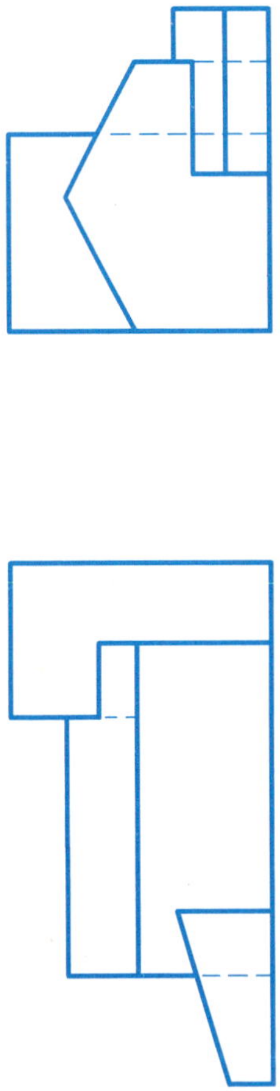

2.

6-15 补画第三面投影，并标注尺寸（尺寸从图中量取）（二）

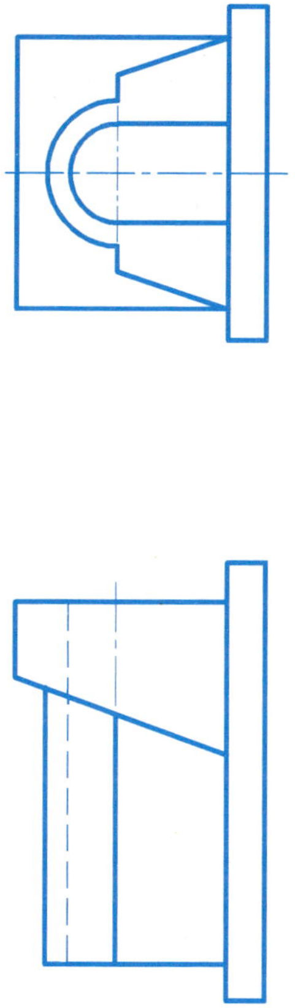

3.

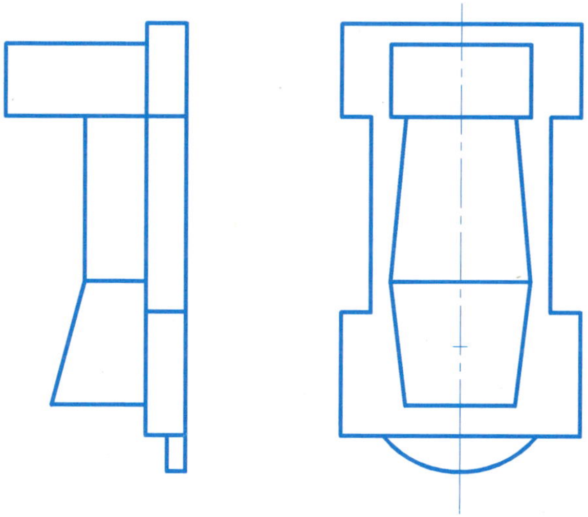

4.

第七章　工程形体的表达方法

7-1　工程形体的基本表示法（一）

1. 根据给出的房屋（模型）的正立面图和左侧立面图，补画 *B* 向平面图、*D* 向右侧立面图、*F* 向背立面图（不可见的图线画虚线）。

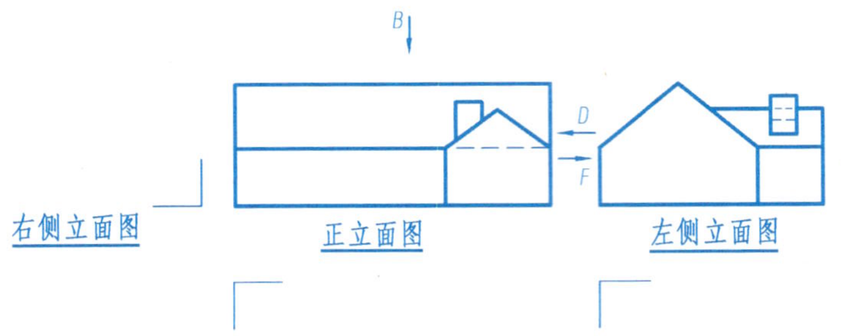

2. 画出空腹体的 *1—1* 剖面图。

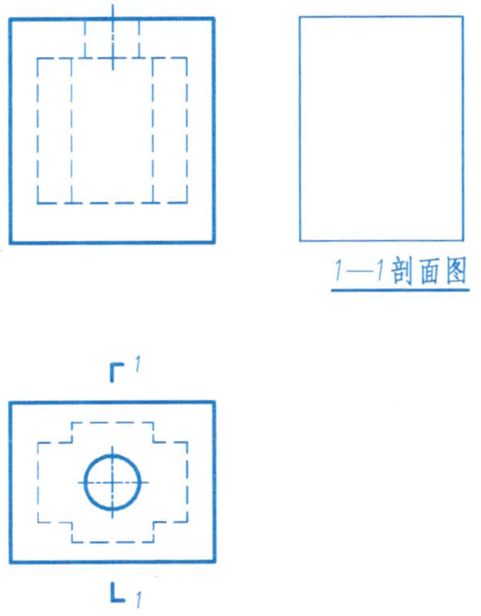

3. 画出图示形体的 2—2 断面图。

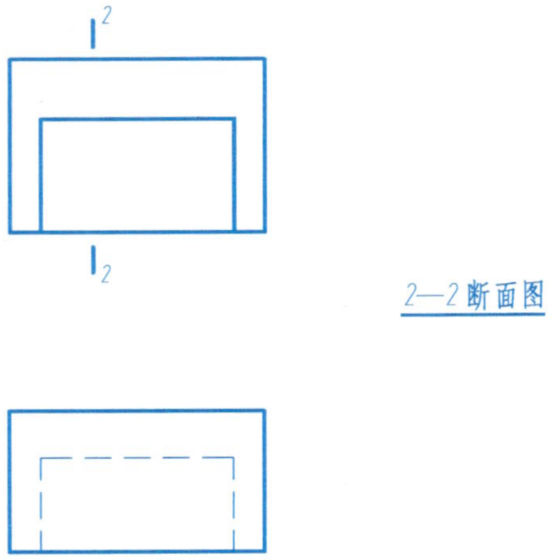

4. 根据给出的 *V*、*H* 投影，补画 *W* 投影(一半画表达外形的视图,另一半画表达内部形状的剖面图)。

5. 根据给出的 *H*、*W* 投影，补画 *1—1* 剖面图。

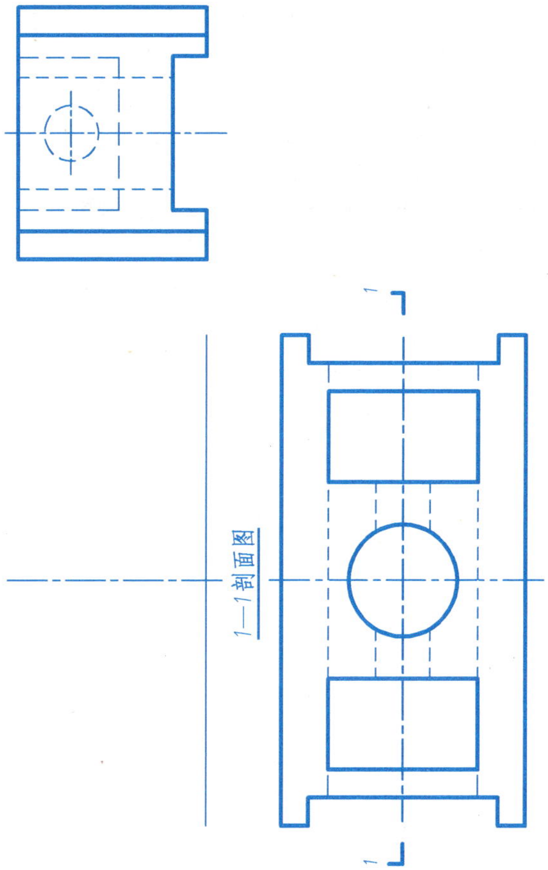

6. 根据给出的 *H*、*V*、*W* 投影，作出适当的剖面图。

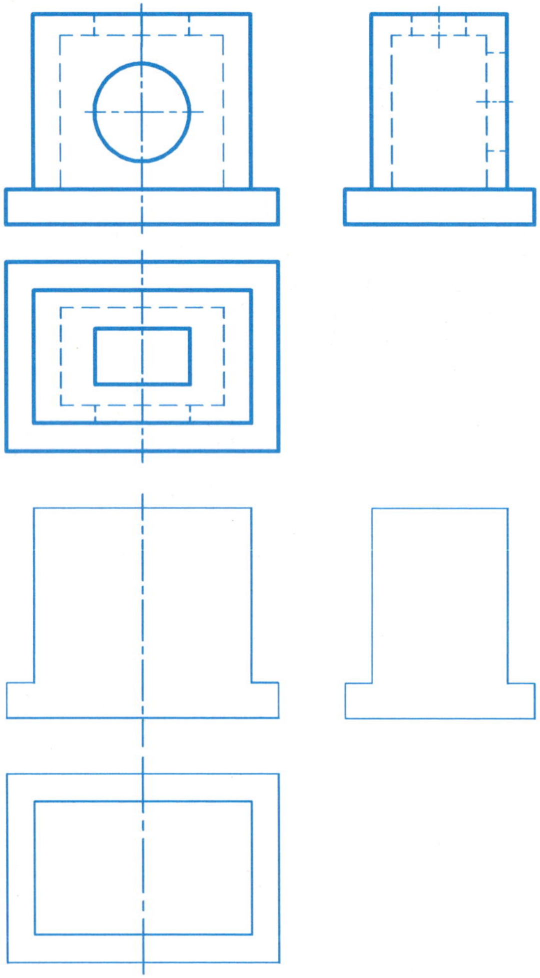

7. 根据给出的 *H*、*V*、*W* 投影，作出 *1—1*、*2—2* 剖面图。

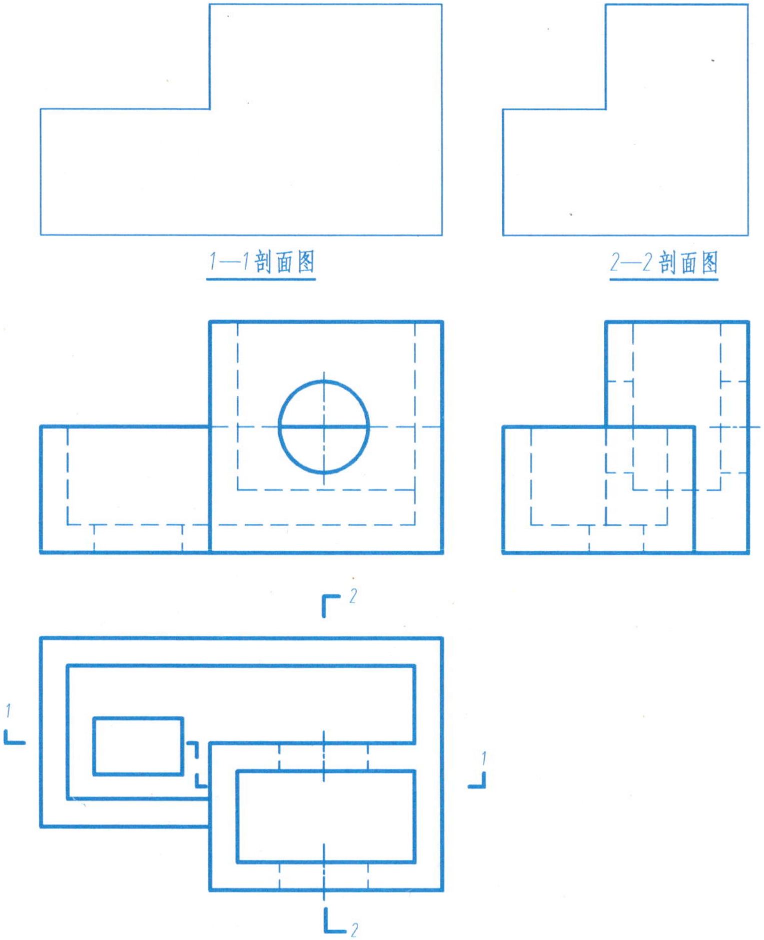

8. 作 1—1 剖面图。

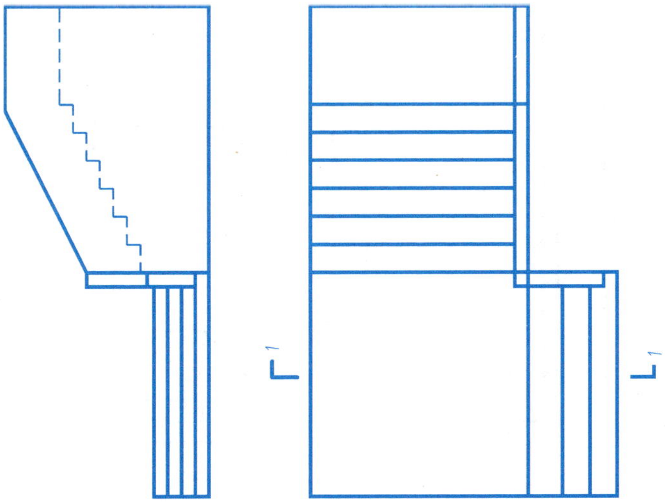

1—1 剖面图

9. 作 2—2、3—3 剖面图。

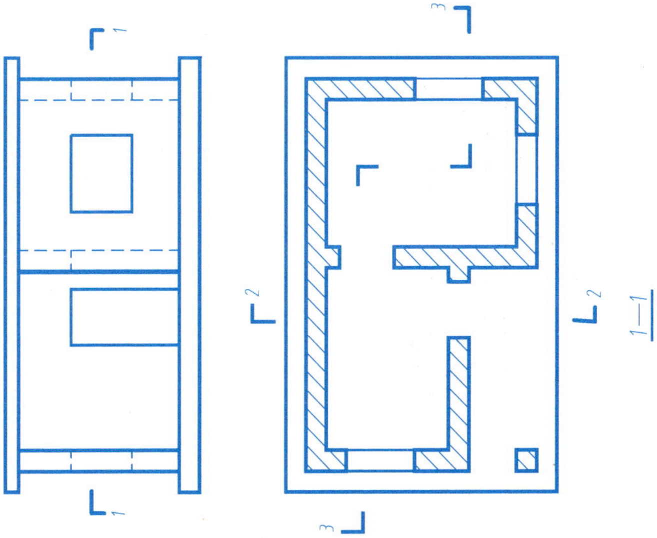

2—2 剖面图

3—3 剖面图

10. 画出 *1—1* 断面图和 2—2 剖面图。

*1—1*断面图

2—2 剖面图

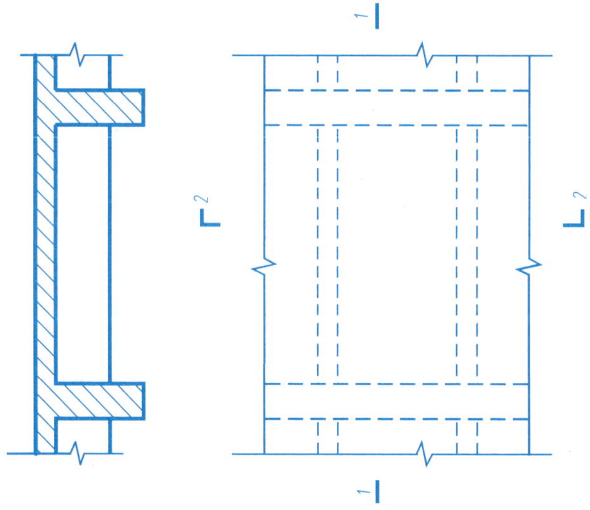

11. 画出 *1—1* 剖面图。

*1—1*剖面图

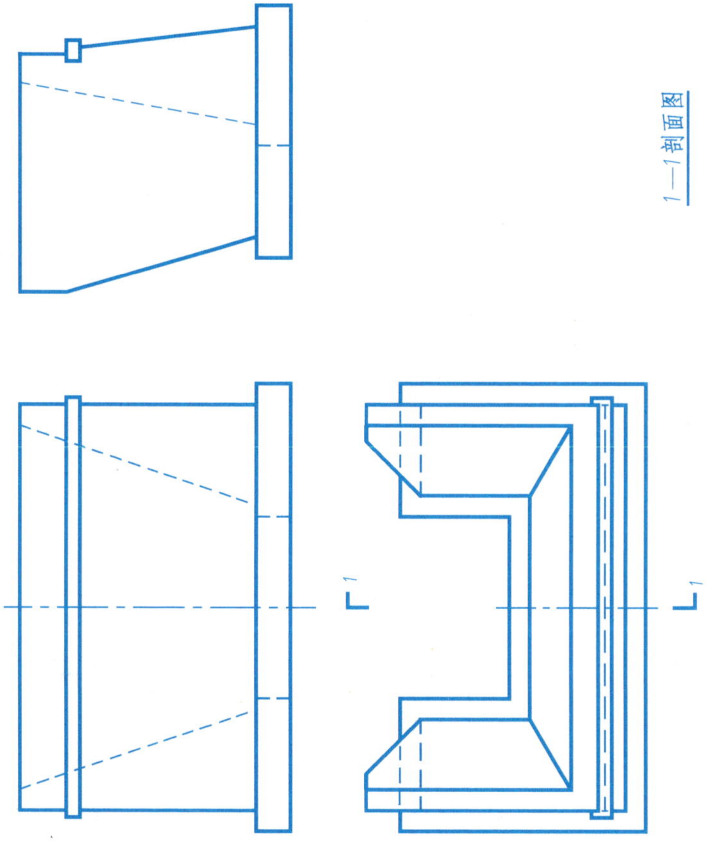

班级 姓名 学号

12. 将涵洞的主立面图改画成全剖面图，并完成 *1—1* 半剖面图。

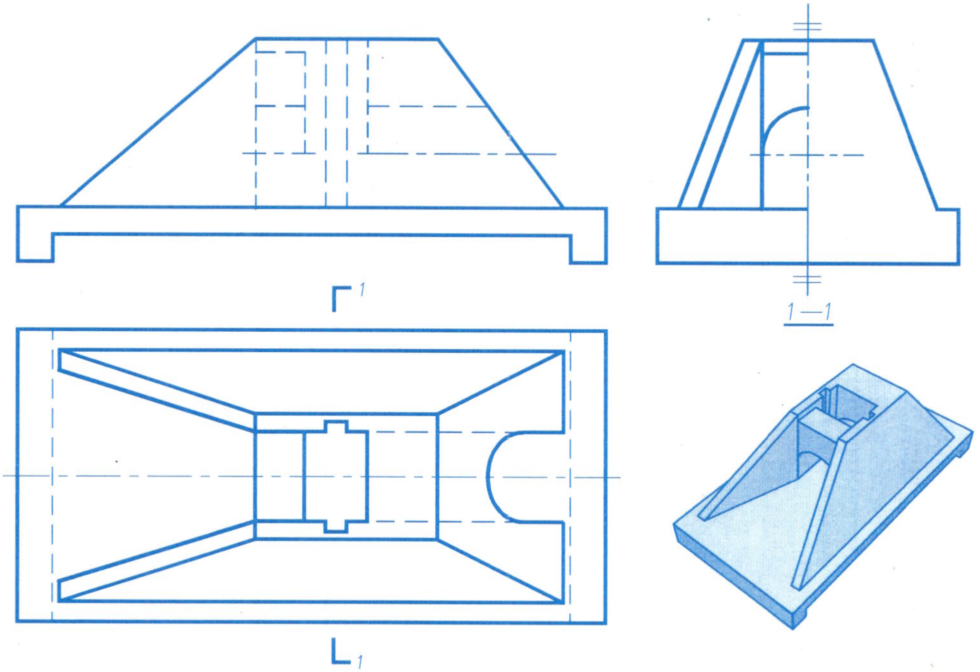

13. 完成 U 形渡槽主立面图上的半剖面图，并将侧立面图改作成剖面图（材料：钢筋混凝土）。

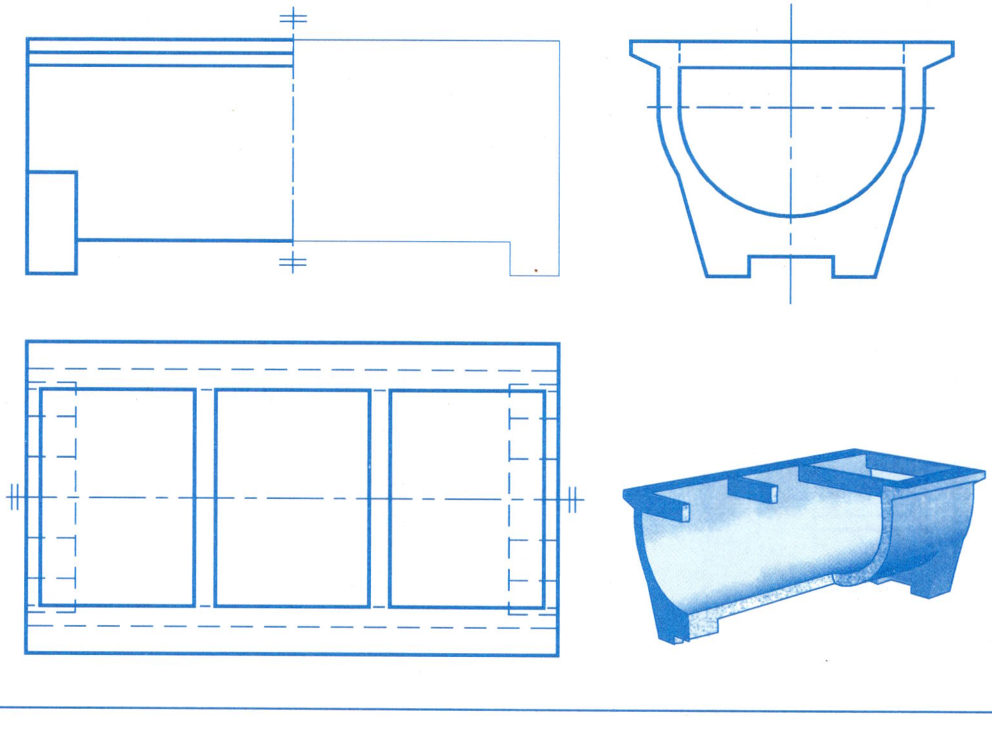

7-7　作檩条和柱的 *1—1*、*2—2* 断面图

1.

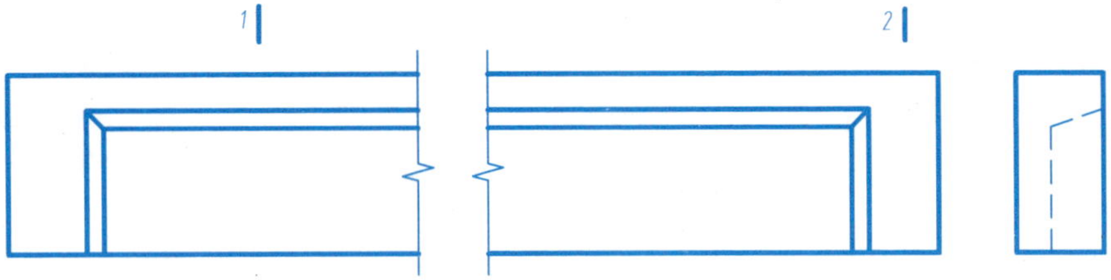

2.

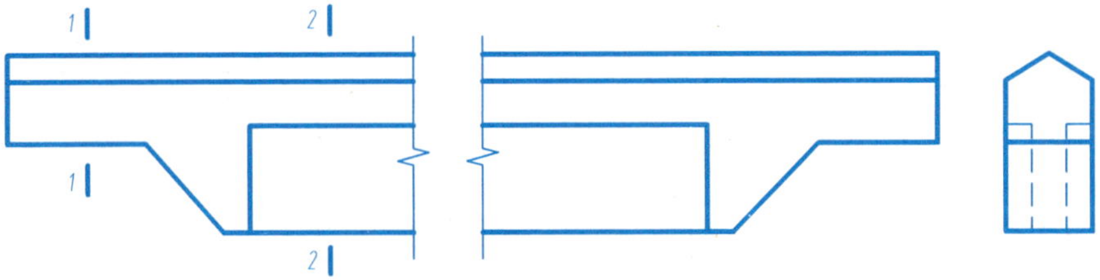

3.

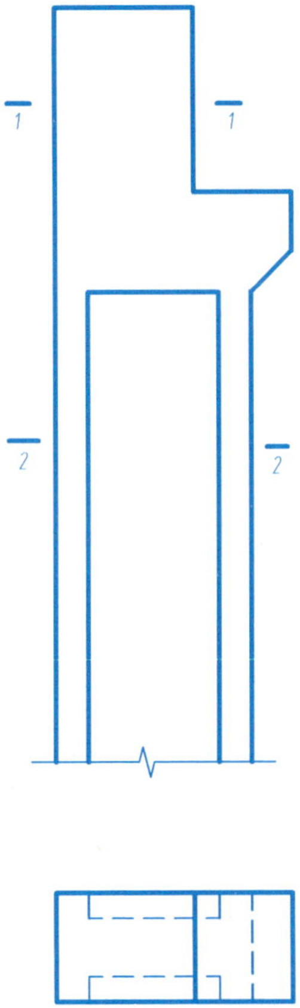

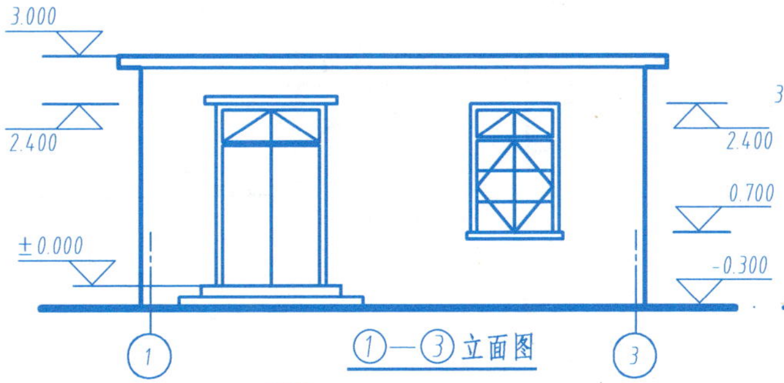

①—③立面图

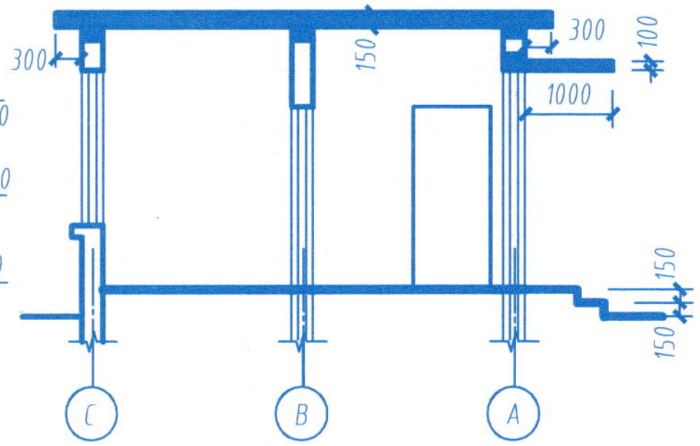

1—1剖面图

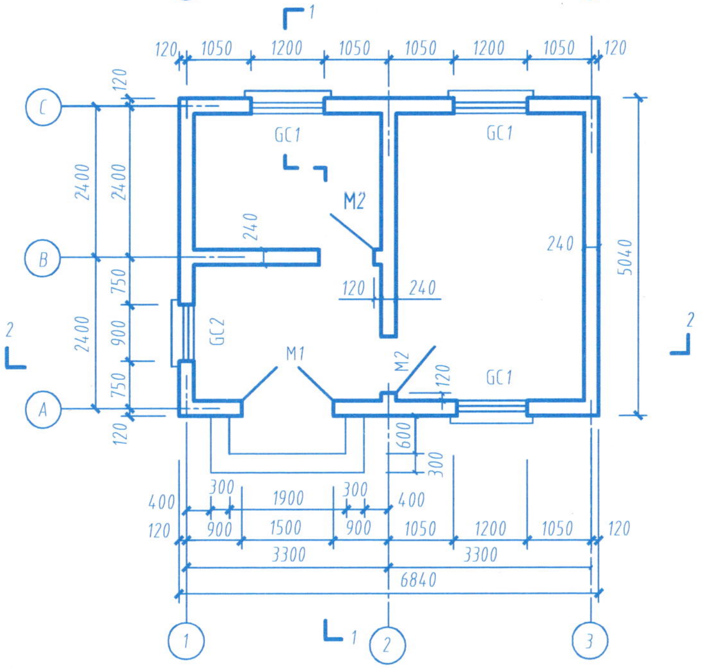

平面图 1:100

编号	洞口尺寸		数量	编号	洞口尺寸		数量
	宽	高			宽	高	
M1	1500	2400	1	GC1	1200	1700	3
M2	900	2000	2	GC2	900	1700	1

作业名称：房屋平、立、剖面图

作业内容：抄绘平面图、立面图、*1—1*剖面图，补绘 *2—2* 剖面图，标注尺寸

绘图比例：1∶50

图纸幅画：A3

班级　　　　姓名　　　　学号

1. 根据行车道板的三面投影及尺寸，在指定位置将正立面图改画成 *1—1* 半剖面图，侧立面图改画成 *2—2* 剖面图，并标注尺寸。

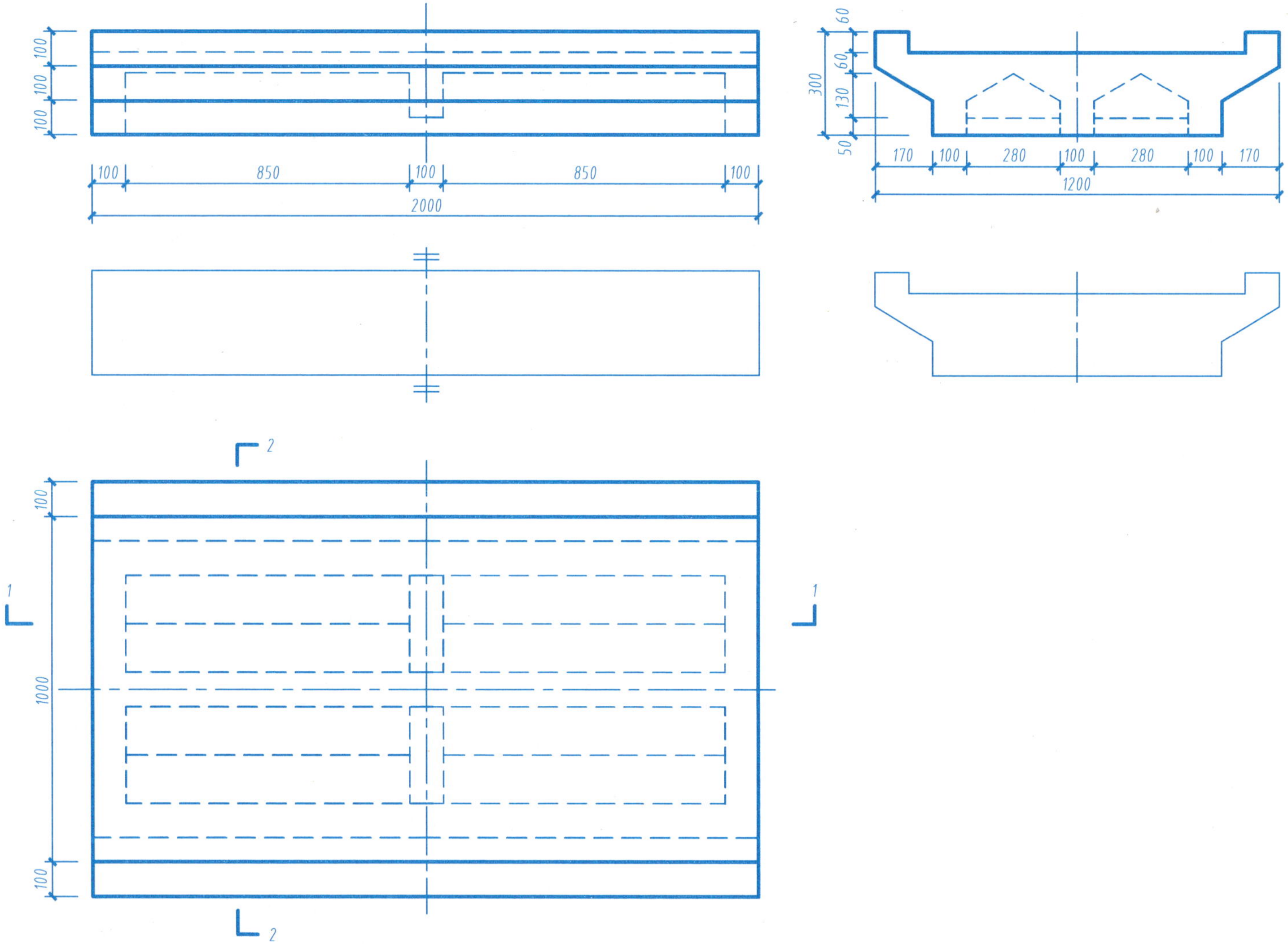

班级　　姓名　　学号

2.

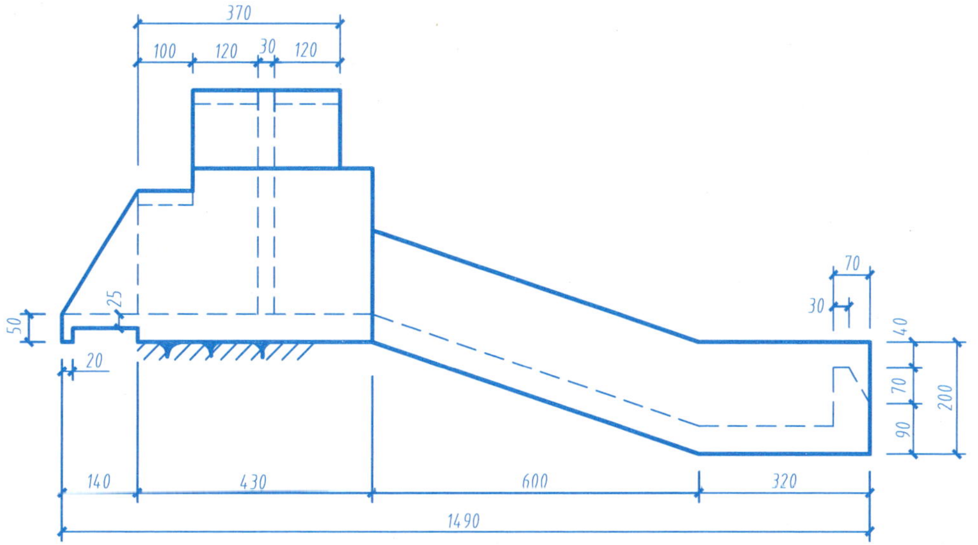

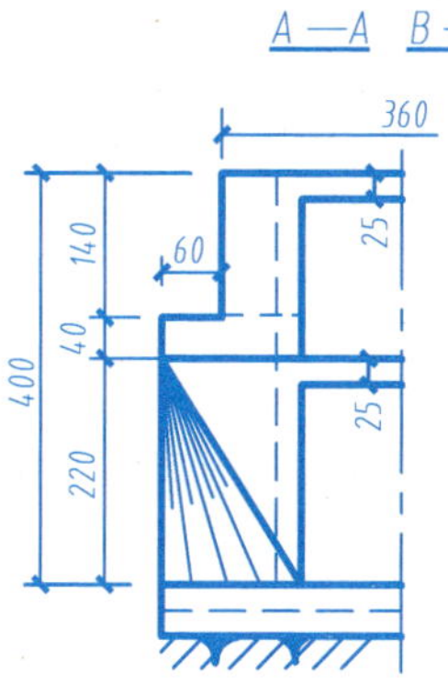

单位：cm

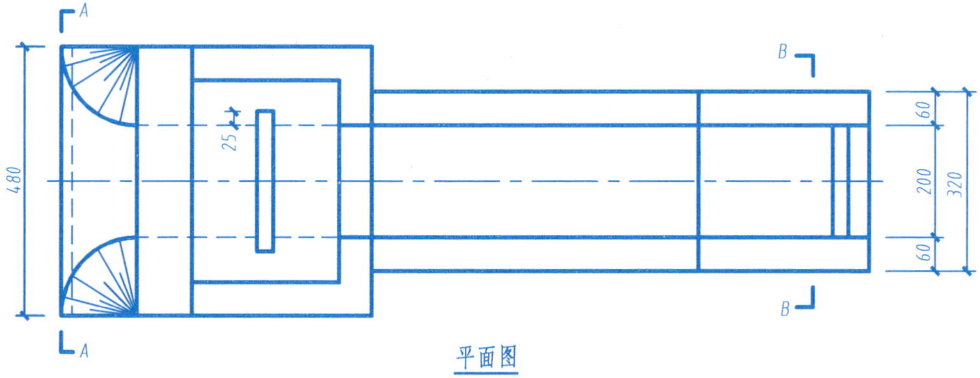

作业名称：泄水闸

作业内容：（1）根据三面投影图及尺寸，将正立面图改画成剖面图

（2）完成 *B—B* 剖面图

绘图比例：1∶100

图纸幅画：A3

第八章　正投影图中的阴影

8-1　阴影的基本绘图

1. 求点 *A*、*B* 在投影面上的落影(虚影加括号表示)。

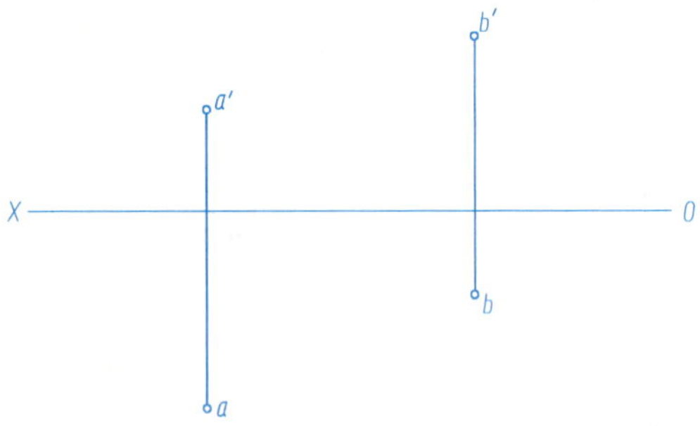

2. 求点 *B* 在 *P* 平面上的落影。

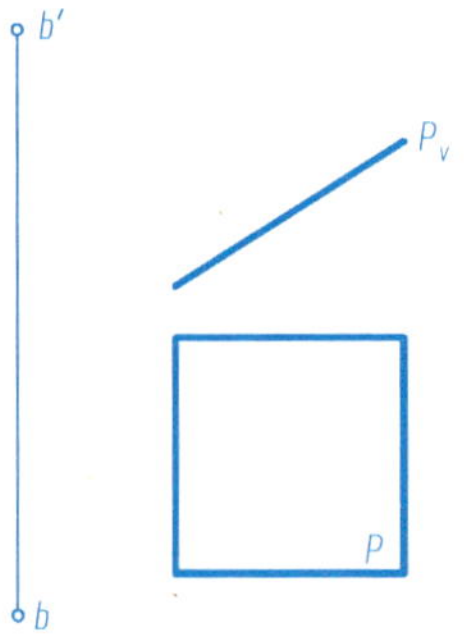

3. 求点 *A*、*B*、*C* 在六棱柱表面的落影。

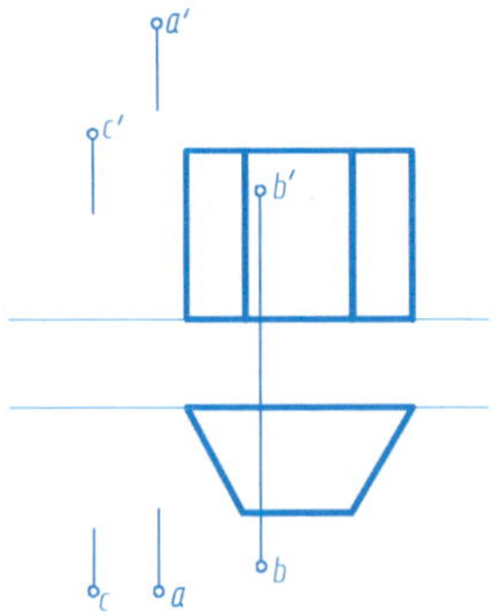

4. 求 *AB*、*CD*、*EF* 的落影。

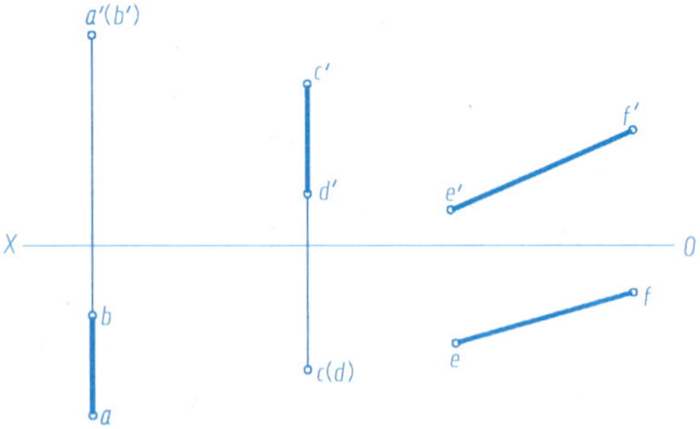

　　班级　　姓名　　学号

8-2 直线在平面上的落影

1. 求直线 *AB* 在 *P*、*Q* 面上的落影。

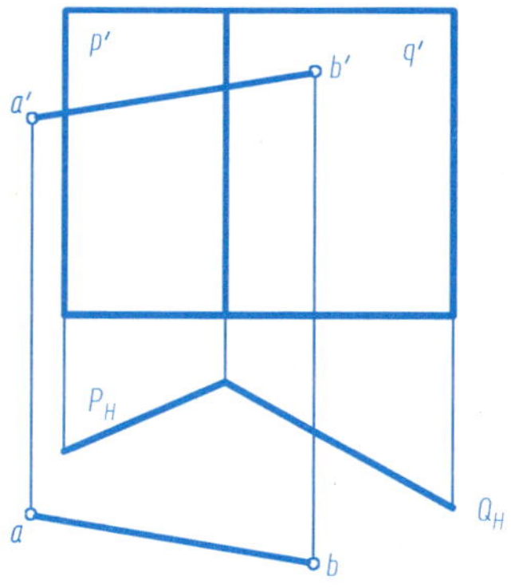

2. 求铅垂线 *AB* 在侧垂面上的落影。

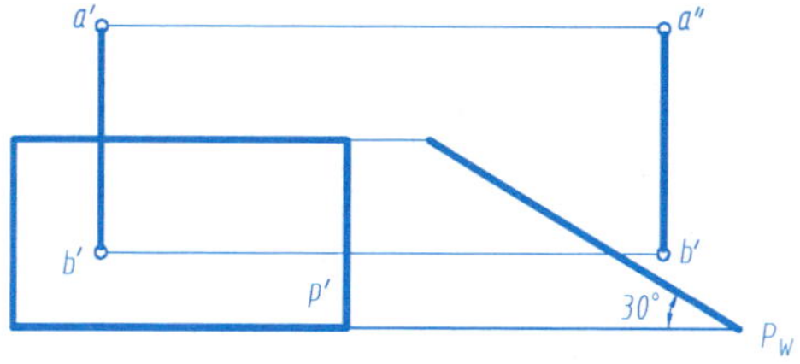

3. 求侧垂线 *AB* 在墙壁上的落影。

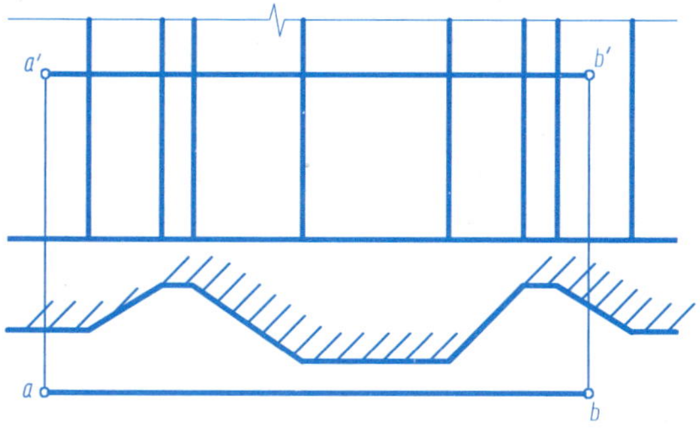

4. 求铅垂线 *AB* 在 *H* 面和勒脚表面上的落影。

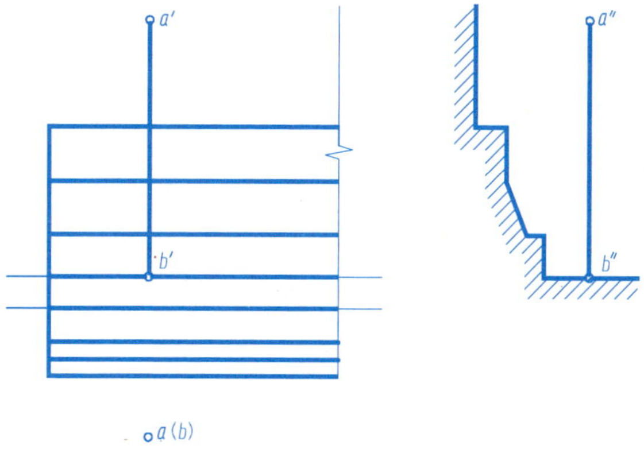

8-3 平面图形的落影

求作平面图形在 H、V 或 V 面上的落影。

1.

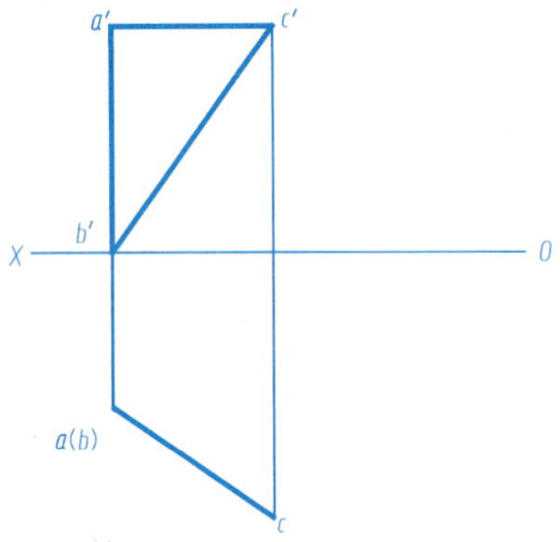

2.

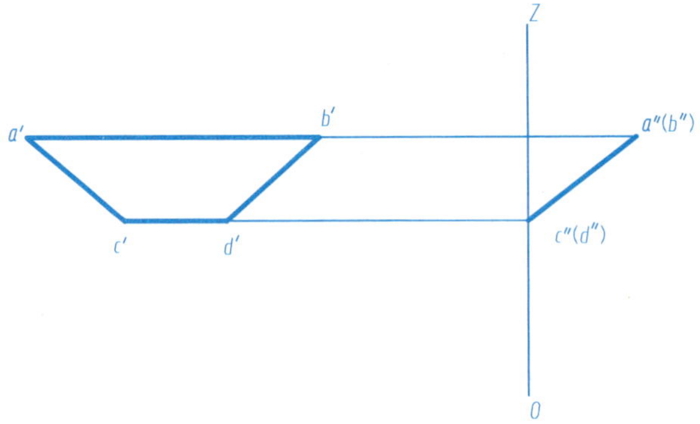

3.

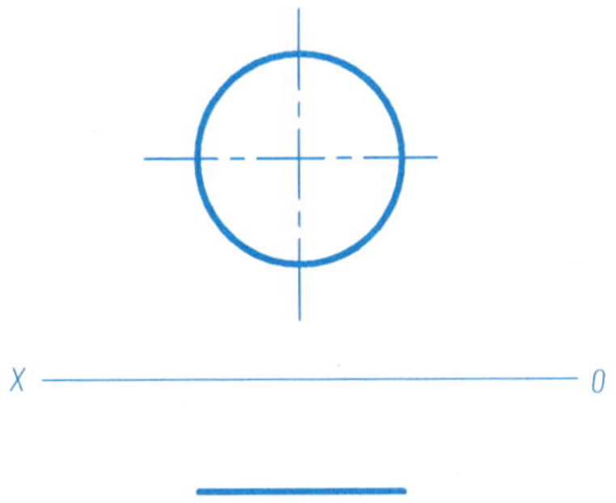

4.

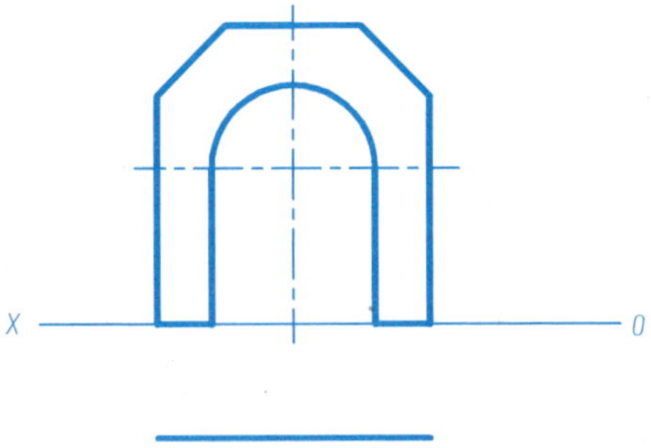

班级　　姓名　　学号

8-4 平面立体的落影

1. 求长方体的阴影。

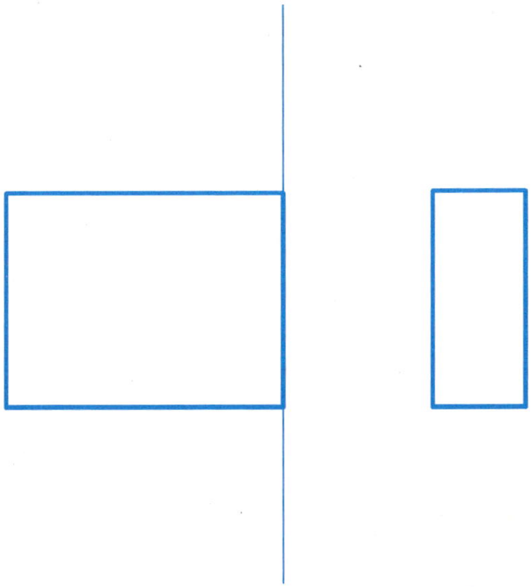

2. 求组合体的阴影。

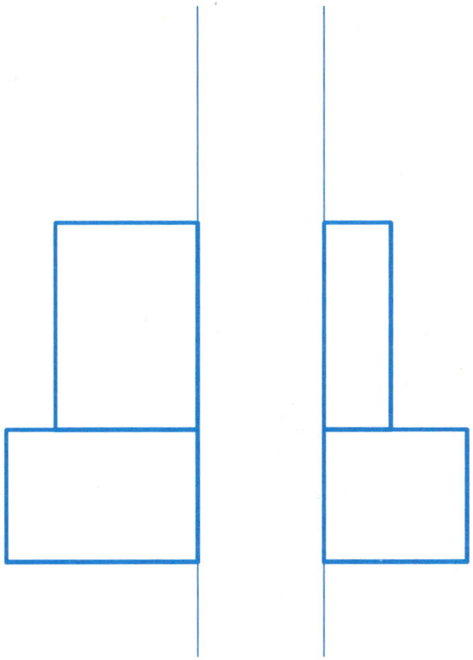

8-5 组合体和门、窗洞的阴影

1. 求组合体的阴影。

(1)

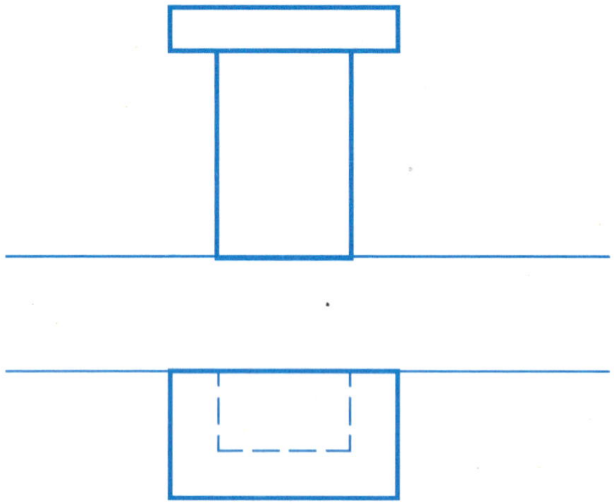

(2)

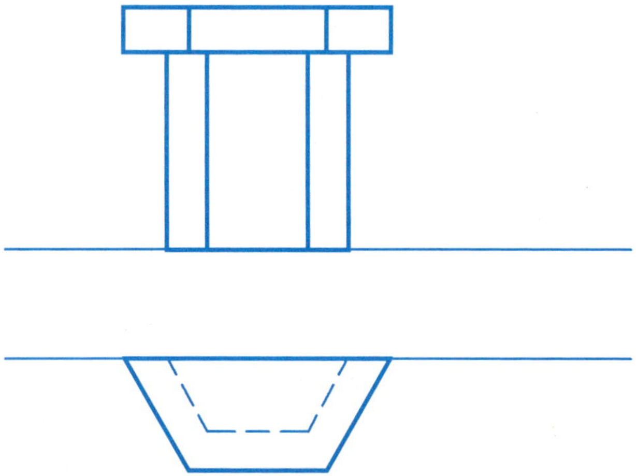

2. 求门窗洞的阴影。

(1)

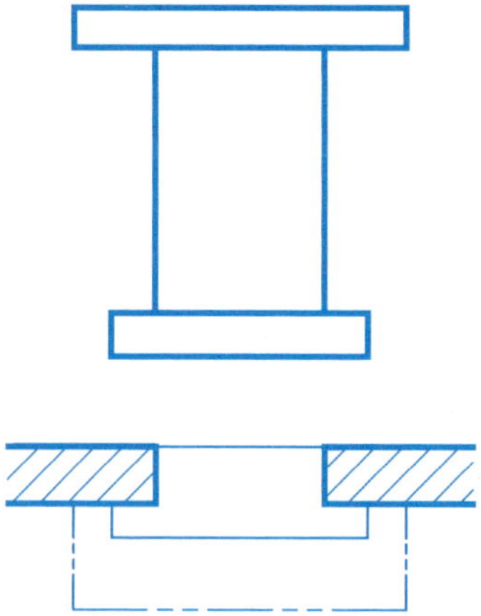

(2)

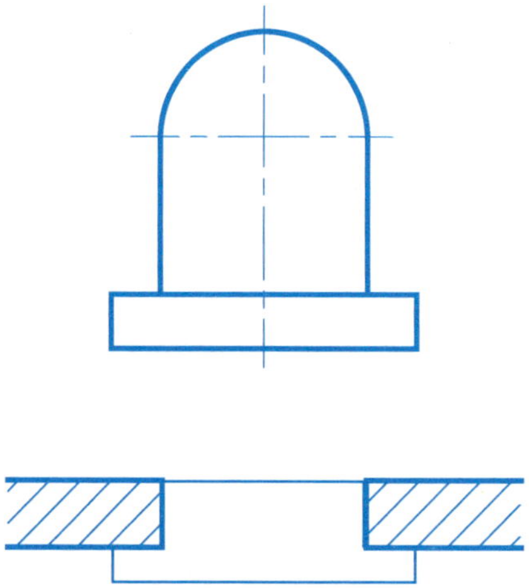

班级　　姓名　　学号

8-6　雨棚和台阶的阴影

1. 求门洞和雨棚的阴影。

(1)

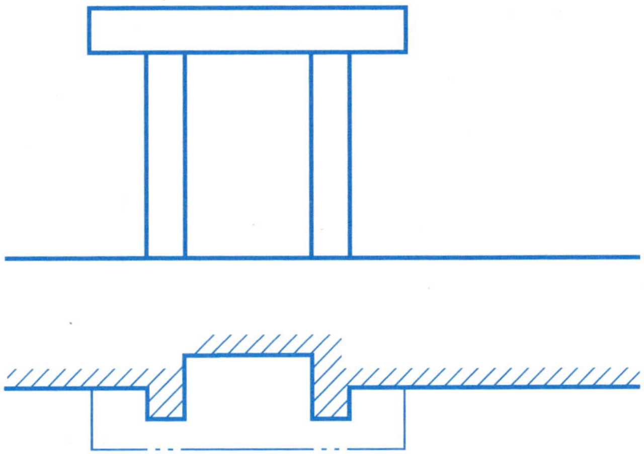

(2)

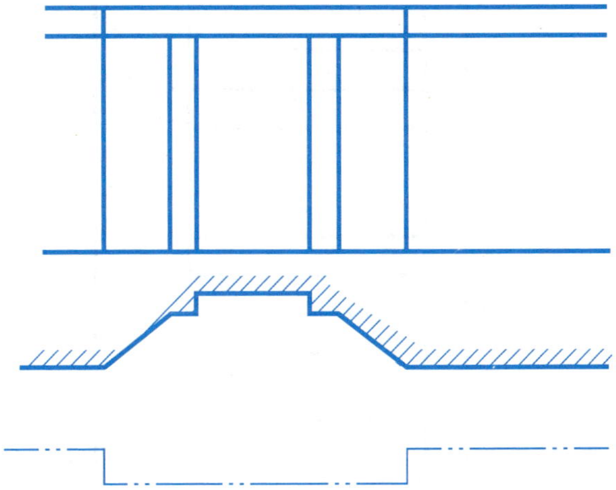

2. 求台阶的阴影。

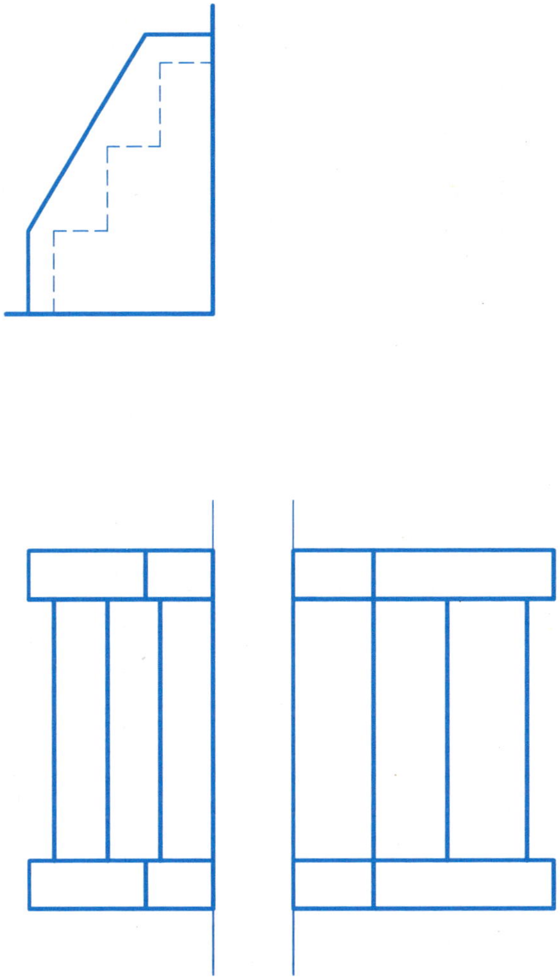

求作圆柱组合体的阴影。

2.

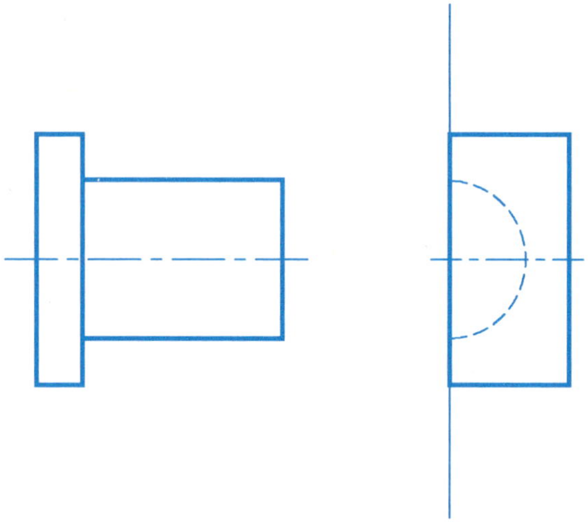

1.

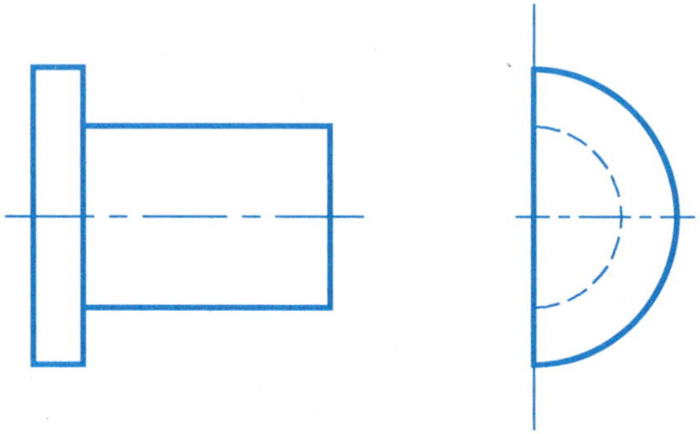

3.

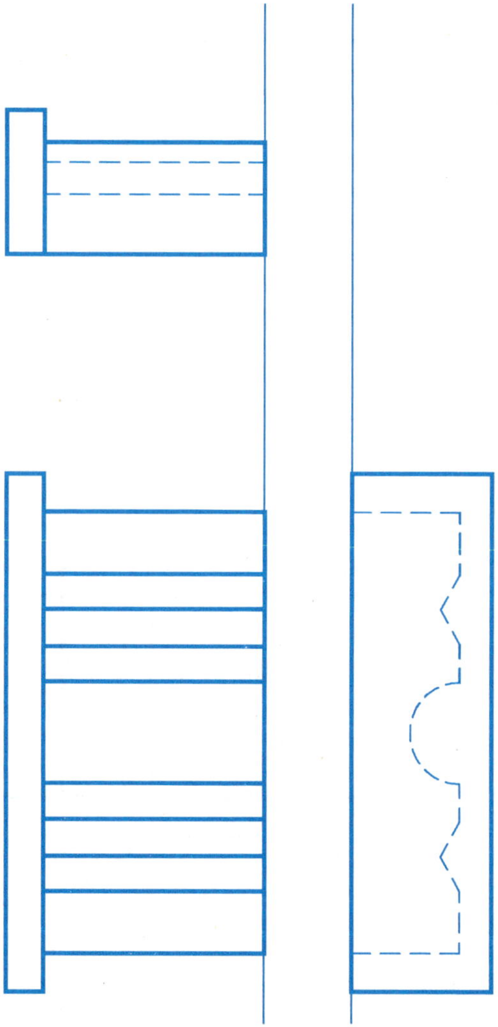

班级 姓名 学号

8-8 门廊的阴影

求作门廊的阴影。

1.

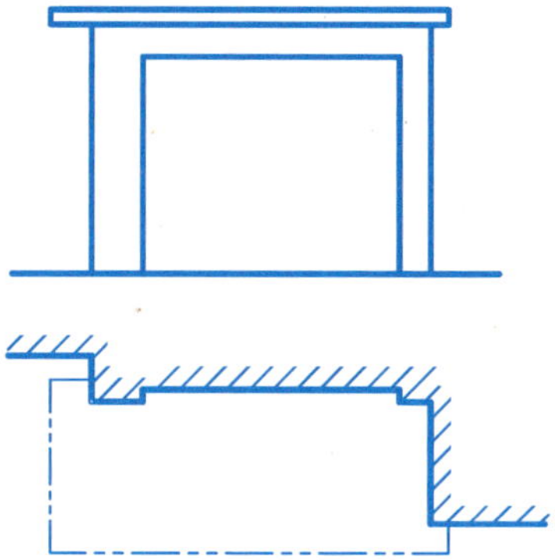

2.

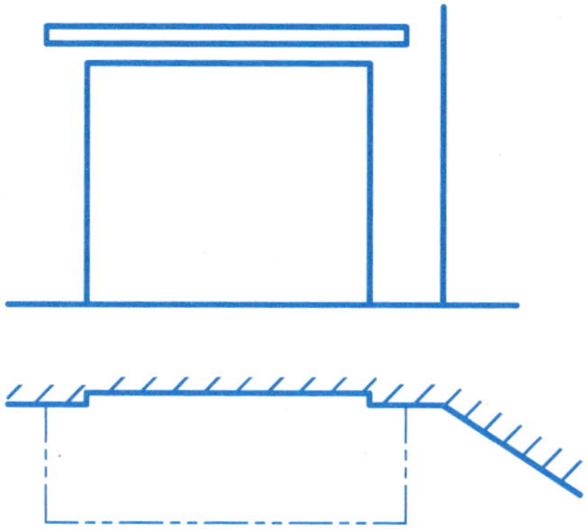

3.

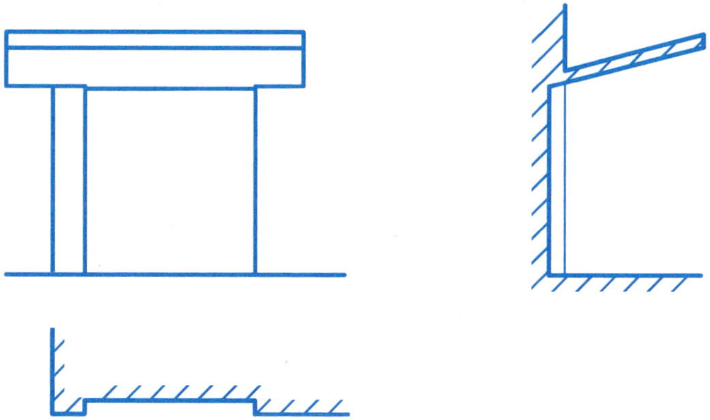

4.

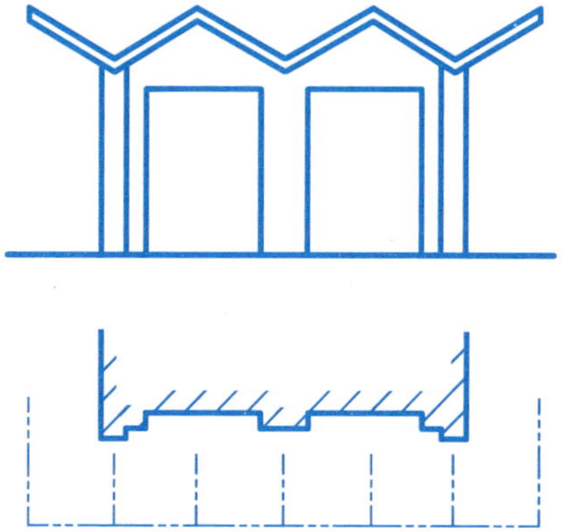

求作房屋轮廓的阴影。

1.

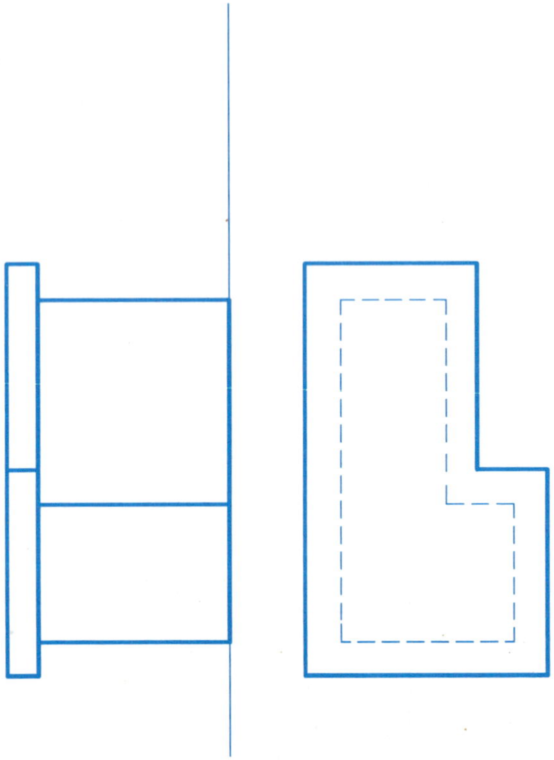

2.

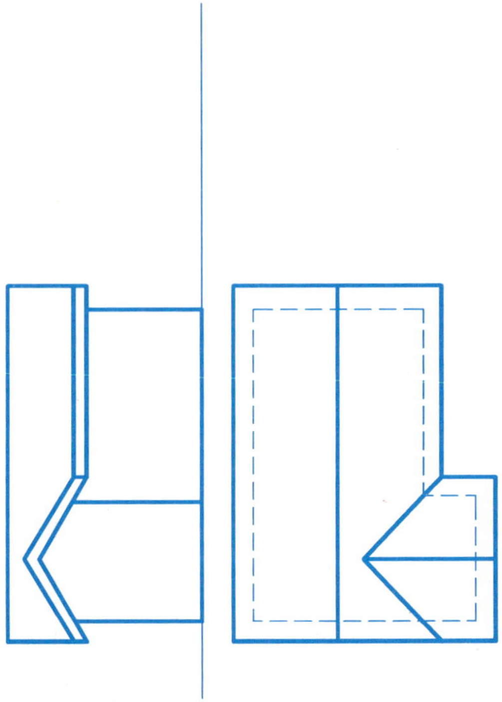

求作建筑立面的阴影。

1.

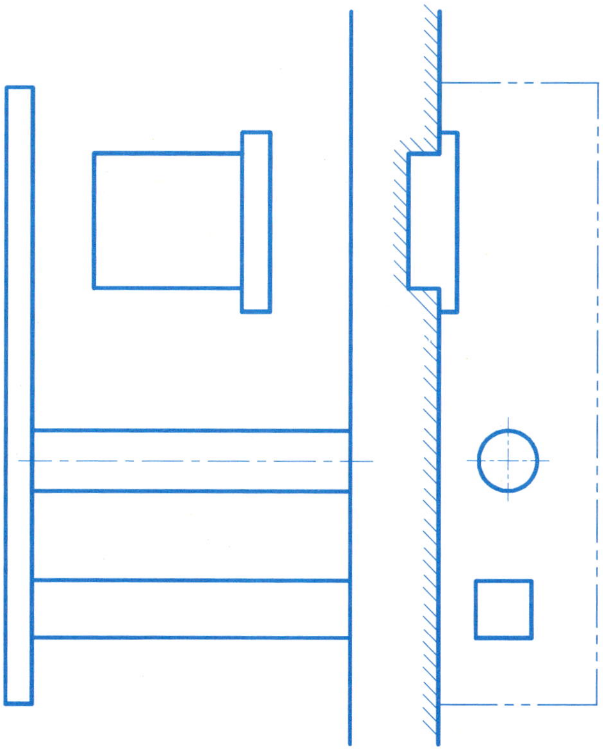

2.

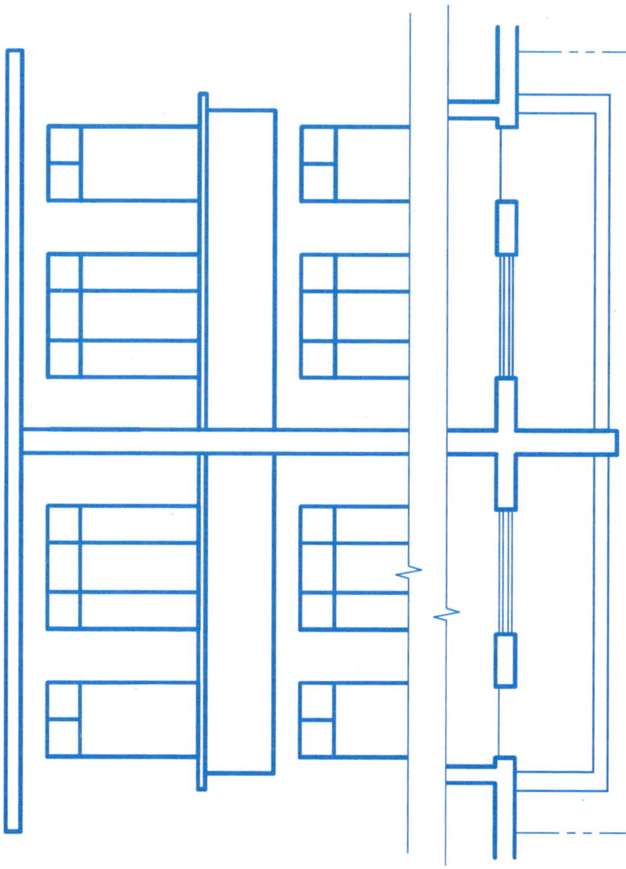

第九章　建筑透视图

9-1　透视的基本作用

1. H 面的平行线 AB 高于 H 面 35，求它的透视 $A^{\circ}B^{\circ}$ 及基透视 $a^{\circ}b^{\circ}$。

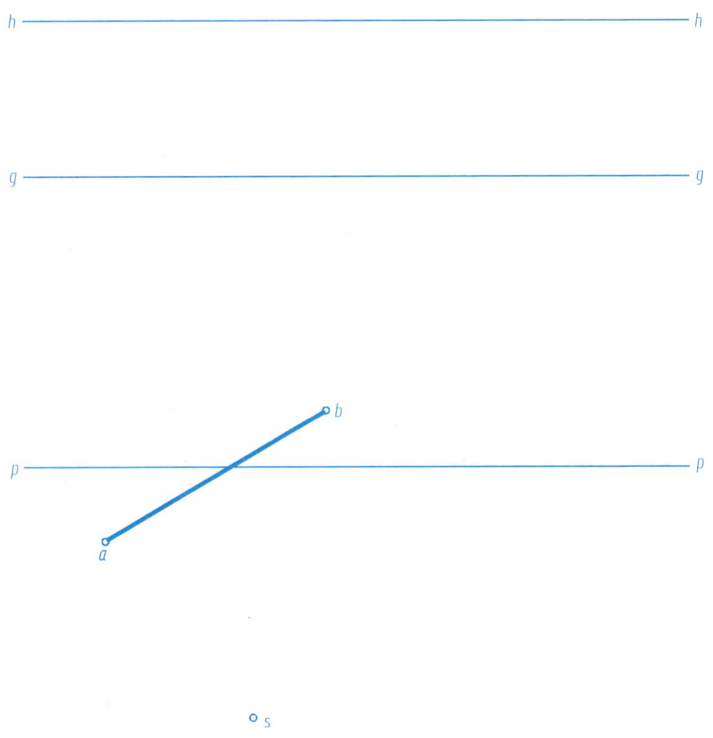

2. 画面垂直线 AB 高于 H 面 35，求它的透视 $A^{\circ}B^{\circ}$ 及基透视 $a^{\circ}b^{\circ}$。

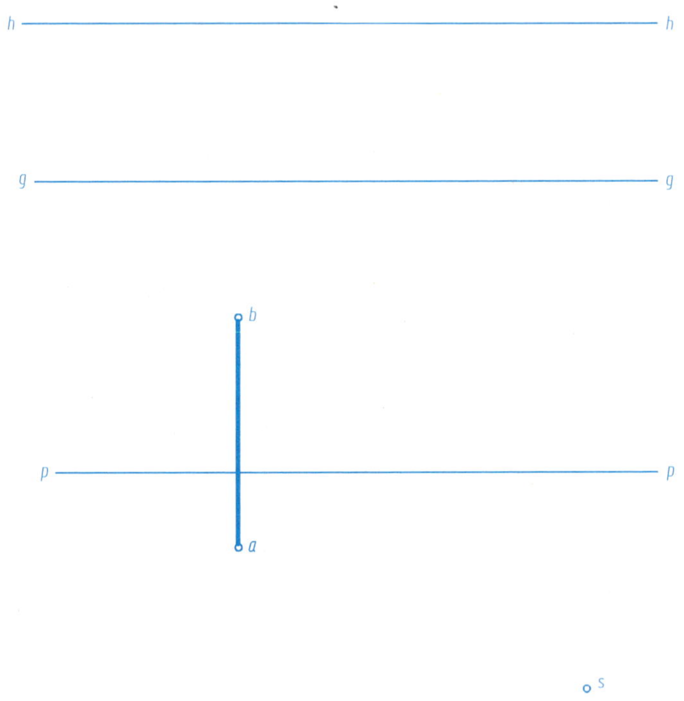

班级　　　　姓名　　　　学号

9-2 求作基面上平面图形的透视

1.

2.

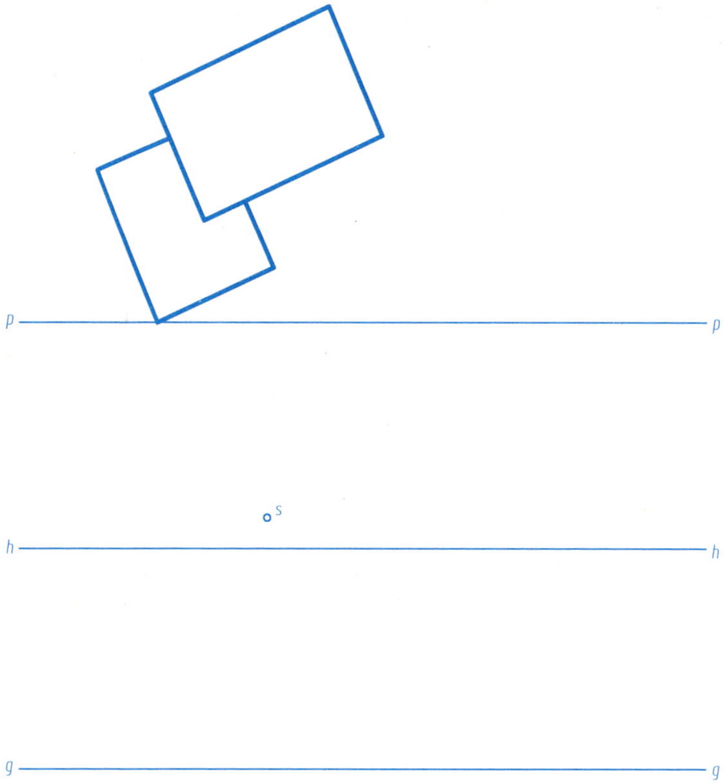

9-3 立体的透视作图

1. 作置于基面上的四棱柱的透视，高为 10。

（1） （2）

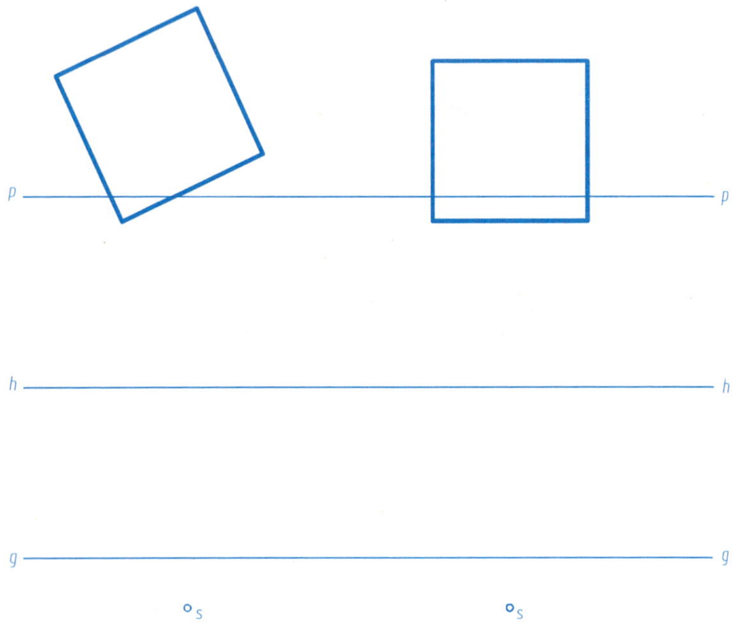

2. 作纪念碑的透视。

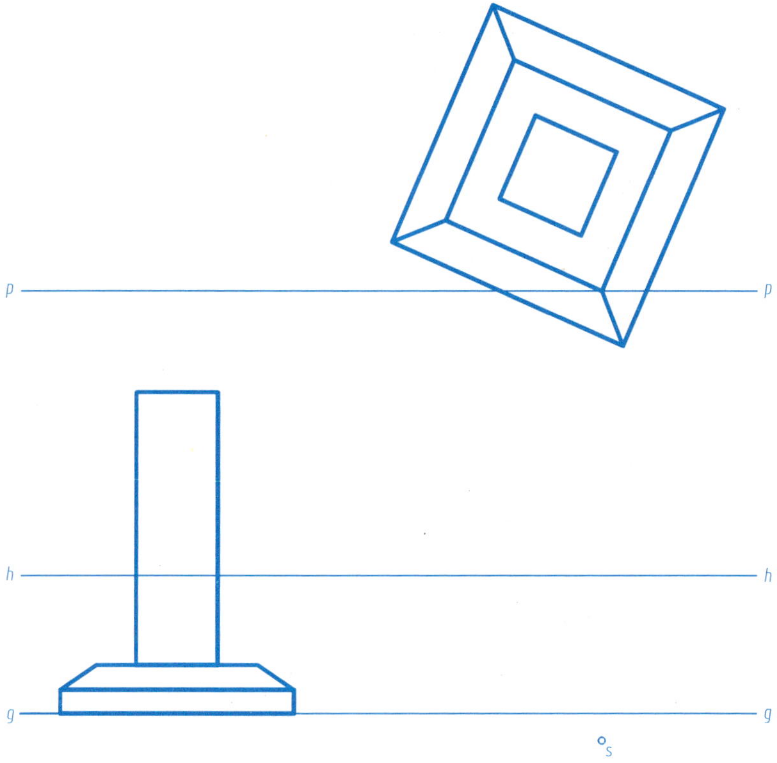

1. 根据建筑物的屋顶平面图与侧立面图，作二点透视图。

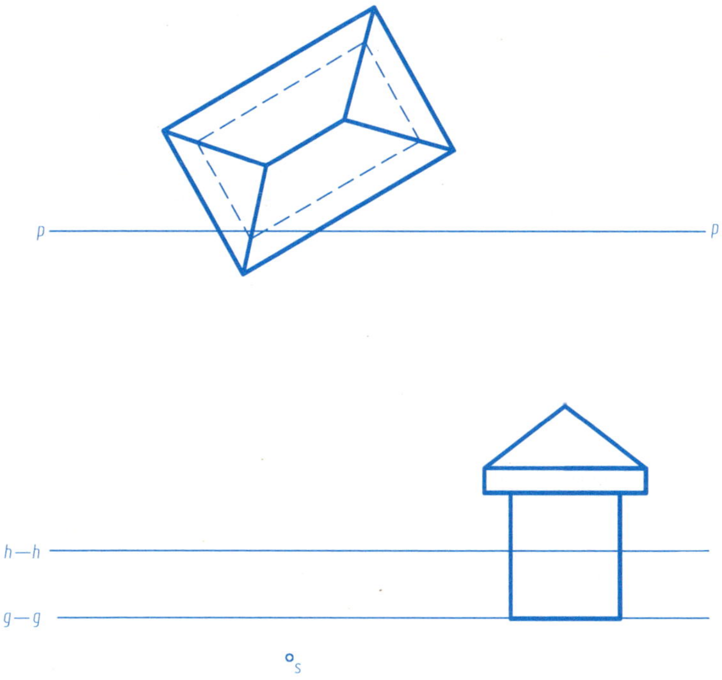

2. 根据建筑物的平面图和立面图，作一点透视图。

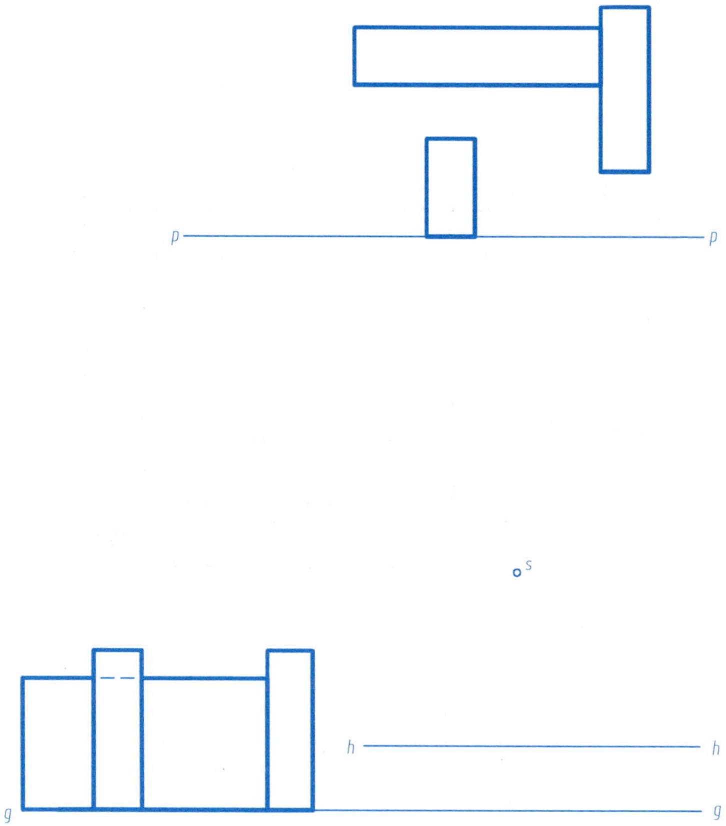

班级　　姓名　　学号

9-5 作台阶的透视图

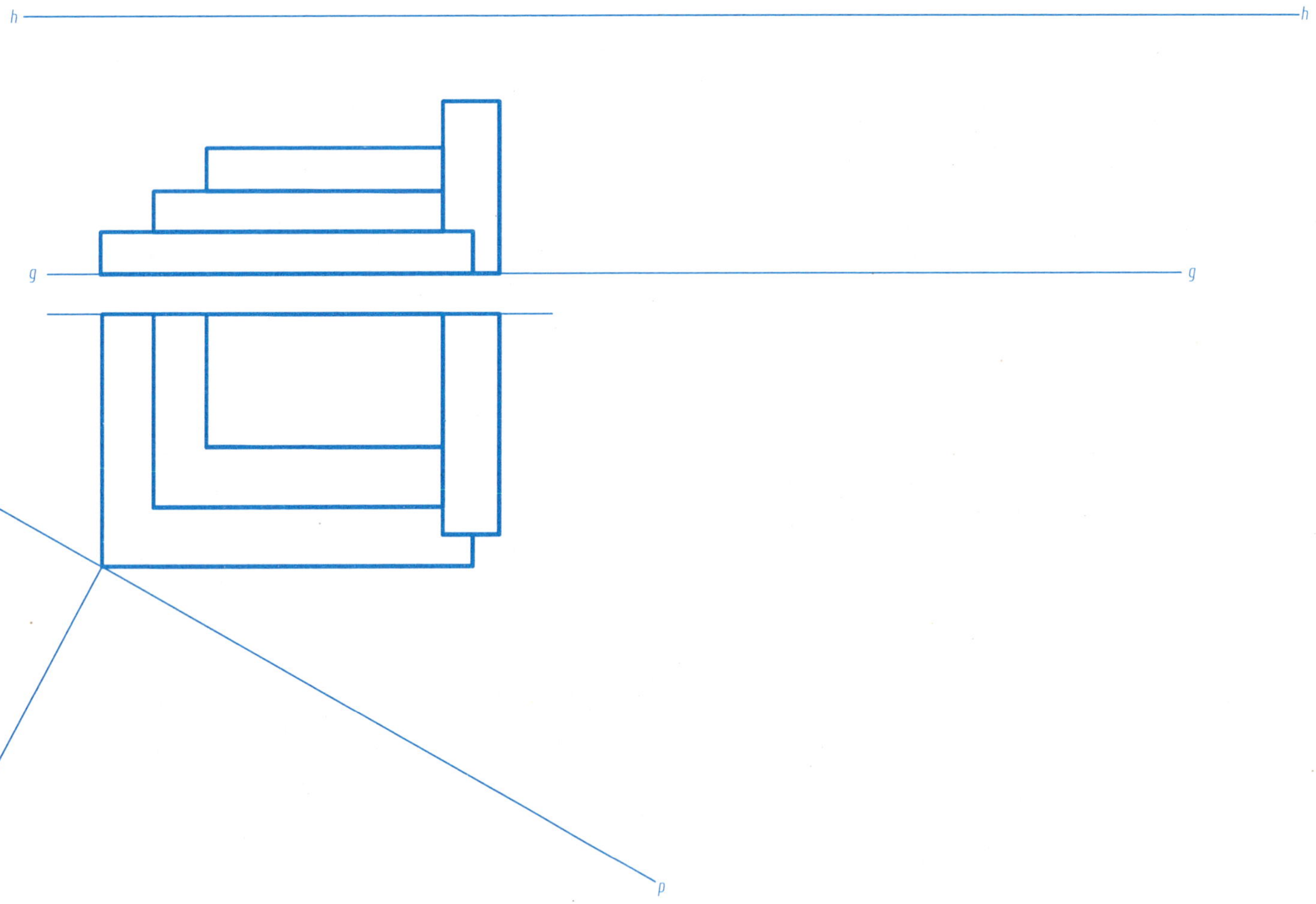

 班级 姓名 学号

9-6 作圆拱的透视图

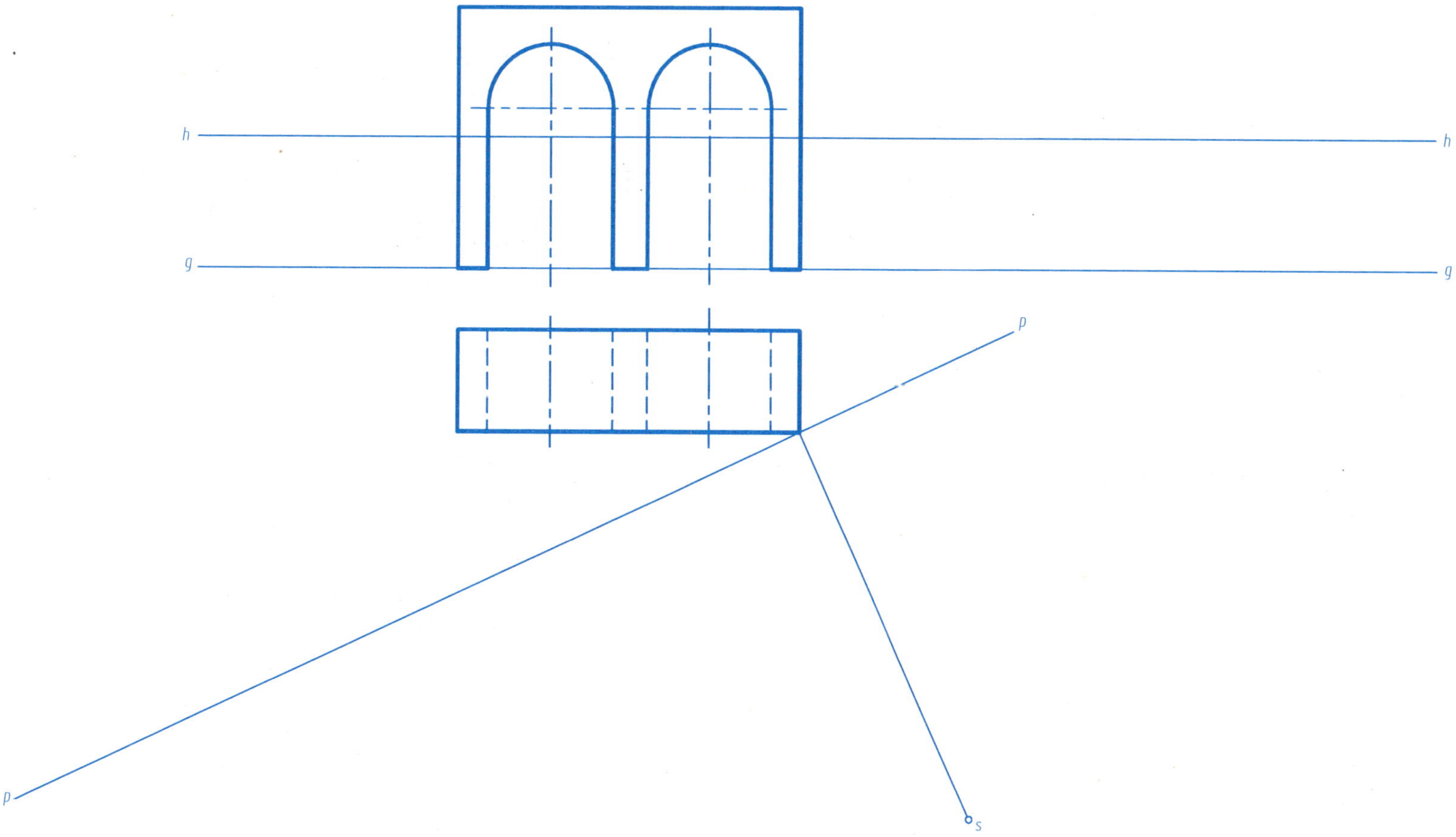

班级　　　　姓名　　　　学号

1. 在透视图中，按已给的矩形，在同一平面内再连续画出三个矩形。

2. 根据形体的正立面图、侧立面图的分割线，在形体的透视图上画出分割线来。

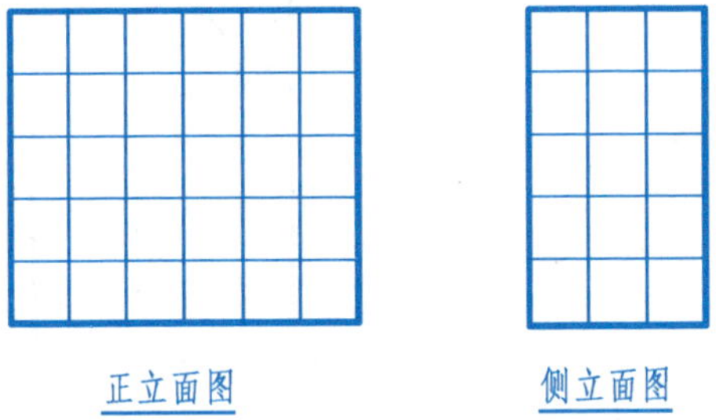

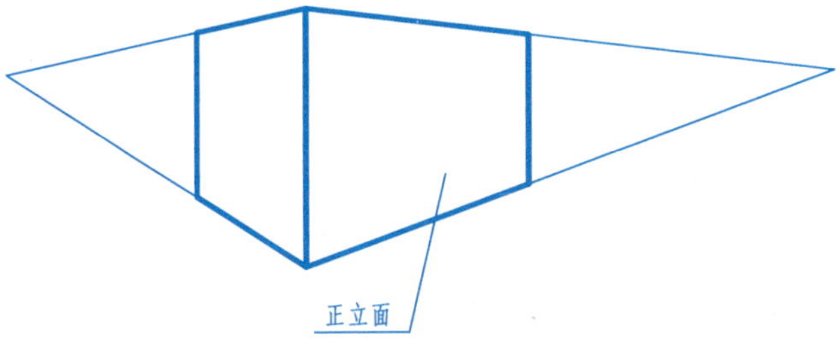

 班级 姓名 学号

9-8 作桥墩的透视图

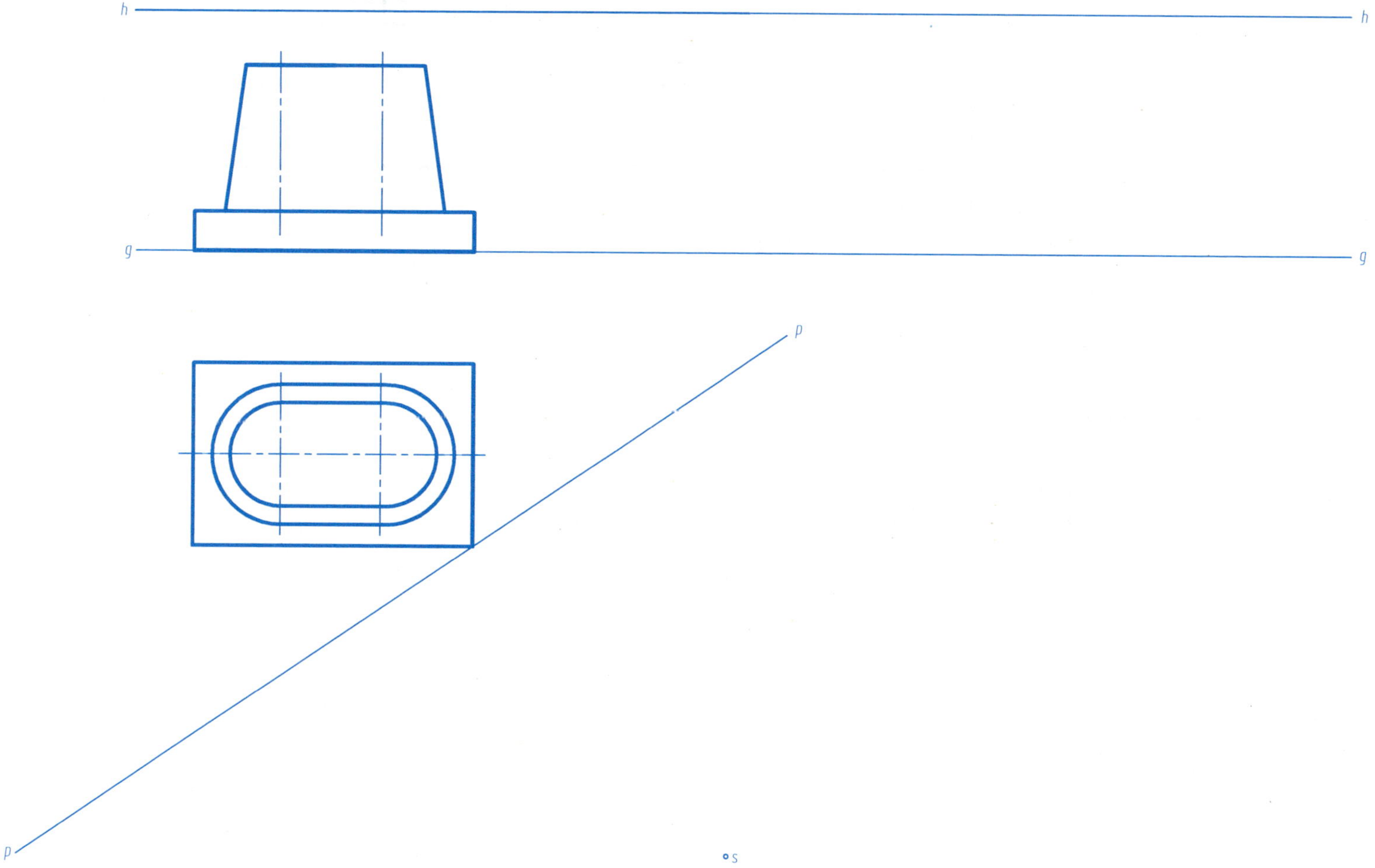

已知大厅的平面图及侧立面图，作室内一点透视图。

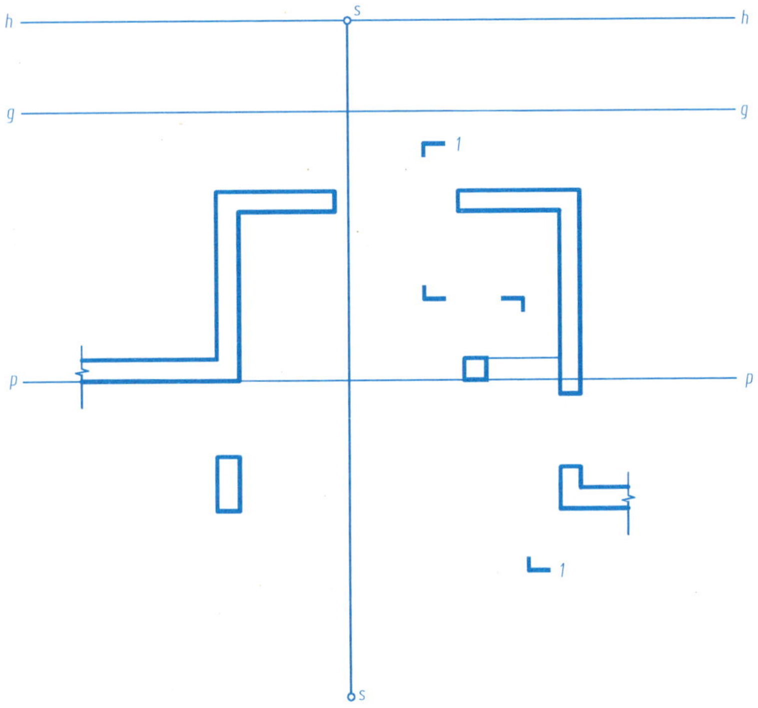

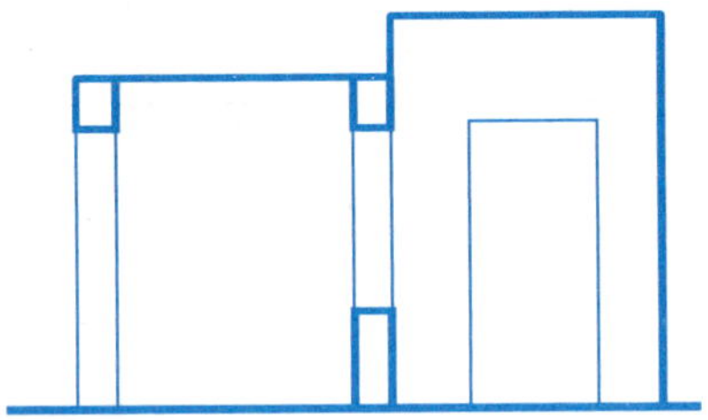

1—1剖面图

班级　　姓名　　学号

9-10　放大 1 倍，作台阶、窗洞（已定画面、视点）、房屋（已选画面、视点）的透视图（用 A3 图纸绘制）

1.

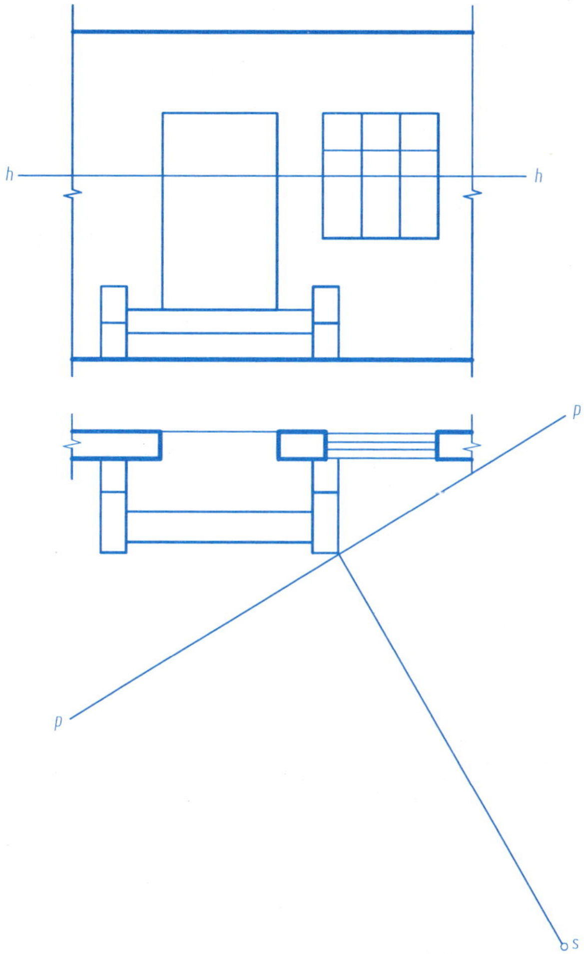

2.

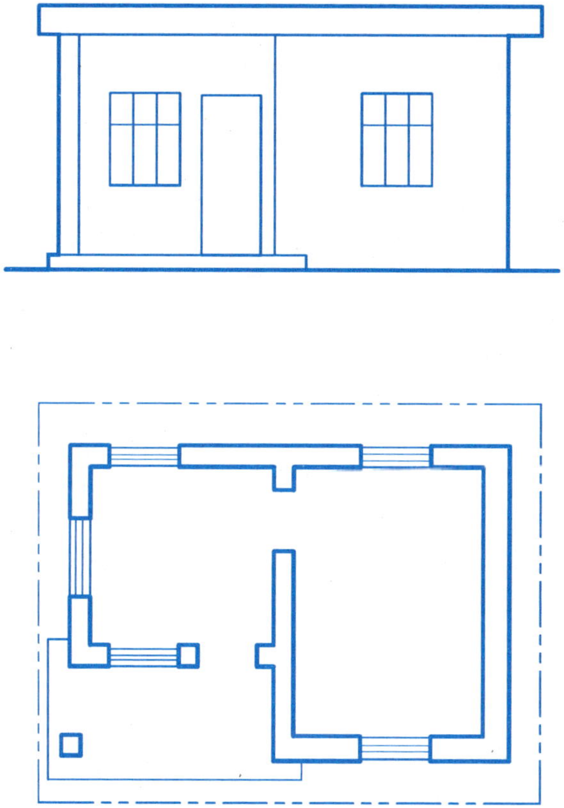

第十章　钢筋混凝土构件图与钢结构图

10-1　T 形梁钢筋结构图

图示为三跨连续 T 形梁的钢筋结构图，按作业要求阅读和绘制图形。

作业要求：

（1）将立面图、断面图、钢筋数量表结合起来阅读，并回答下列问题：

1）梁总长、梁高、梁上翼缘宽、腹板厚度各为多少？

2）①、②、③、④、⑥、⑦号钢筋是受力筋还是架立筋？

3）⑫号钢筋的直径和长度各为多少？在梁中是怎么分布的？间距为多少？

4）为什么在Ⅳ—Ⅳ、Ⅴ—Ⅴ断面图中找不到⑮号钢筋？

5）⑯号钢筋在梁中起什么作用？共有多少根？单根钢筋的长度为多少？有弯折或弯钩吗？

（2）直接按图中所量尺寸，绘制Ⅲ—Ⅲ断面图。

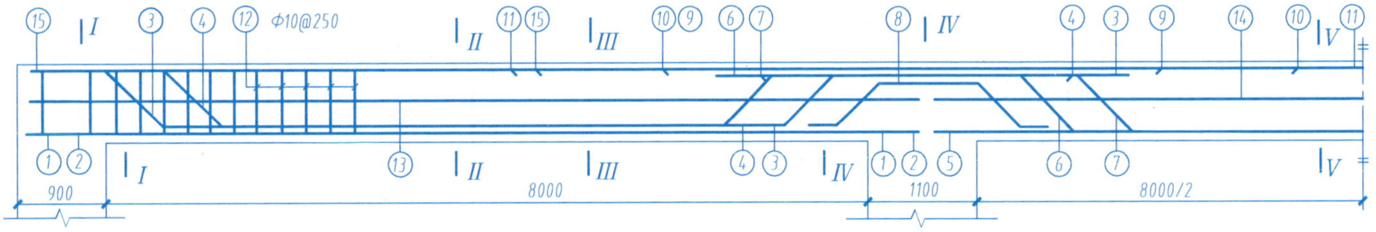

立面图 1:100

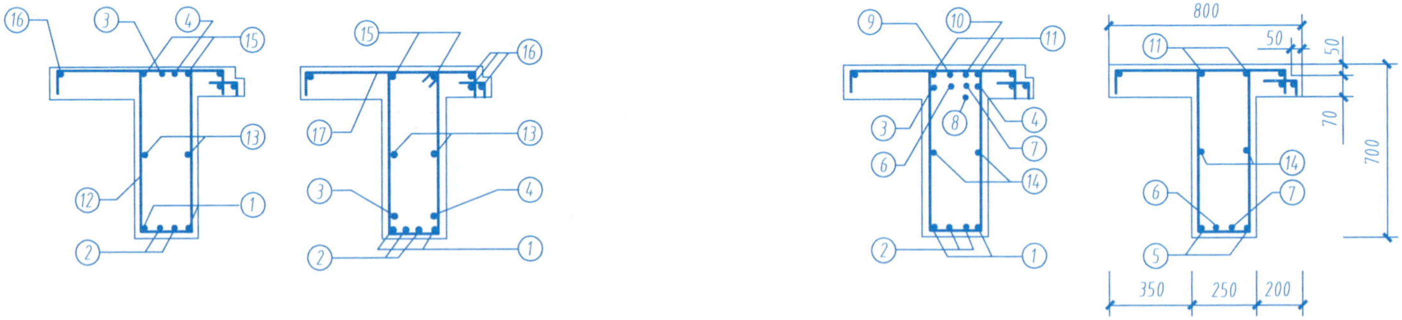

Ⅰ—Ⅰ断面图 1:200　　Ⅱ—Ⅱ断面图 1:200　　Ⅲ—Ⅲ断面图 1:200　　Ⅳ—Ⅳ断面图 1:200　　Ⅴ—Ⅴ断面图 1:200

10-2 T形梁钢筋数量表

T形梁钢筋数量表

编号	略图	钢号和直径 /mm	长度 /cm	根数	总长度 /m	每米重量 /(kg/m)	总长度重量 /kg
①	9000	Φ20	910	4	36.4	2.47	88.91
②	9000	Φ18	909	4	36.36	2.00	72.72
③	760 900 6500 800 3200	Φ20	1226	2	24.52	2.47	60.56
④	1400 900 5200 800 3200	Φ20	1160	2	23.2	2.47	57.3
⑤	8200	Φ18	820	2	16.4	2.00	32.8
⑥	3200 800 5600 800 3200	Φ18	1360	1	13.6	2.00	27.2
⑦	3300 800 4400 800 3300	Φ18	1260	1	12.6	2.00	25.2
⑧	500 700 1100 700 500	Φ20	350	1	3.5	2.47	8.65
⑨	5300	Φ20	530	2	10.6	2.47	26.18
⑩	6600	Φ20	660	2	13.2	2.47	32.6
⑪	17100	Φ20	1710	1	17.1	2.47	42.24
⑫	250 750	Φ10	110	113	124.3	0.62	76.69
⑬	9000	Φ12	900	4	36	0.89	31.97
⑭	8500	Φ12	850	2	17	0.89	15.1
⑮	5700	Φ12	576	4	23.04	0.89	20.46
⑯	28000	Φ12	2800	4	112	0.89	99.68
总重量/kg							718.26
绑扎用铅丝0.5%							3.59

班级　　姓名　　学号

作业指导书

作业一　抗滑桩与挡土板钢筋结构图

1. 目的

1）熟悉钢筋结构图的内容和绘制要求。

2）掌握绘制钢筋结构图的方法和步骤。

2. 内容

抄绘抗滑桩与挡土板钢筋结构图。

3. 要求

1）图纸：用 A3 图纸。

2）图名：抗滑桩与挡土板钢筋结构图。图别：结构施工图。

3）比例：按图中所给比例。

4）字体和符号：各图图名汉字用 7 号字，拉丁字母和比例数字用 3.5 号字，尺寸数字用 2.5 或 3.5 号字，其余汉字用 5 号字。

4. 说明

1）按 A3 图幅的规格，用 H 铅笔先画图框、图标的稿线，然后按照视图比例布置图纸幅面，并考虑标注尺寸和文字说明的位置。

2）*I*—*I* 断面图不画，改画 *II*—*II* 断面图，尺寸标注参照 *I*—*I* 断面图。

注意：

1）挡土板中采用了 S 形的拉筋，其作用是增加抗剪强度。

2）抗滑桩底部三根钢筋放在一起叫钢筋束(也称钢束)，其作用与钢筋相同。

图示为抗滑桩与挡土板钢筋结构图，仔细阅读后，按作业指导书作业一的要求绘制图形。

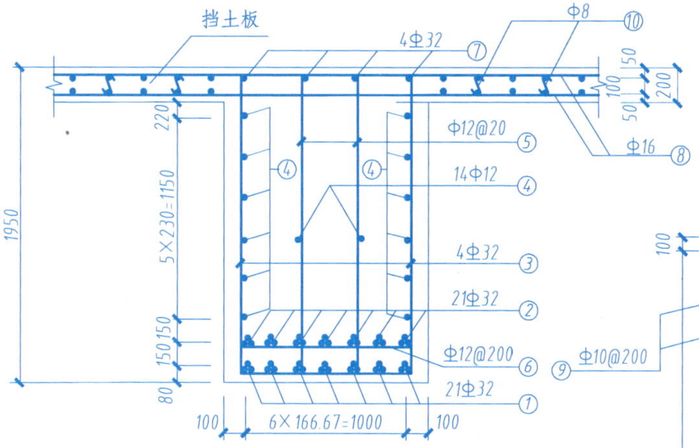

抗滑桩主筋与挡土板节点钢筋连接图 1:25

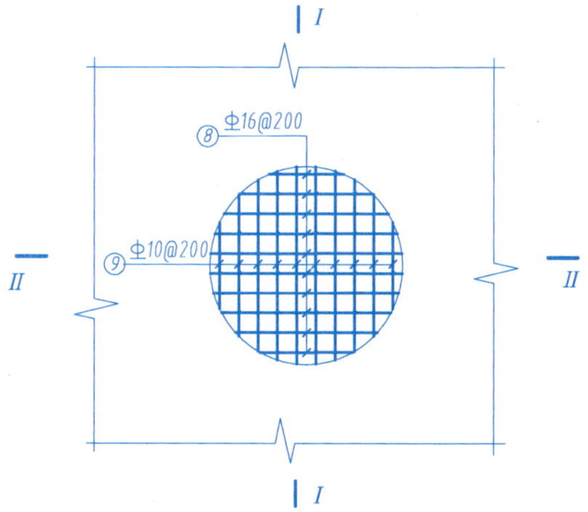

挡土板平面图 1:50

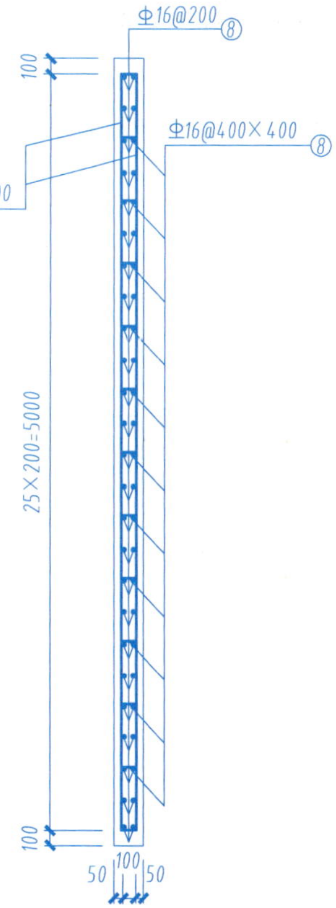

挡土板 I—I 断面图 1:50

抗滑桩与挡土板节点钢筋数量表

部位	编号	钢号和直径 /mm	长度 /cm	根数	总长度 /m	每米重量 /(kg/m)	总长度 重量/kg
抗滑桩	①	Φ32	980	21	205.8	6.31	1298.6
	②	Φ32	980	21	205.8	6.31	1298.6
	③	Φ32	980	4	39.2	6.31	247.4
	④	Φ12	980	14	137.2	0.888	121.9
	⑤	Φ12	932	50	466	0.888	413.9
	⑥	Φ12	123.8	74	91.6	0.888	81.4
挡土板	⑦	Φ32	980	4	39.2	6.31	247.4
	⑧	Φ16	480	50	240	0.395	95.1
	⑨	Φ10	480	50	240	0.617	95.1
	⑩	Φ8	18	13	2.34	1.58	3.7
总重量/kg							3903.1
绑扎用铅丝 0.5%							3.10

说明

1. 表列钢筋未计搭耗。
2. 挡土板设伸缩缝，缝宽 6。

班级　　　　姓名　　　　学号

作业指导书

作业二　端横梁钢结构图

1. 目的

1）熟悉端横梁钢结构图的内容和绘制要求。

2）掌握绘制端横梁钢结构图的方法和步骤。

2. 内容

抄绘端横梁钢结构图。

3. 要求

1）图纸：用A3图纸。

2）图名：端横梁钢结构图。图别：结构施工图。

3）比例：按图中所给比例。

4）字体和符号：各图图名汉字用7号字，拉丁字母和比例数字用3.5号字，尺寸数字用2.5或3.5号字，其余汉字用5号字。

4. 说明

按A3图幅的规格，用H铅笔先画图框、图标的稿线，然后按照视图比例布置图纸幅面，并考虑标注尺寸和文字说明的位置。

班级　　　　姓名　　　　学号

10-6 下承式简支钢桁梁的端横梁钢结构图(二)

图示为下承式简支钢桁梁桥的端横梁钢结构图，仔细阅读后，按作业指导书作业二的要求绘制端横梁钢结构图。

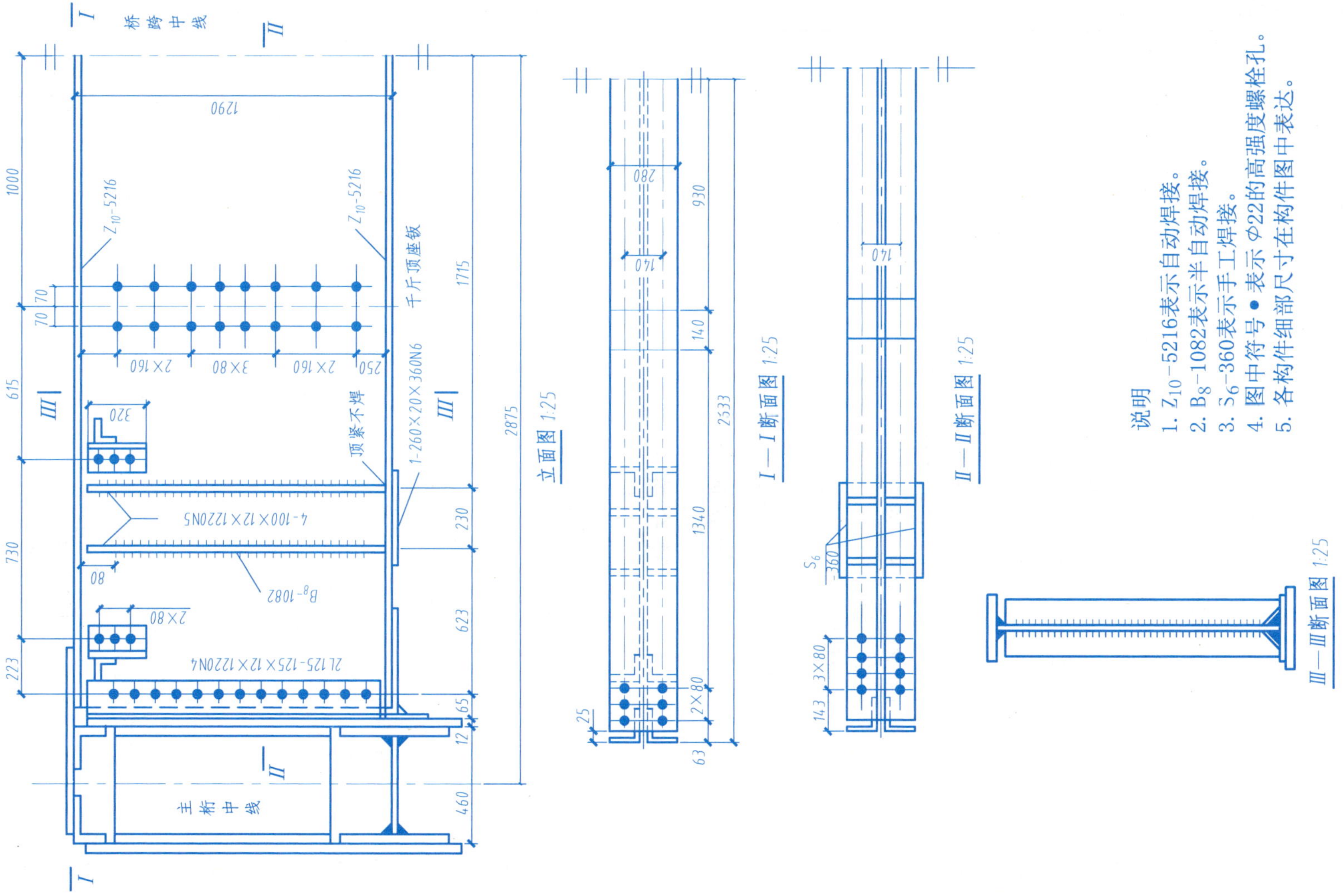

说明
1. Z_{10}-5216表示自动焊接。
2. B_8-1082表示半自动焊接。
3. S_6-360表示手工焊接。
4. 图中符号●表示 φ22的高强度螺栓孔。
5. 各构件细部尺寸在构件图中表达。

第十一章 建筑施工图

11-1 建筑施工图（一）

建筑施工图（二）~（十三）为住宅楼的平面图、立面图、剖面图和详图，按作业要求及作业指导书识读和绘制图形。

作 业 要 求

仔细阅读建筑施工图，并回答下列问题：

1）住宅楼总长、总宽、总高分别为多少？横向定位轴线和纵向定位轴线分别为多少？

2）一层客厅的开间和进深分别为多少？使用面积是多少？

3）住宅楼共有几种类型的门和窗？宽度和高度各为多少？

4）室内外地面高差多少？二层楼面标高为多少？

5）各层楼梯平台标高是多少？楼梯净空高度是多少？

6）各层楼梯为多少级？踏步高度为多少？

7）楼梯间一层平面图、二层平面图表达各有什么不同？

8）楼梯段净宽为多少？踏步宽度为多少？

9）楼板与墙体是怎样连接的？

10）底层地面的构造和作法如何？

11）墙身防潮层的位置和作法如何？

12）散水的排水坡度为多少？排水沟的截面尺寸是多少？

作业指导书

建筑施工图

1. 目的

1）熟悉建筑施工图的内容和绘制要求。

2）掌握绘制建筑施工图的方法和步骤。

2. 内容

1）抄绘平面图。

2）抄绘立面图。

3）抄绘墙身详图。

4）抄绘楼梯详图。

5）抄绘楼梯 3—3 剖面图。

6）抄绘卫生间大样图。

3. 要求

1）图纸：用绘图图纸，图幅自选。

2）图名：（所抄绘图样的名称）。图别：建筑施工图。

3）比例：按图中所给比例。

4）字体和符号：各图图名汉字用 7 号字，拉丁字母和比例数字用 3.5 号字，尺寸数字用 2.5 或 3.5 号字，其余汉字用 5 号字。

4. 说明

按所用图幅的规格，用 H 铅笔先画图框、图标的稿线，然后按照视图比例布置图纸幅面，并考虑标注尺寸和文字说明的位置。

注意：任课教师可自行指定绘制内容和给定作业要求。

班级　　姓名　　学号

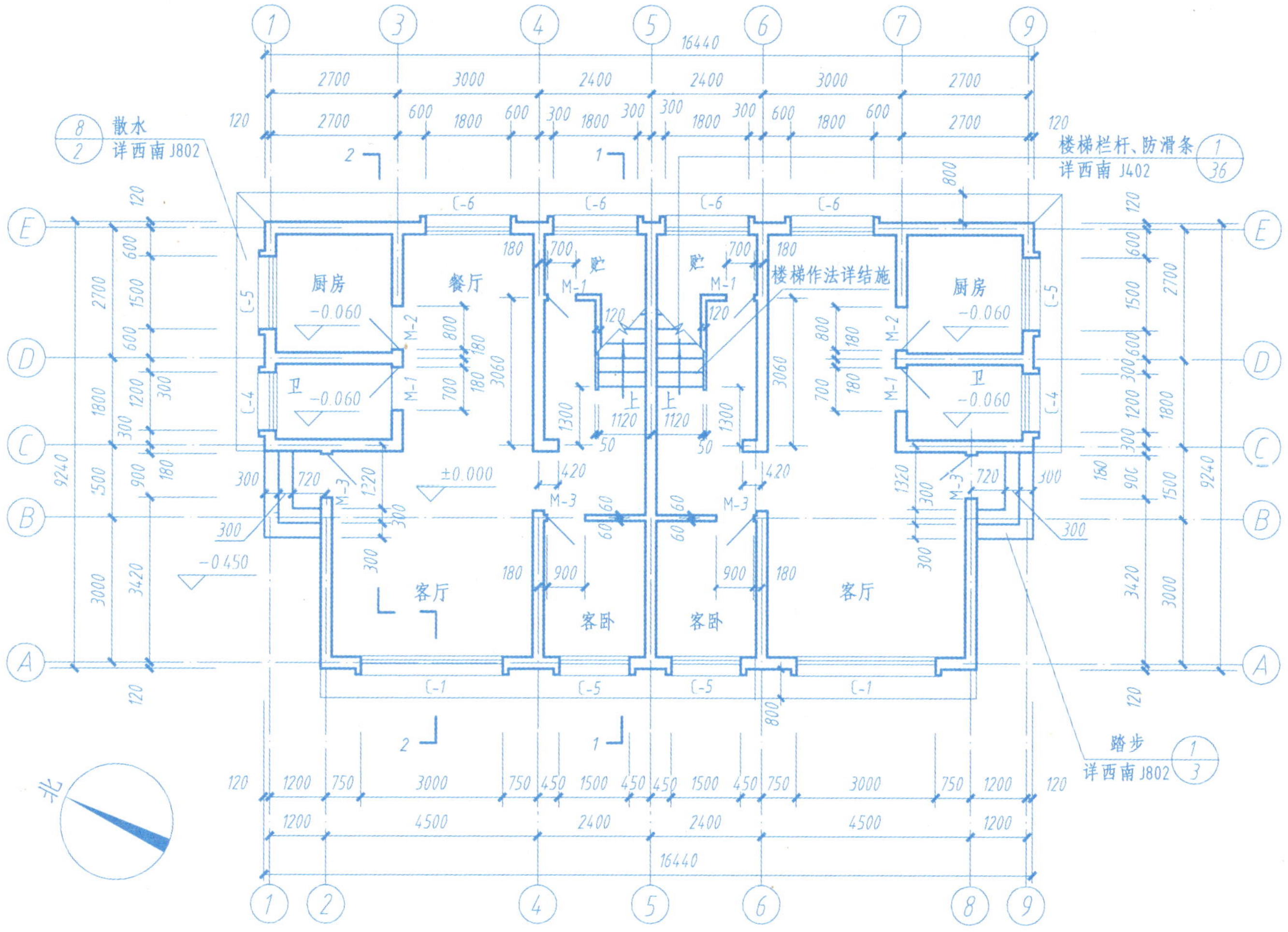
散水
详西南 J802
楼梯栏杆、防滑条
详西南 J402
楼梯作法详结施
踏步
详西南 J802
厨房
餐厅
卫
客厅
客卧
贮
北
16440
9240

一层平面图 1:100

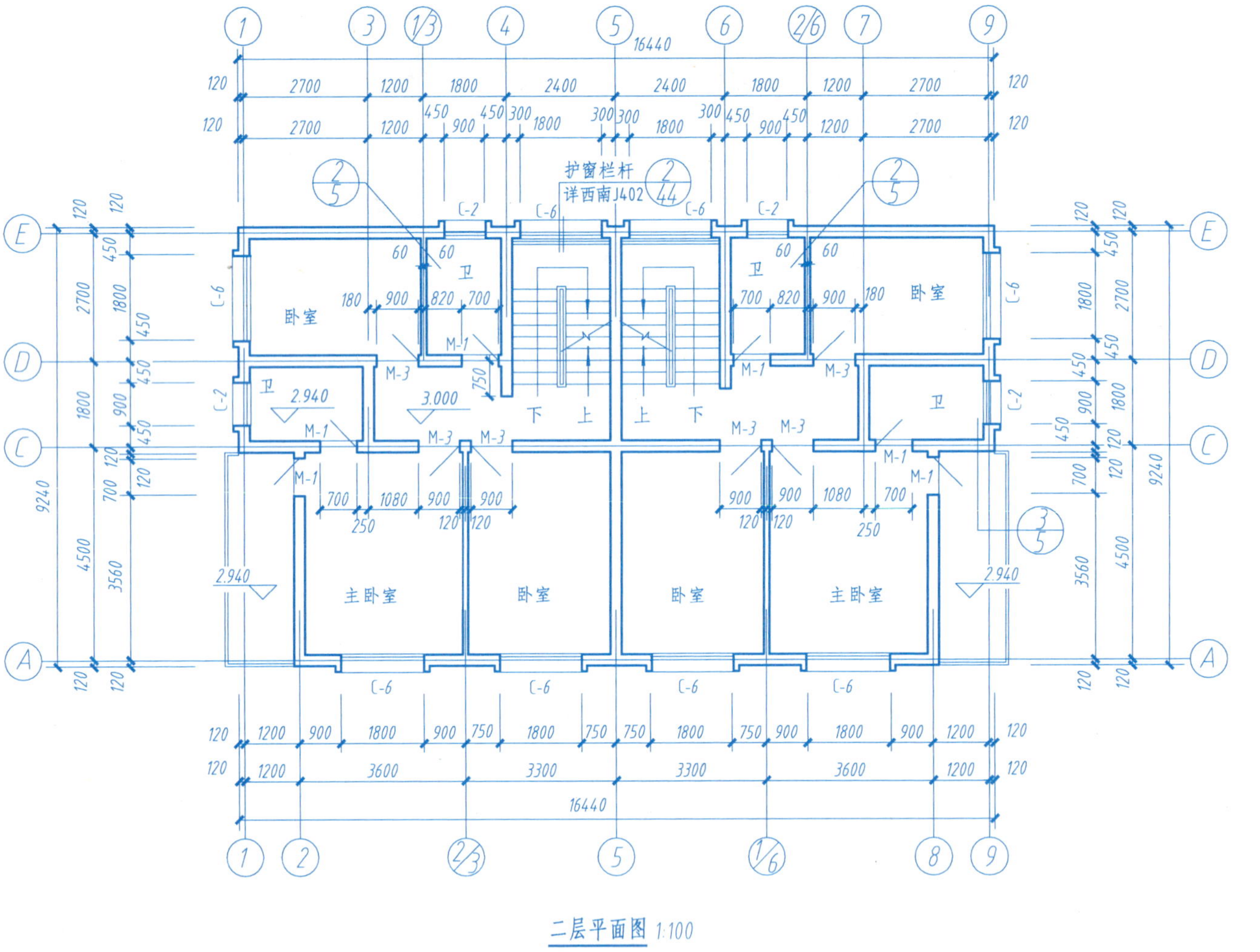
二层平面图 1:100
卧室
主卧室
卫
护窗栏杆
详西南J402
16440
9240
上
下
M-1
M-3
C-2
C-6
2.940
3.000

班级　　姓名　　学号

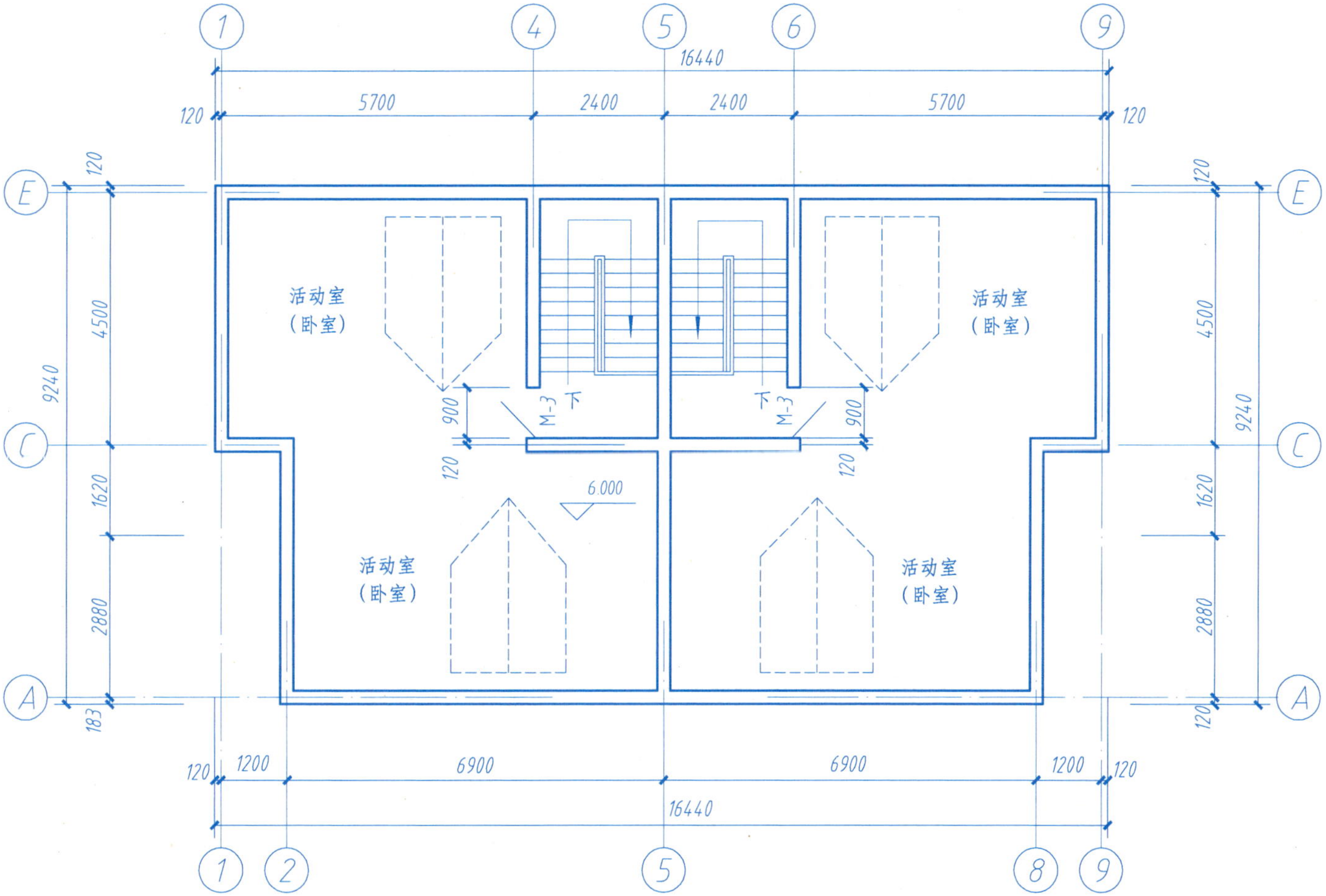
16440
120
5700
2400
2400
5700
120
活动室
(卧室)
活动室
(卧室)
活动室
(卧室)
活动室
(卧室)
下
下
M-3
M-3
900
900
120
120
6.000
4500
1620
2880
9240
183
120
1200
6900
6900
1200
16440
1
4
5
6
9
1
2
5
8
9
E
C
A

三层平面图 1:100

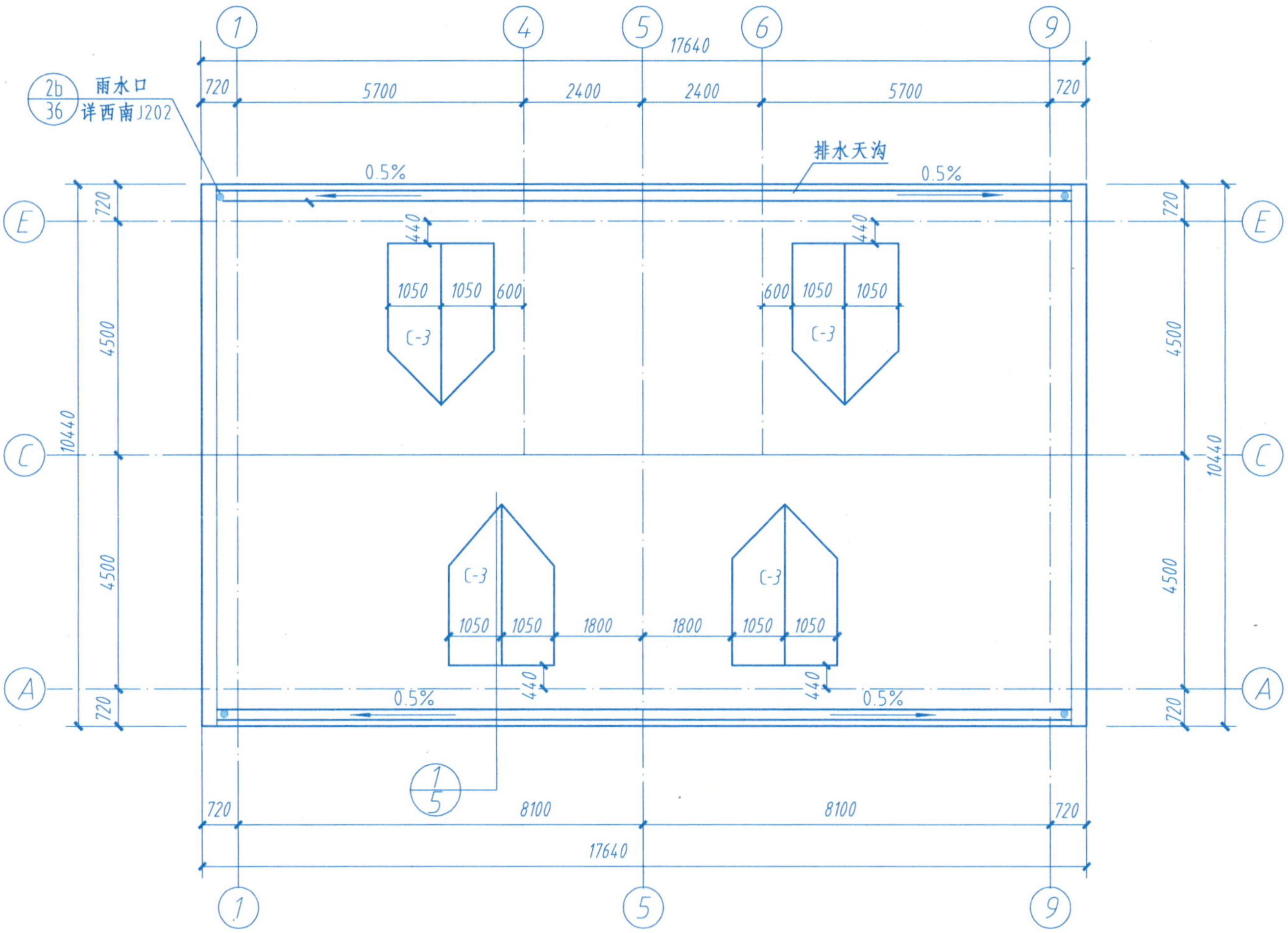

屋顶平面图 1:100

班级　　　　姓名　　　　学号

11-6 建筑施工图(六)——①~⑨立面图

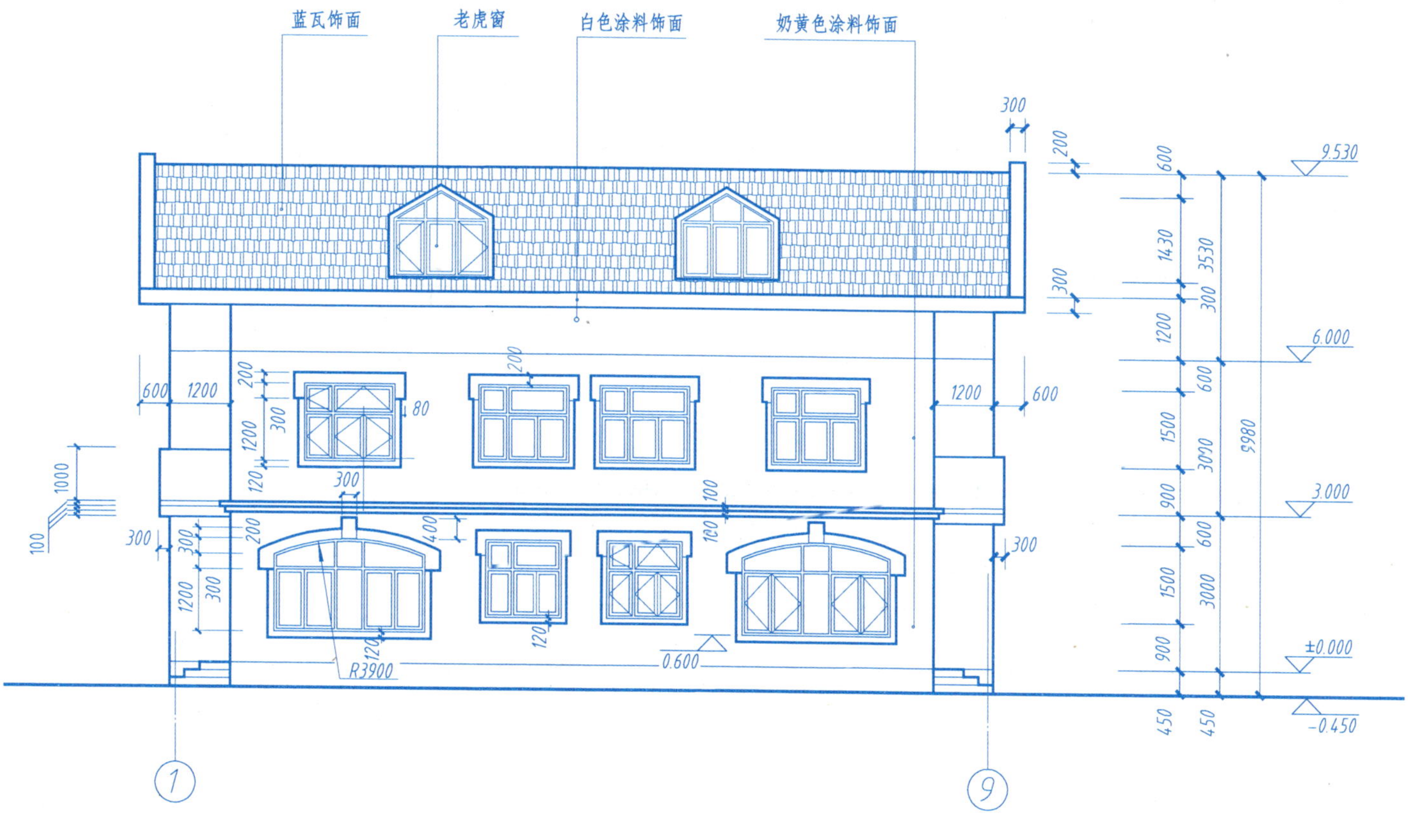

①~⑨立面图 1:100

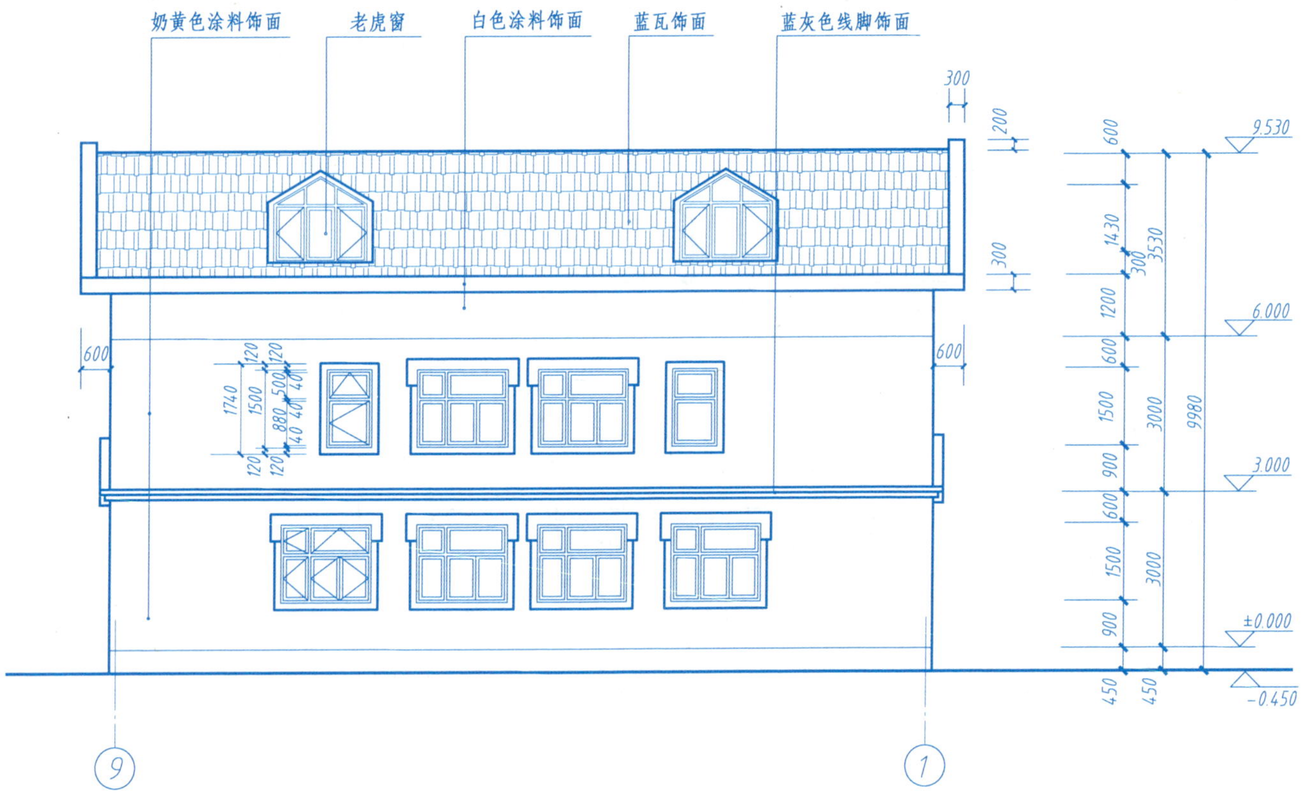

⑨~①立面图 1:100

 班级 姓名 学号

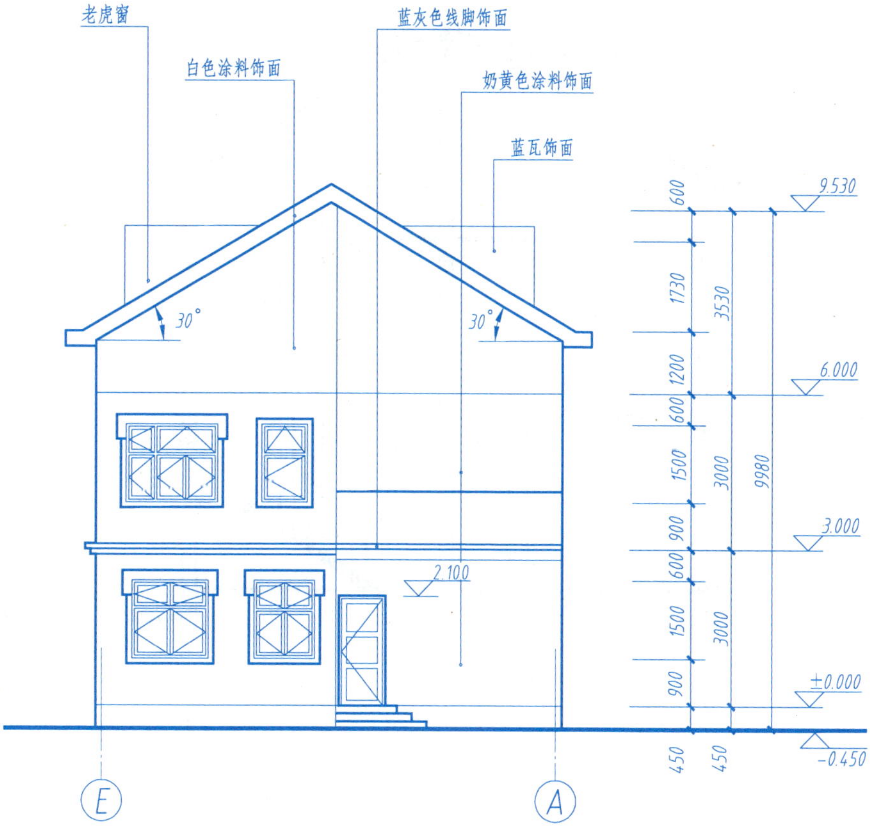
老虎窗
白色涂料饰面
蓝灰色线脚饰面
奶黄色涂料饰面
蓝瓦饰面
30°
30°
2.100
9.530
6.000
3.000
±0.000
-0.450
600
1730
1200
600
1500
900
600
1500
900
450
3530
3000
3000
450
9980
E
A

Ⓔ~Ⓐ立面图 1:100

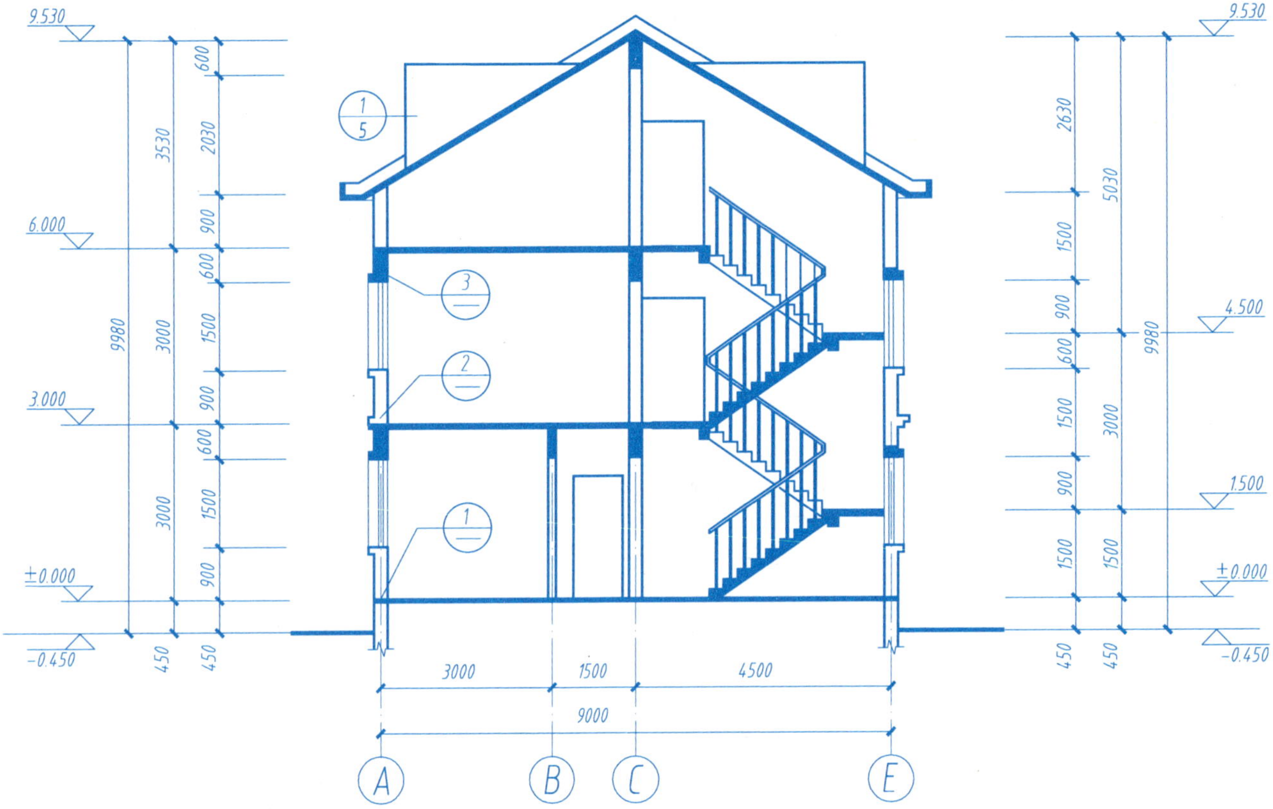

1—1剖面图 1:100

班级 姓名 学号

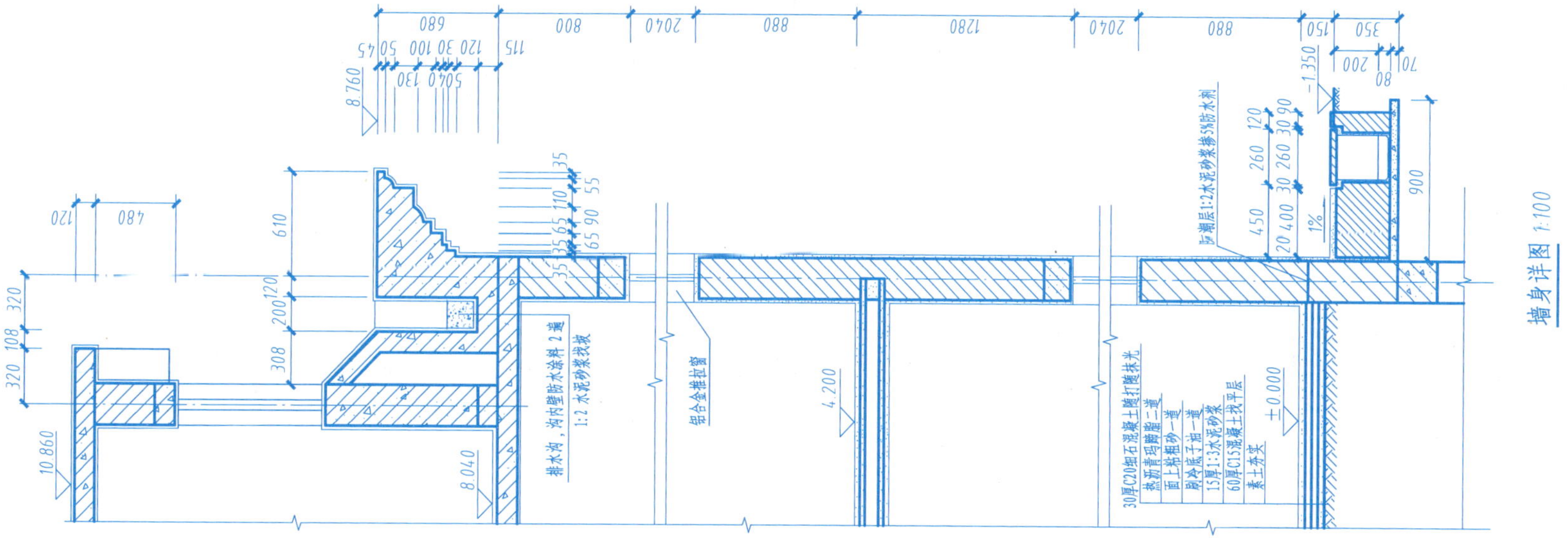
墙身详图 1:100

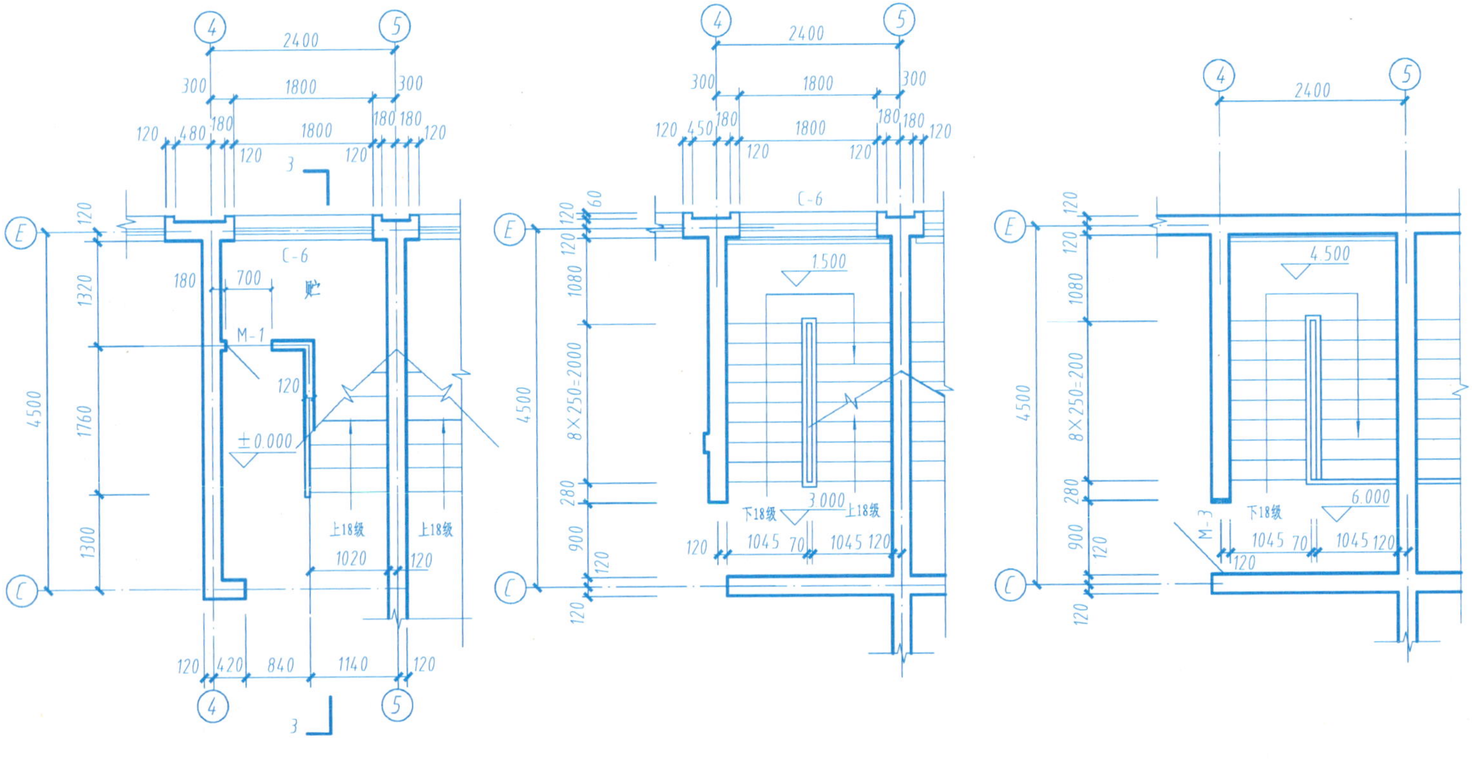

一层平面图　　二层平面图　　顶层平面图

楼梯详图 1:50

班级　　姓名　　学号

11-12 建筑施工图(十二)——3—3 剖面图

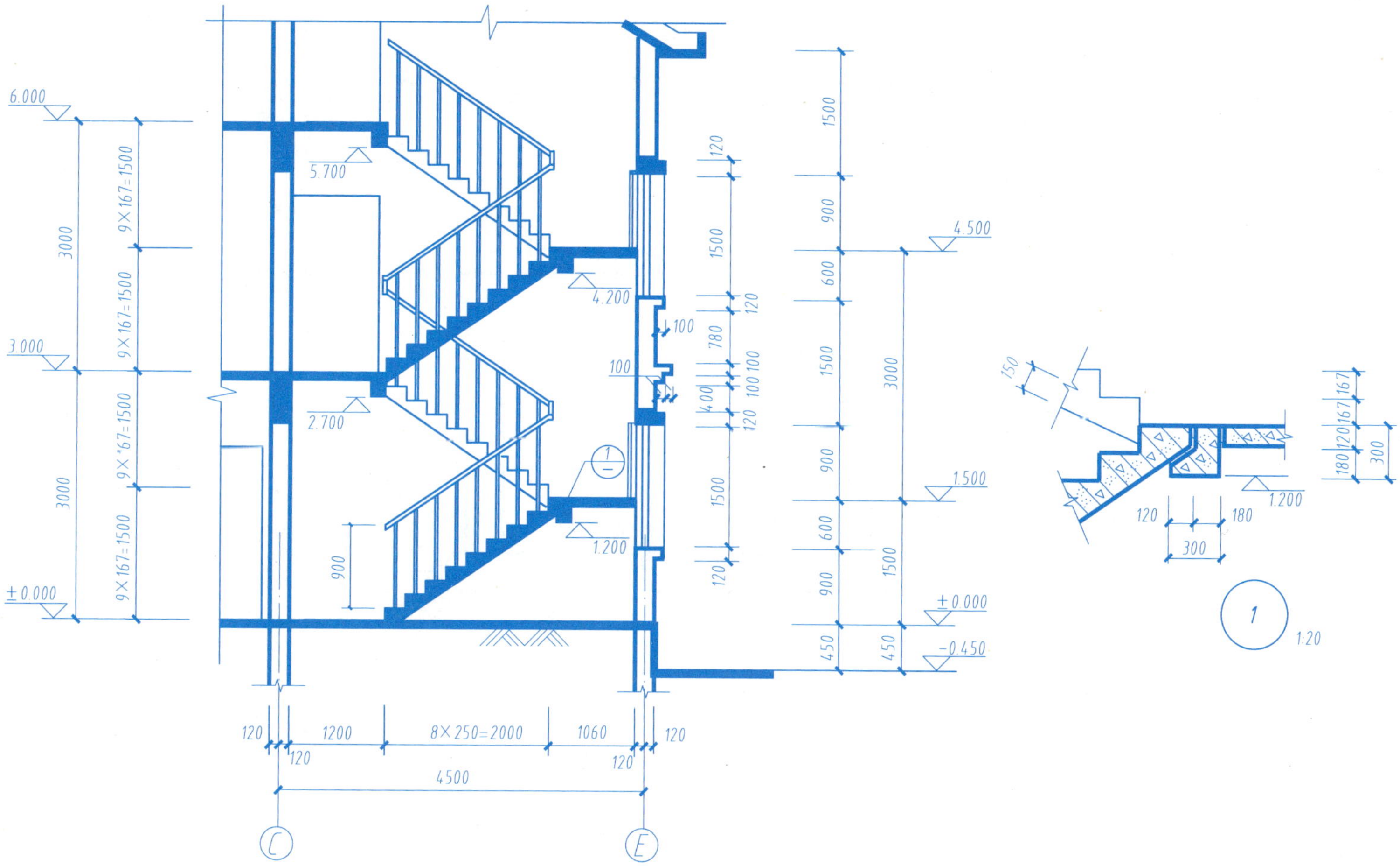

3—3 剖面图 1:50

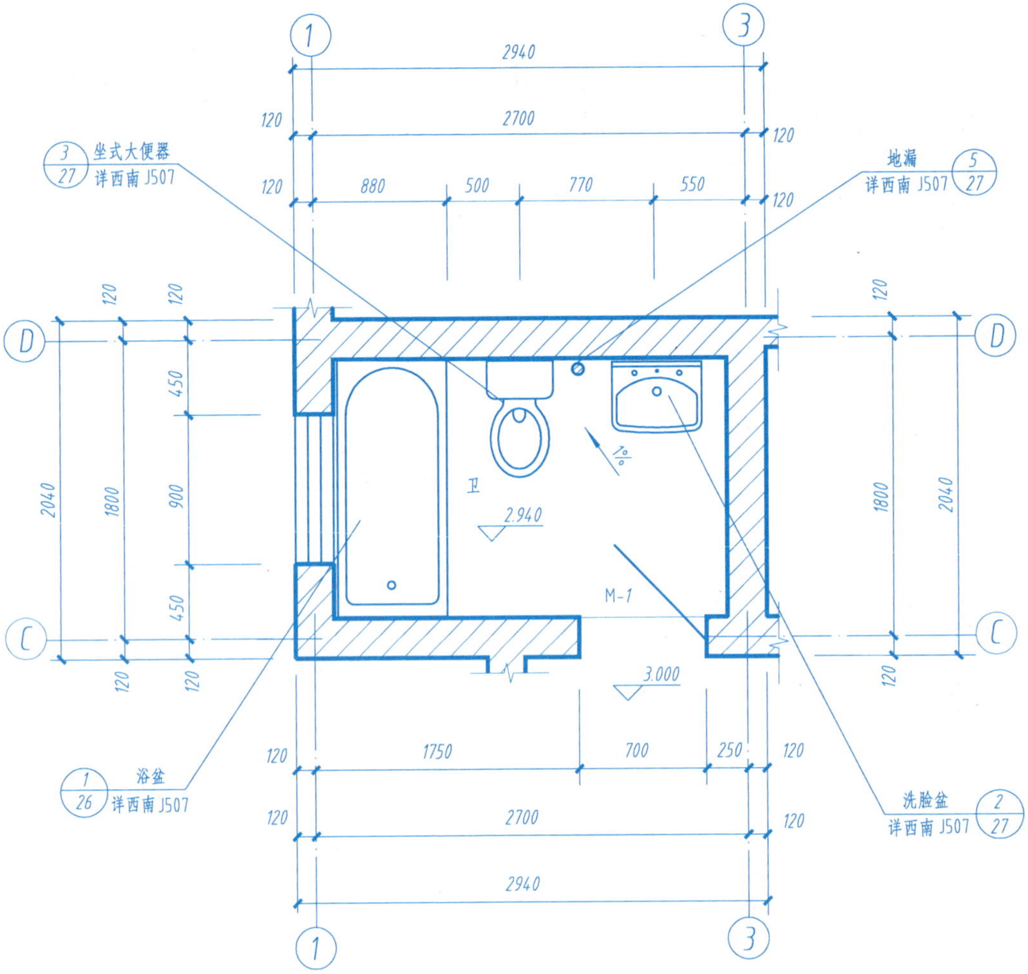

卫生间详图 1:50

班级 姓名 学号

建筑施工图(十五)~(十七)为结构实验室的平面图、立面图、剖面图和详图，仔细阅读后按作业指导书绘制图形。

作业指导书

建筑施工图

1. 目的

1）熟悉结构实验室建筑施工图的内容和绘制要求。

2）掌握结构实验室绘制建筑施工图的方法和步骤。

2. 内容

1）抄绘平面图。

2）抄绘立面图。

3）抄绘详图。

3. 要求

1）图纸：用 A2 图纸。

2）图名：(所抄绘图样的名称)。图别：建筑施工图。

3）比例：1:200。

4）字体和符号：各图图名汉字用 7 号字，拉丁字母和比例数字用 3.5 号字，尺寸数字用 2.5 或 3.5 号字，其余汉字用 5 号字。

4. 说明

按所用图幅的规格，用 H 铅笔先画图框、图标的稿线，然后按照视图比例布置图纸幅面，并考虑标注尺寸和文字说明的位置。

注意：认课教师可自行指定绘制内容和给定作业要求。

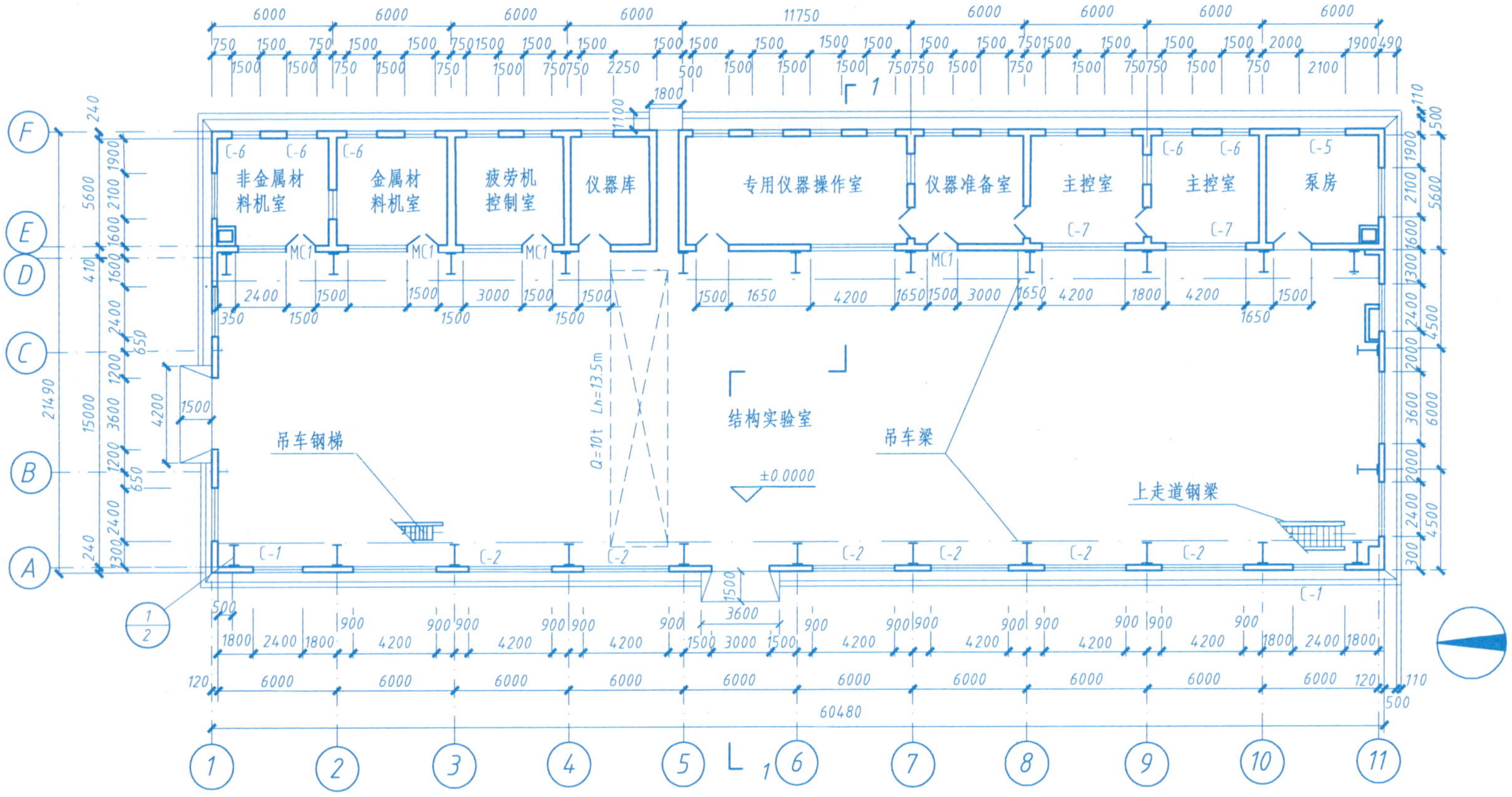

平面图 1:200

班级 姓名 学号

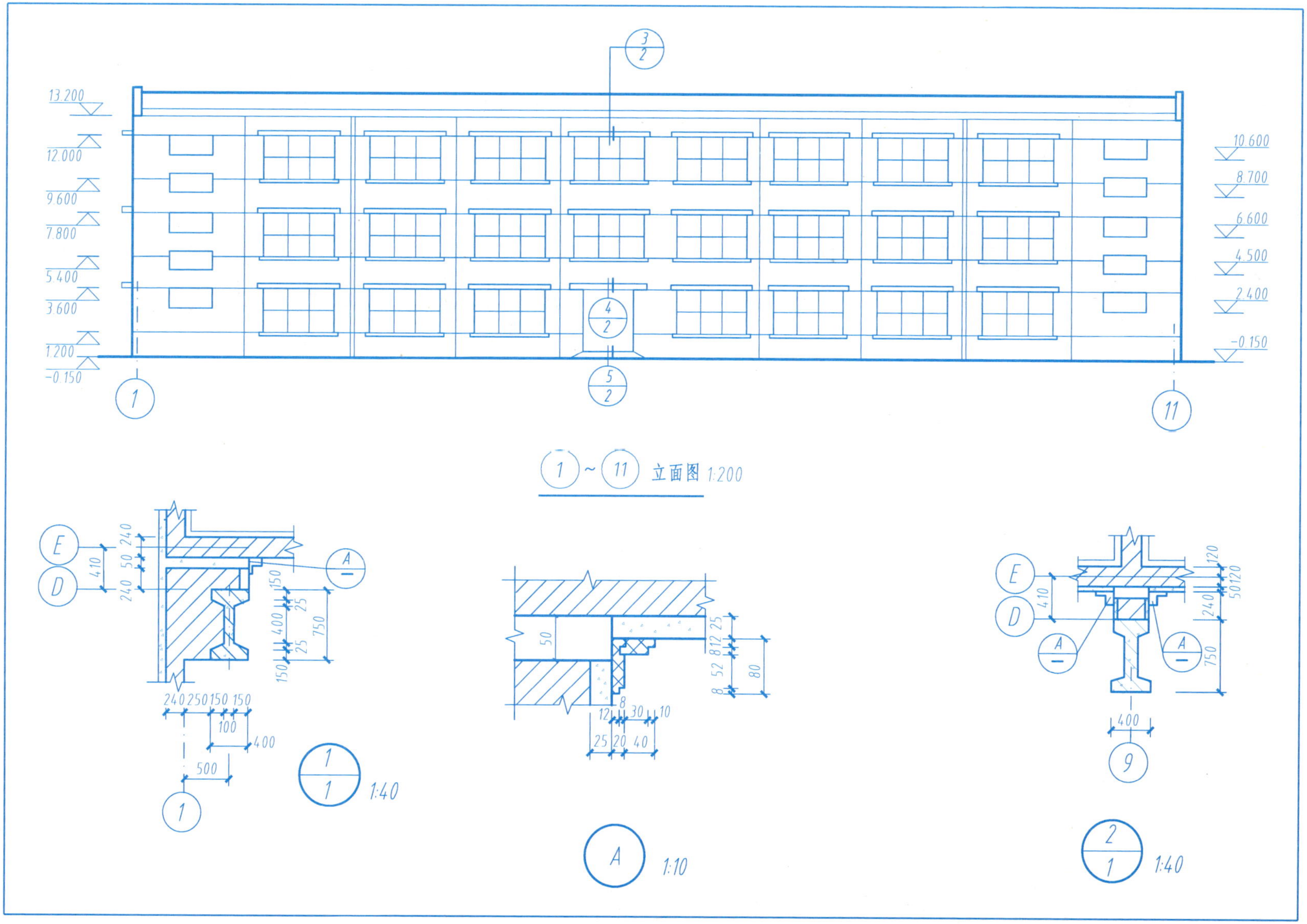
13.200
12.000
9.600
7.800
5.400
3.600
1.200
−0.150
10.600
8.700
6.600
4.500
2.400
−0.150
1 ~ 11 立面图 1:200
1 1 1:40
A 1:10
2 1 1:40

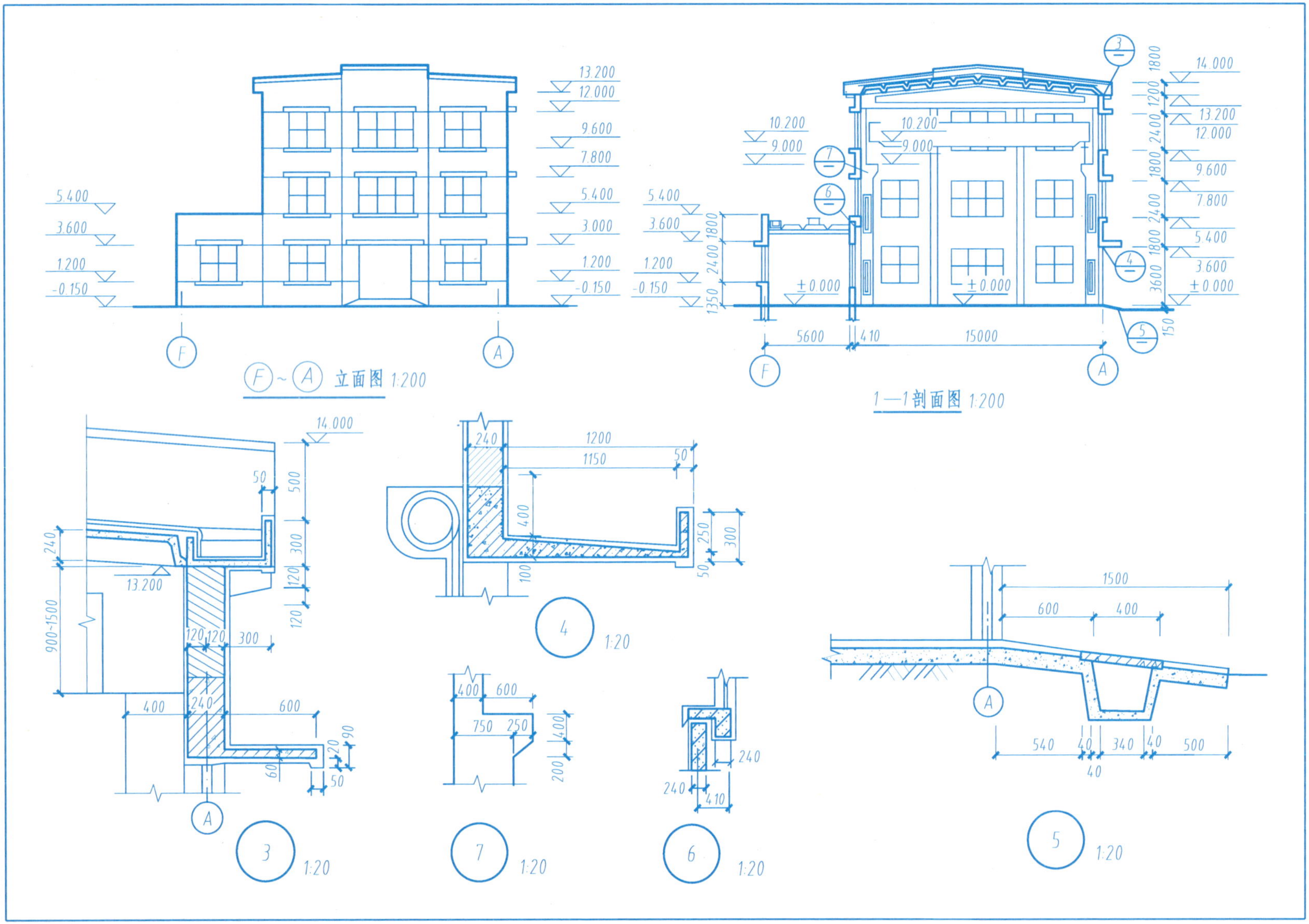
13.200
12.000
9.600
7.800
5.400
3.600
3.000
1.200
-0.150
F
A
F ~ A 立面图 1:200
14.000
10.200
9.000
±0.000
1800
1200
2400
1350
5600
410
15000
150
1—1剖面图 1:200
500
300
120
240
900~1500
400
600
50
60
90
20
1150
250
100
750
200
1500
540
40
340
3
4
5
6
7
1:20

第十二章　结构施工图

12-1　结构施工图(一)

结构施工图(二)~(六)为某宿舍结构施工图，按作业要求及作业指导书识读和绘制图形。

作业要求

仔细阅读结构施工图，并回答下列问题：

1）该宿舍楼采用了多少独立基础？承载力为 150kPa 时独基 DJ1 的断面尺寸为多少？底面受力钢筋为多少？

2）承载力为 300kPa 时，条形基础 TJ2 的断面尺寸为多少？

3）地圈梁的受力钢筋为多少？箍筋直径和间距各为多少？顶部标高是多少？

4）梁 L45 的断面尺寸为多少？采用了哪几种直径的钢筋？

5）该宿舍楼楼盖采用的是装配式还是整体式？

6）甲房间楼盖采用的是何种预制板，有几块？尺寸是多少？能承受几级载荷？

7）厂房间采用的是装配式楼盖吗？

8）厂房间楼盖的钢筋是如何配置的？

作业指导书
结构施工图

1. 目的

1）熟悉结构施工图的内容和绘制要求。2）掌握绘制结构施工图的方法和步骤。

2. 内容

1）抄绘基础平面布置图。2）抄绘条基、独基钢筋图。3）抄绘 3.000 标高层板布置图。4）抄绘某柱钢筋图。

3. 要求

1）图纸：用绘图图纸，图幅自行选定。2）图名：（所抄绘图样的名称）。图别：结构施工图。3）比例：按图中所给比例。

4）字体和符号：各图图名汉字用 7 号字，拉丁字母和比例数字用 3.5 号字，尺寸数字用 2.5 或 3.5 号字，其余汉字用 5 号字。

4. 说明

按各图幅的规格，用 H 铅笔先画图框、图标的稿线，然后按照视图比例布置图纸幅面，并考虑标注尺寸和文字说明的位置。

注意：任课教师可自行指定绘制内容和给定作业要求。

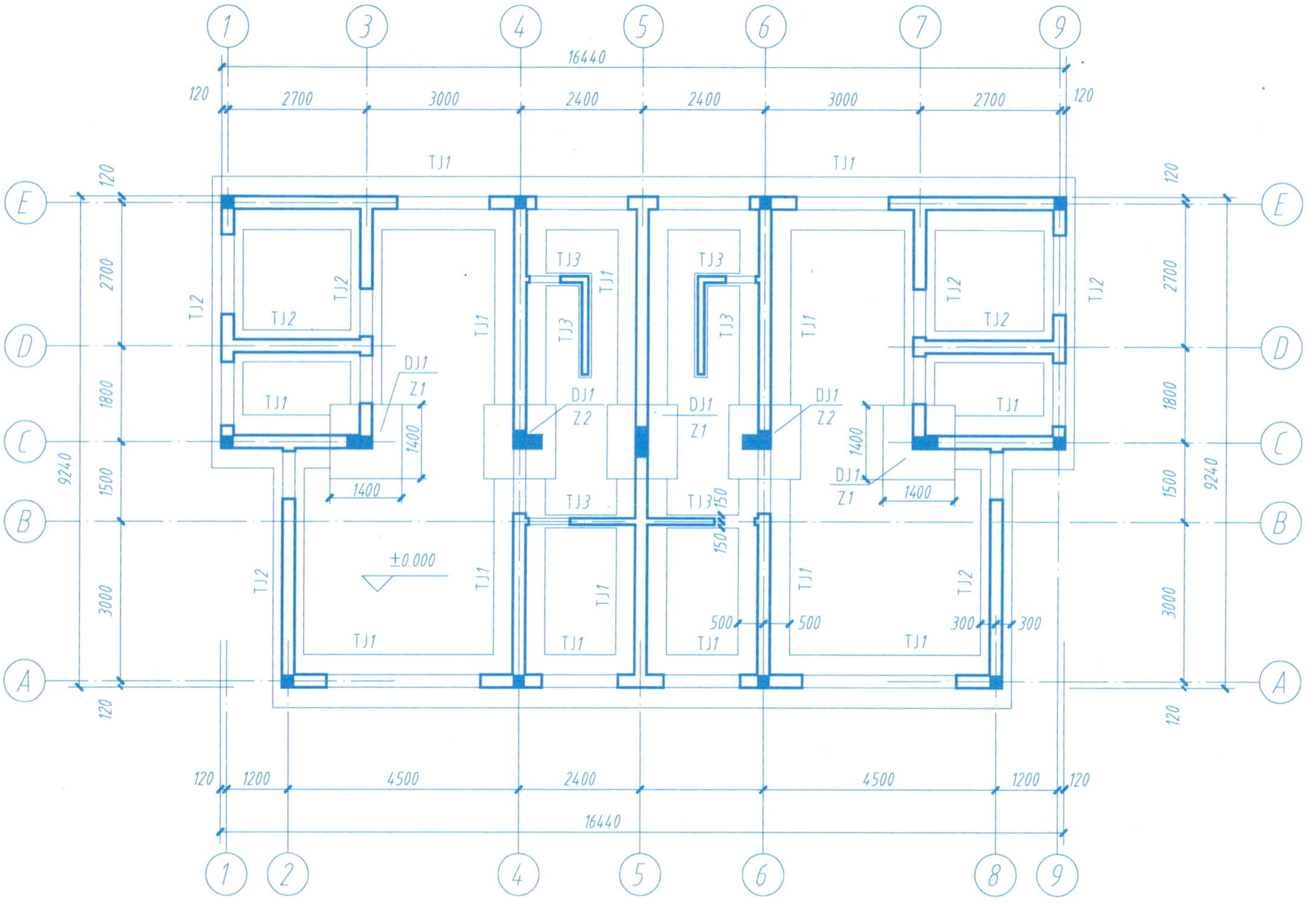

基础平面布置图 1:100

班级 姓名 学号

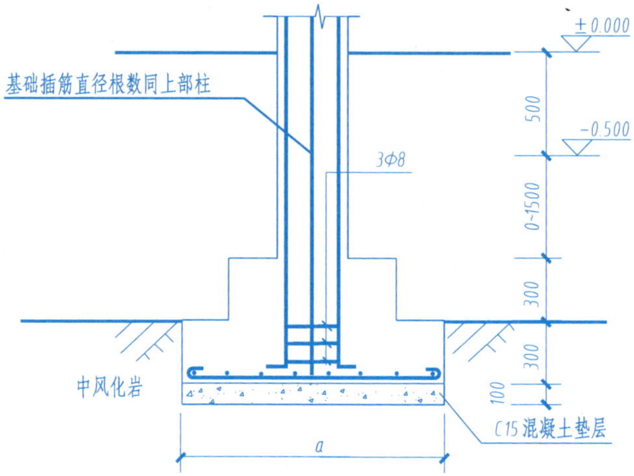

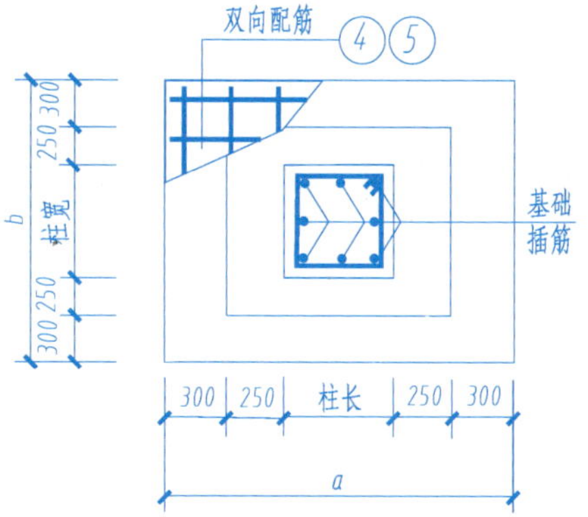

DJn

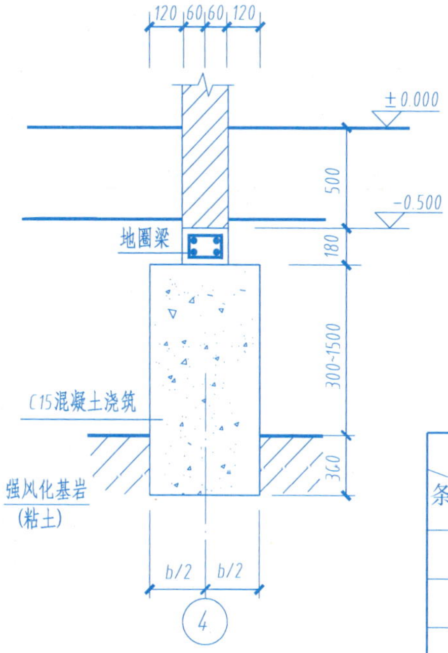

TJn

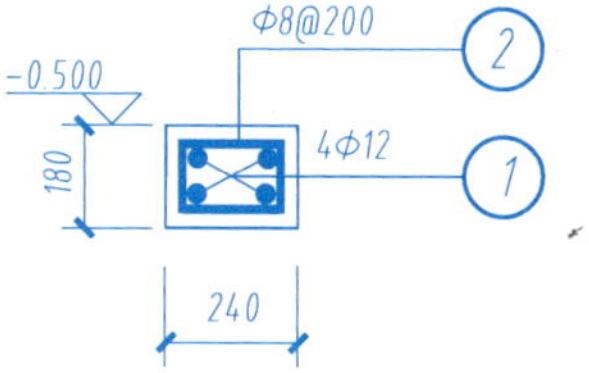

地圈梁

TJn 尺寸表

承载力 / b / 条基编号	150kPa	300kPa
TJ1	1000	600
TJ2	600	400
TJ3	300	300

DJn 配筋表

	150kPa		300kPa	
独基编号	a×b	④ ⑤	a×b	④ ⑤
DJ1	1400×1400	Φ8@ ×150	1000×1000	Φ10@ ×150

基础详图 1:100

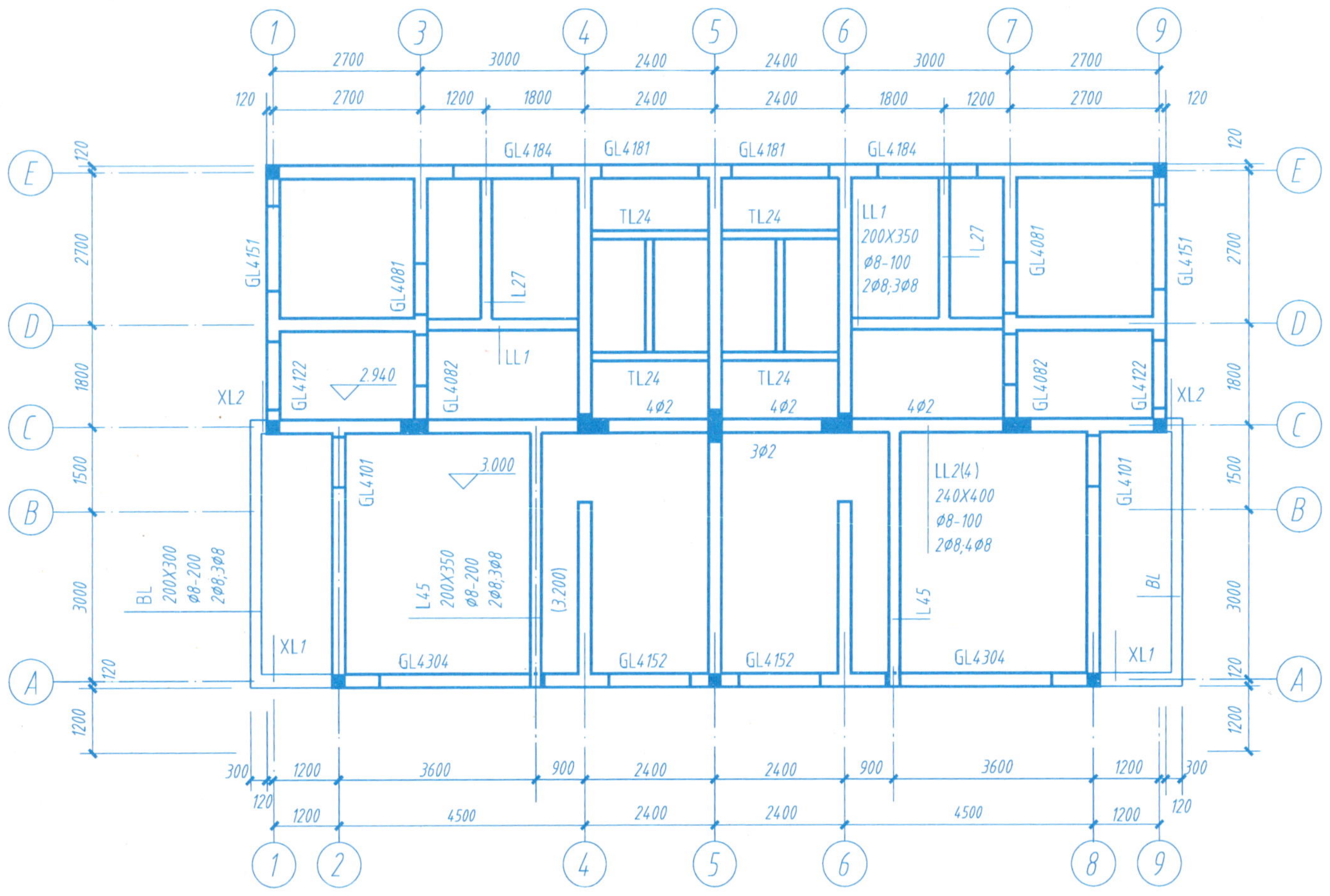

3.0m 标高层梁配筋图 1:100

班级 姓名 学号

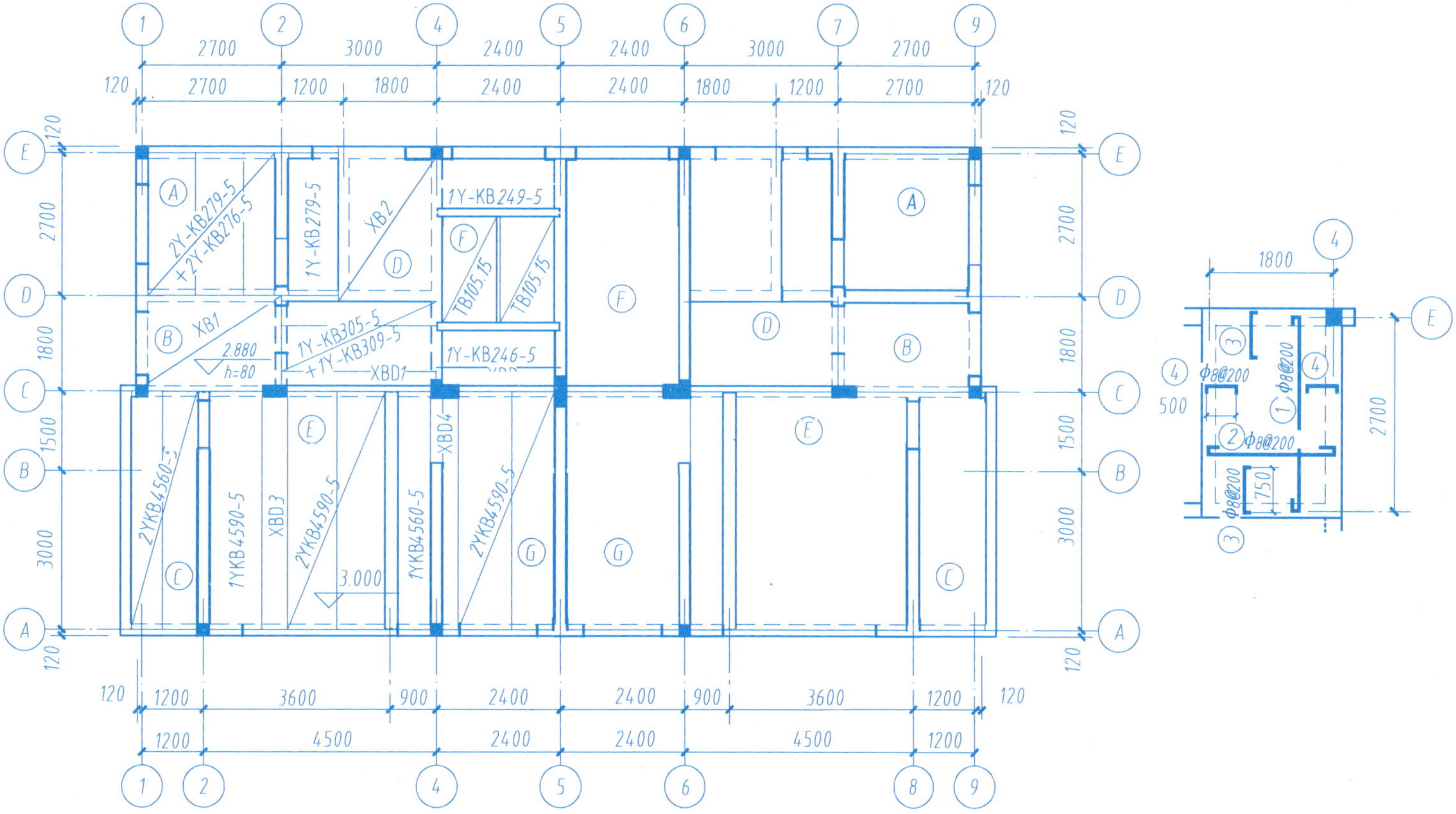

3.0m 标高层板布置图 1:100

班级　　　　姓名　　　　学号

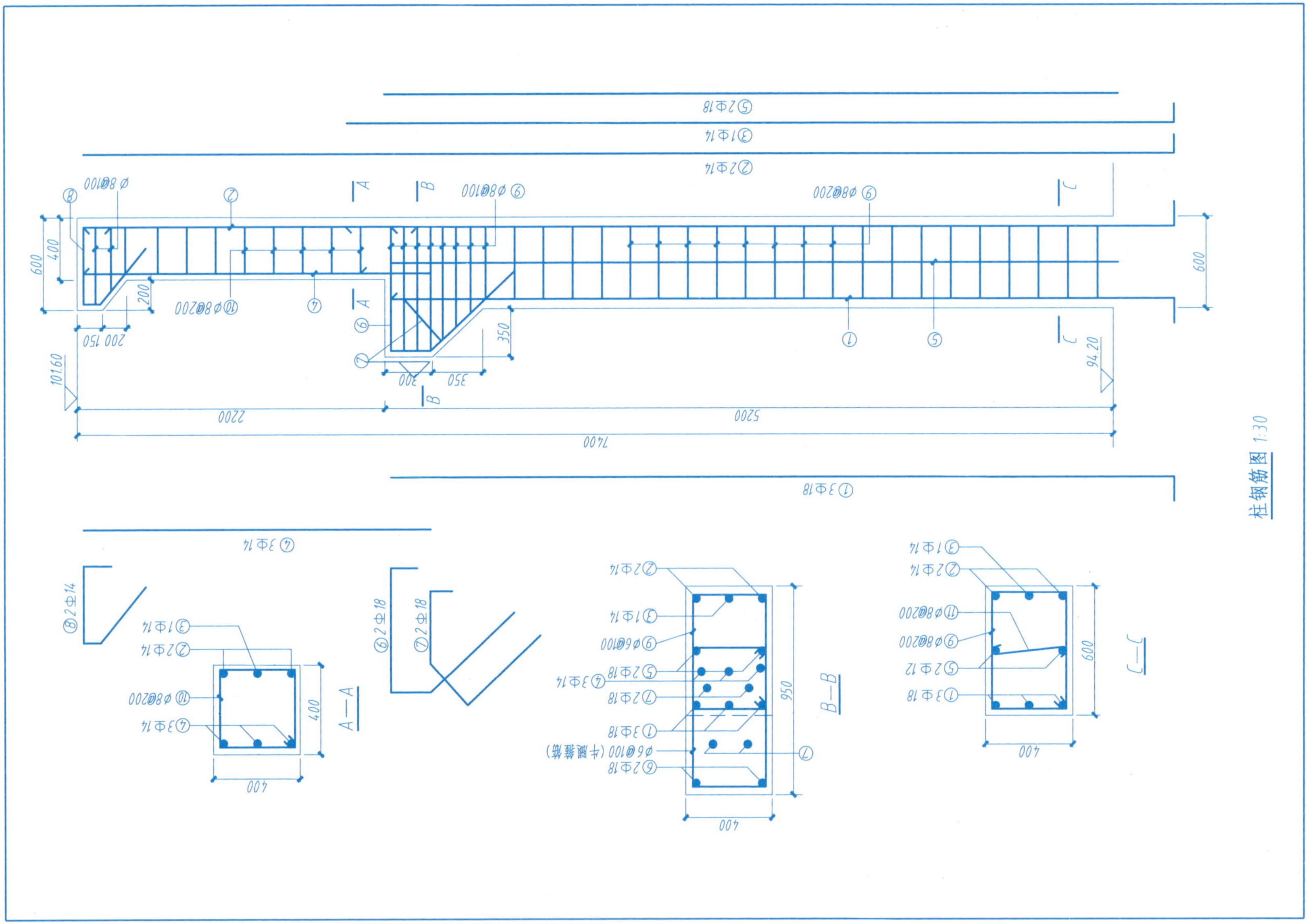
柱钢筋图 1:30
A—A
B—B
C—C

第十三章　设备施工图

13-1　设备施工图(一)

设备施工图(二)~(六)为某宿舍的设备施工图，按作业要求及作业指导书识读和绘制图形。

作业要求

仔细阅读设备施工图，并回答下列问题：

1）给水立管、排水立管各有几根？在什么位置？

2）给水管进户处的标高为多少？

3）浴盆带喷头混合水龙头有几个，其标高是多少？

4）给水系统中有几个截止阀，其直径是多少？

5）排水系统图中，有几根排水管，其直径是多大？有几个污水口，其标高分别为多少？PL-1 的污水直接流入哪个污水口？PL-1、PL-2 的污水汇总后流入哪个污水口？

6）在给排水大样图中，给水系统从进户管进入后其分支走向如何？标高如何变化？两排水系统用到几种形式的存水弯，各存水弯分别对应哪种用水器具？

7）给排水系统中，JL-1、WL-1、WL-2 管直径各为多少？分别设置了几个检查口？排水管中，通气帽与屋顶相距多少？

作业指导书
设备施工图

1. 目的

1）熟悉设备施工图的内容和绘制要求。

2）掌握绘制设备施工图的方法和步骤。

2. 内容

1）抄绘一层给排水平面图。

2）抄绘二层给排水平面图。

3）抄绘给水系统图。

4）抄绘排水系统图。

5）抄绘给排水大样图。

3. 要求

1）图纸：用绘图图纸，图幅自行选定。

2）图名：(所抄绘图样的名称)。图别：设备施工图。

3）比例：按图中所给比例。

4）字体和符号：各图图名汉字用 7 号字，拉丁字母和比例数字用 3.5 号字，尺寸数字用 2.5 或 3.5 号字，其余汉字用 5 号字。

4. 说明

按各图幅的规格，用 H 铅笔先画图框、图标的稿线，然后按照视图比例布置图纸幅画，并考虑标注尺寸和文字说明的位置。

注意：任课教师可自行指定绘制内容和给定作业要求。

13-2 设备施工图(二)——一层给排水平面图

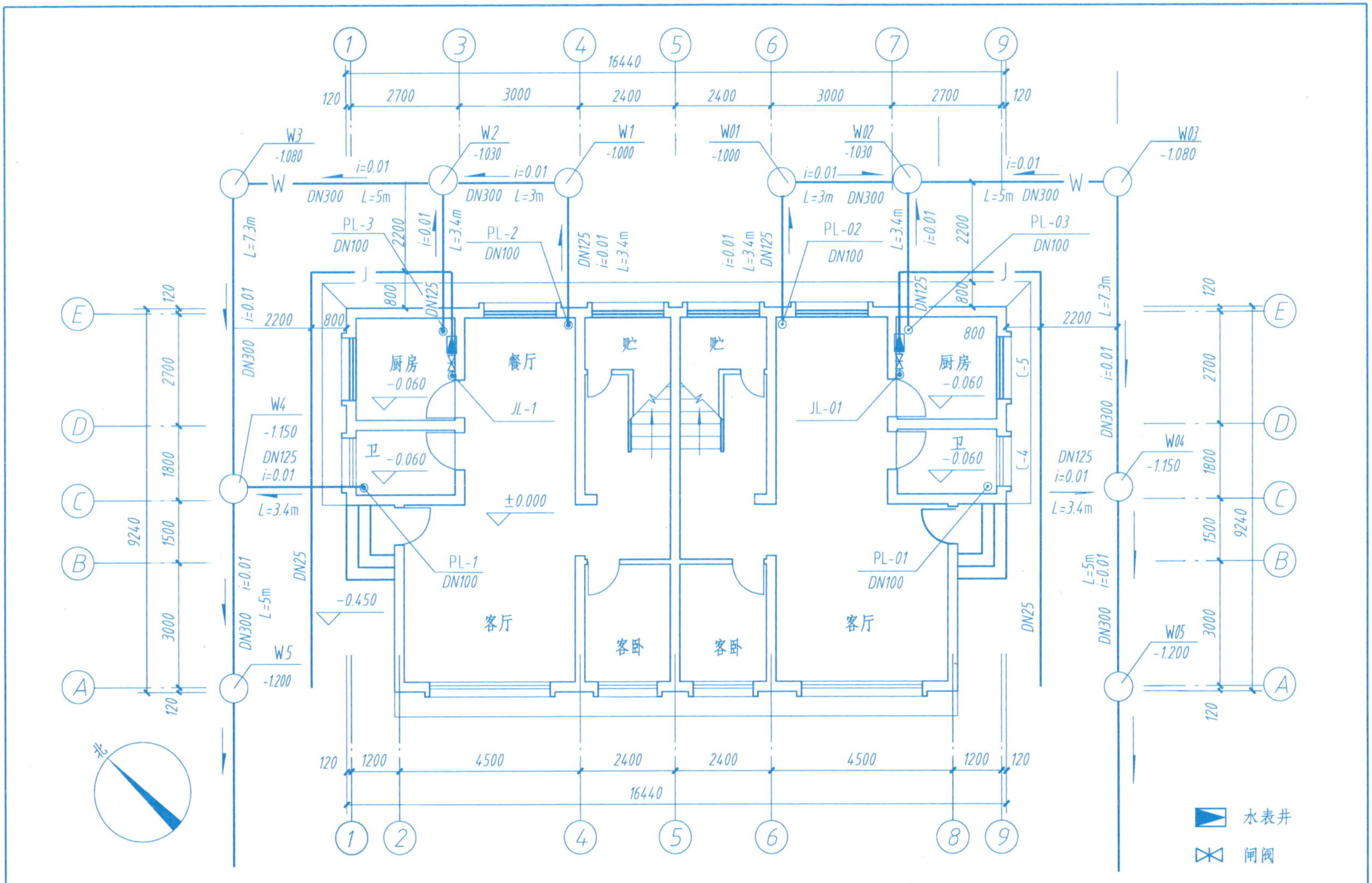

一层给排水平面图 1:100

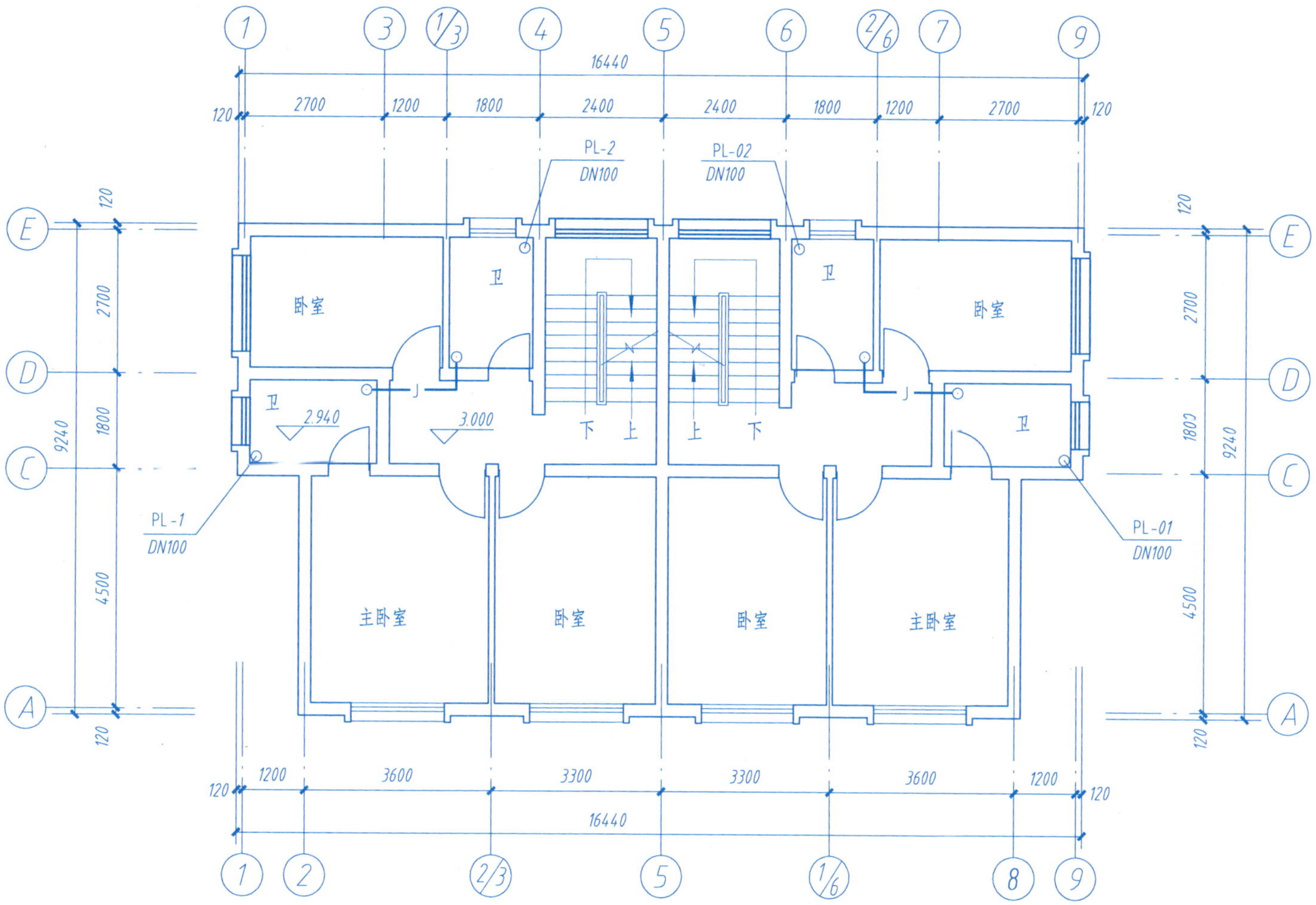

二层给排水平面图 1:100

13-4 设备施工图(四)——给水系统图、排水系统图

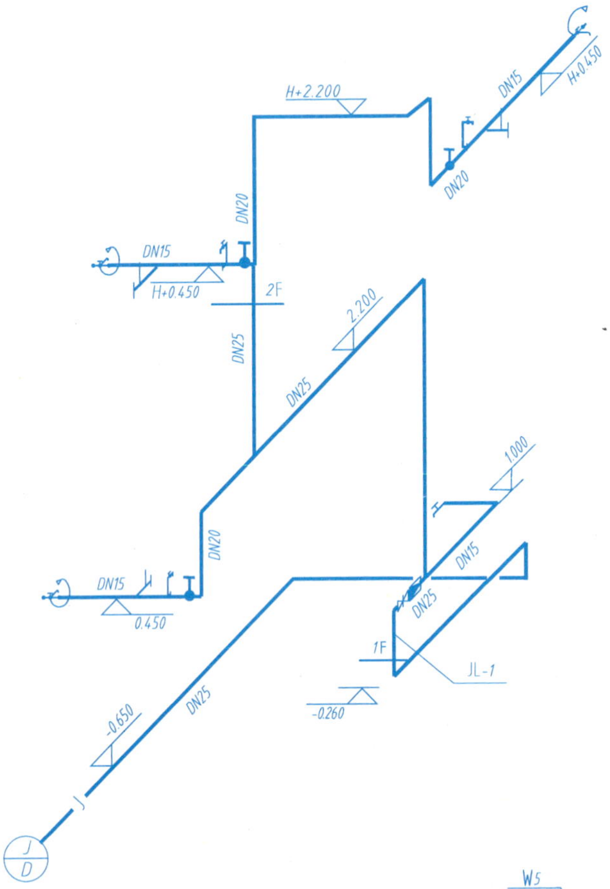

给水系统图 1:100

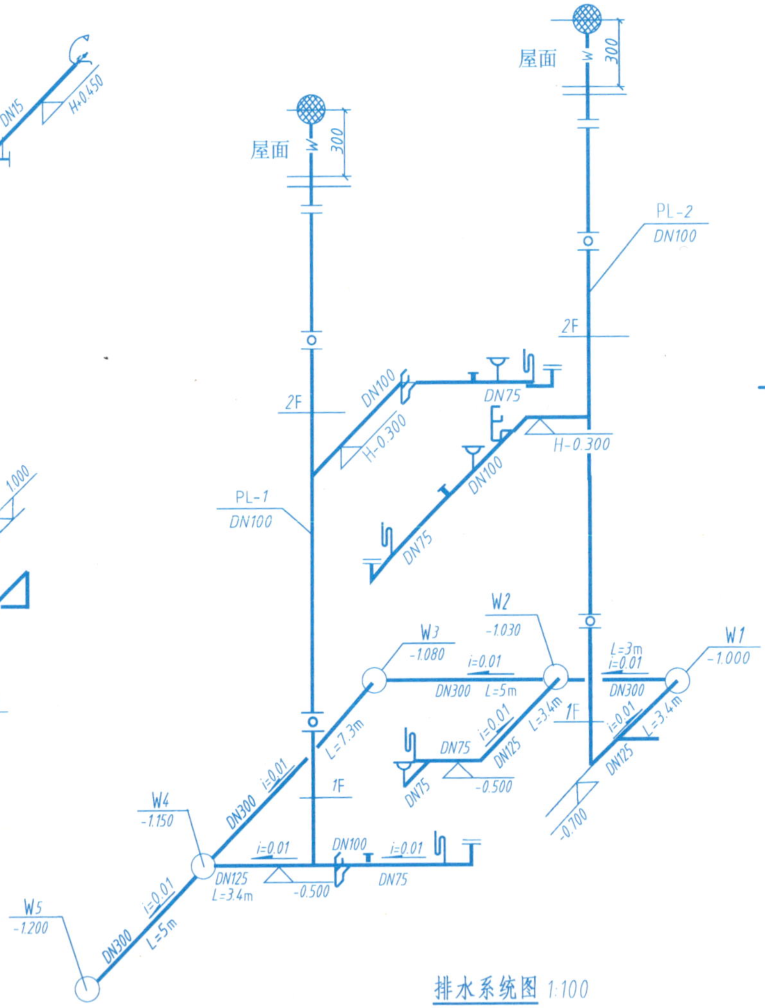

排水系统图 1:100

班级　　姓名　　学号

13-5 设备施工图（五）——给排水详图

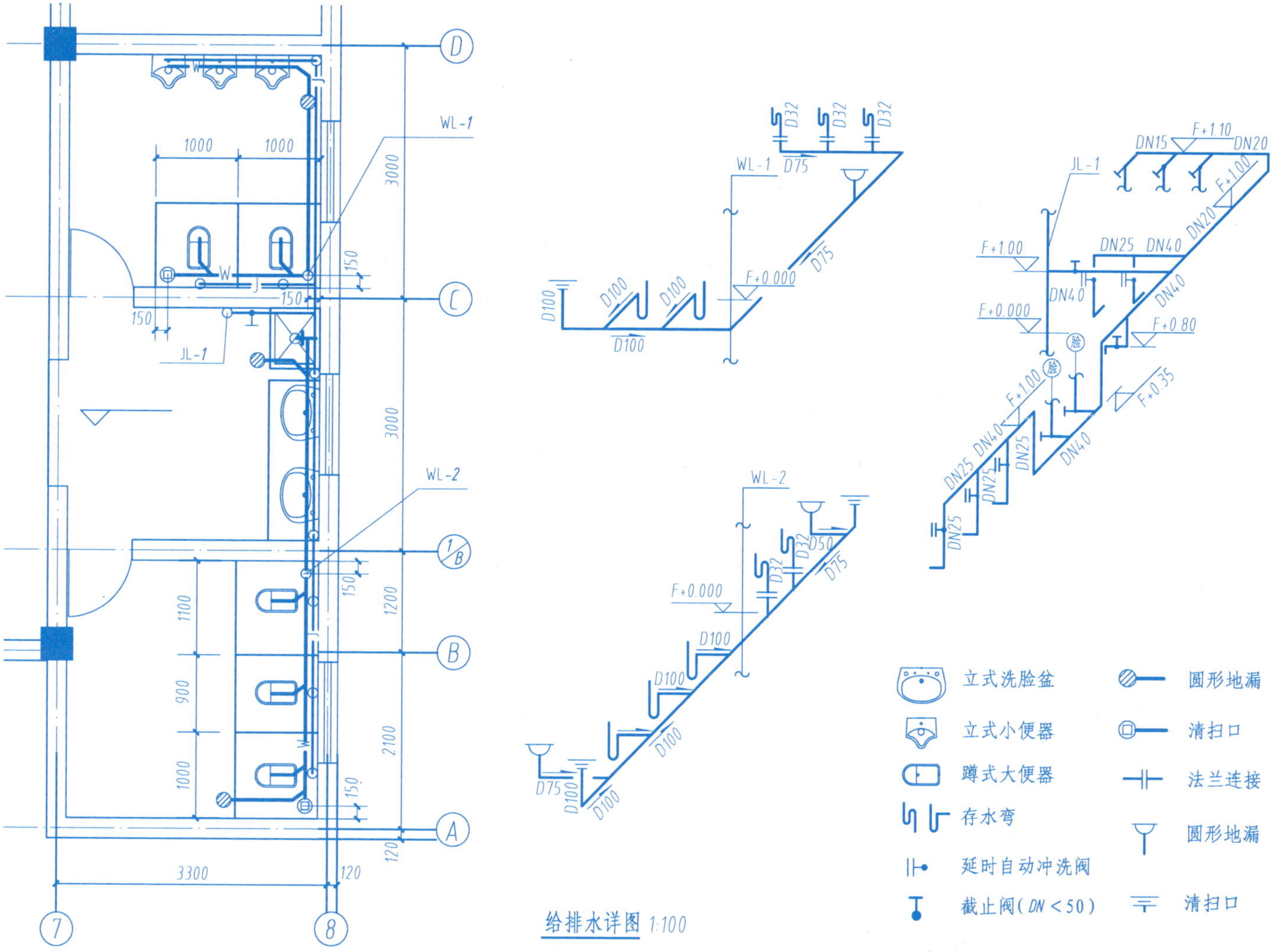

给排水详图 1:100

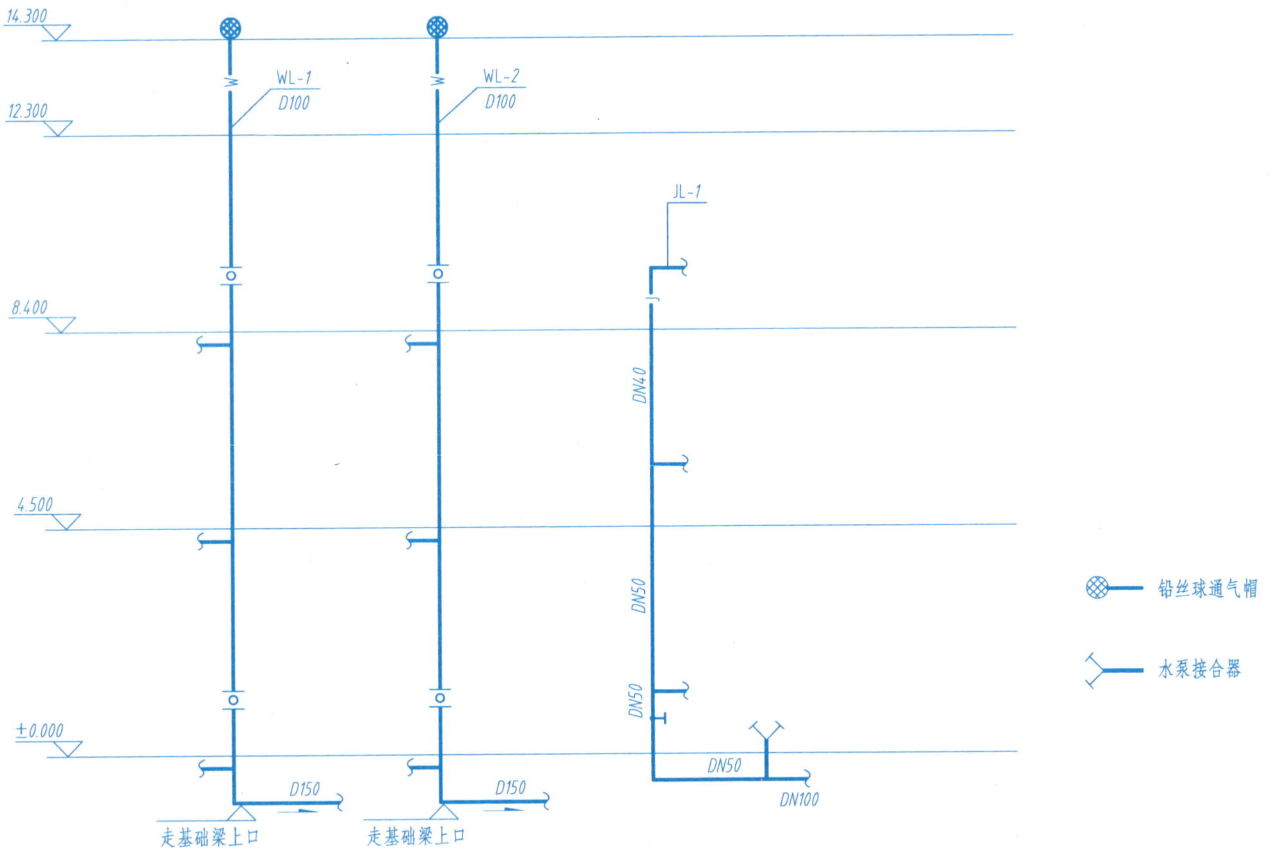

给排水系统图 1:100

班级 姓名 学号

第十四章　标 高 投 影

14-1　点、直线、平面的标高投影(一)

1. 已知直线段 AB 的标高投影 $a_{3.2}$、$b_{6.5}$，求该线段的坡度以及线段上高程为整数的各点。

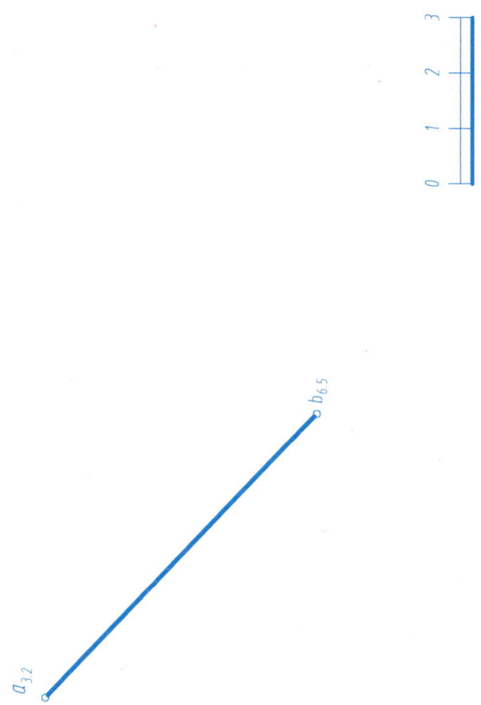

2. 已知三角形的标高投影 $a_{22.3}$、$b_{23.5}$、$c_{26.0}$，求作该平面的坡度比例尺以及该平面对 H 面的倾角。

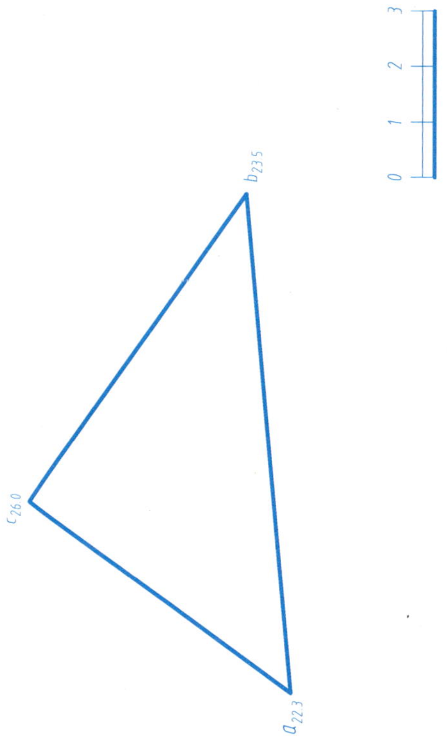

班级　　　　姓名　　　　学号

3. 已知平面 P 由坡度 1:1 和直线(过 a_4 点,坡度为 1:2)确定，Q 平面由坡度 1:1.5 和等高线 3 确定，试求 P、Q 二平面的交线。

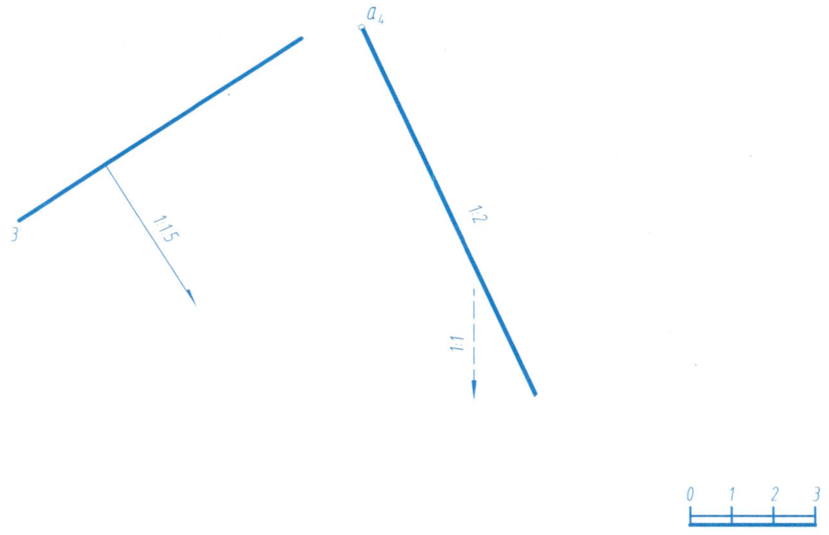

4. 在高程为 2m 的平地上修筑大小二堤，堤顶高程及边坡坡度如图所示，求作各边坡的坡脚线及各坡面的交线。

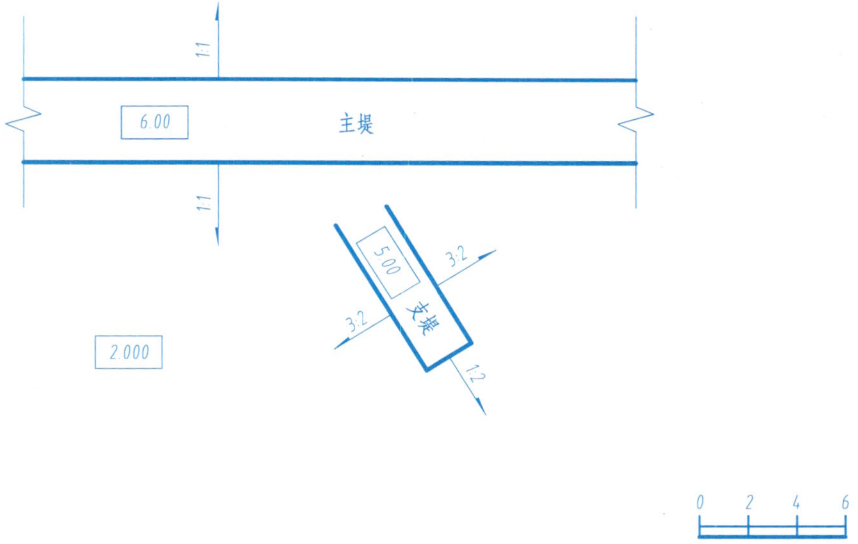

班级 姓名 学号

5. 在坡度为 1:3 的斜坡面上，修筑一高程为 15m 的矩形平台，其填挖方的坡度均为 1:1。求矩形平台坡面与斜坡面的交线，以及平台自身坡面之间的交线。

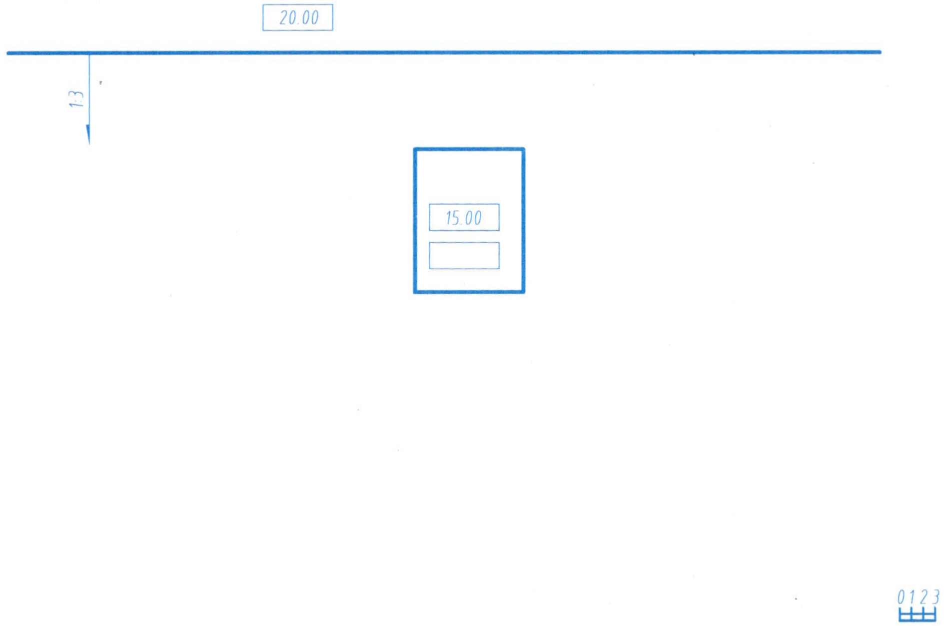

6. 有一丁字坝，两侧筑有圆锥形护坡，求作坡面交线与坡脚线。

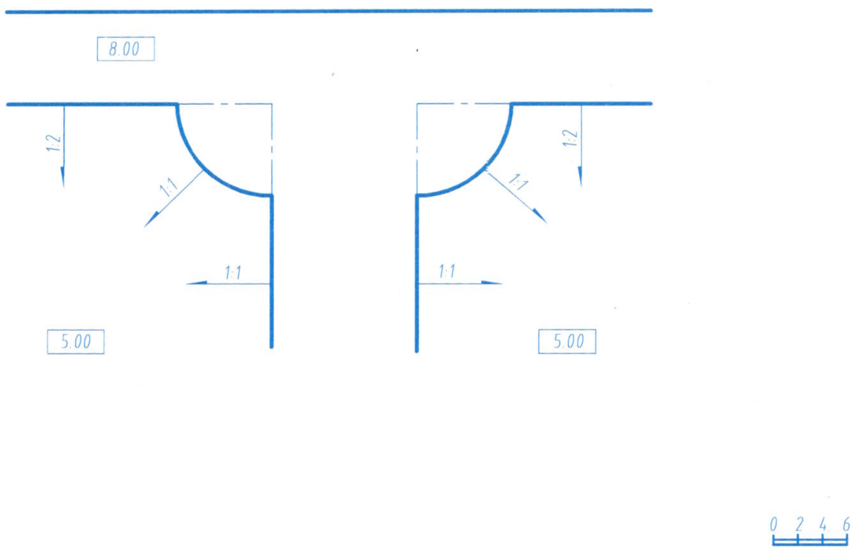

1. 一圆弧引道将地面与堤顶相连，圆弧引道两侧边坡坡度为1:2，堤坡为1:1。求作各坡面以及坡面与地面的交线。

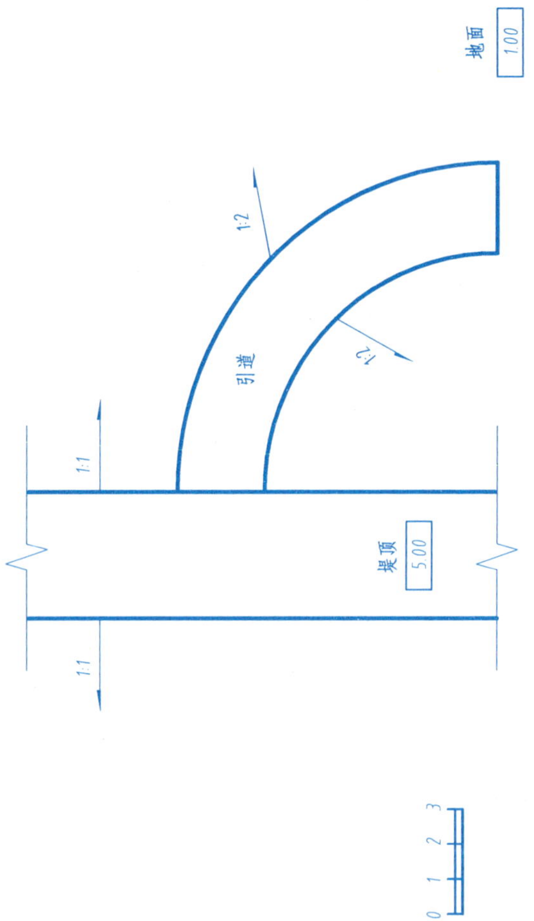

2. 已知地形图和直线的标高投影，求作直线 *AB* 与地面的交点。

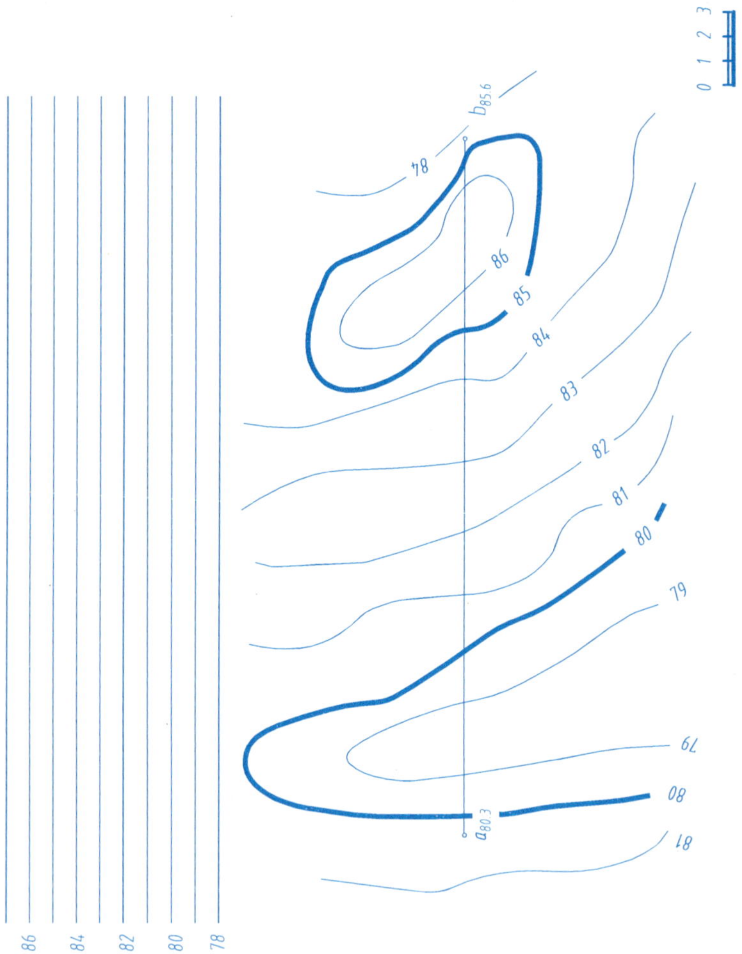

1. 在一河床上修筑一土坝。已知土坝轴线的位置和土坝设计断面，求作土坝平面图和土坝下游立面图。

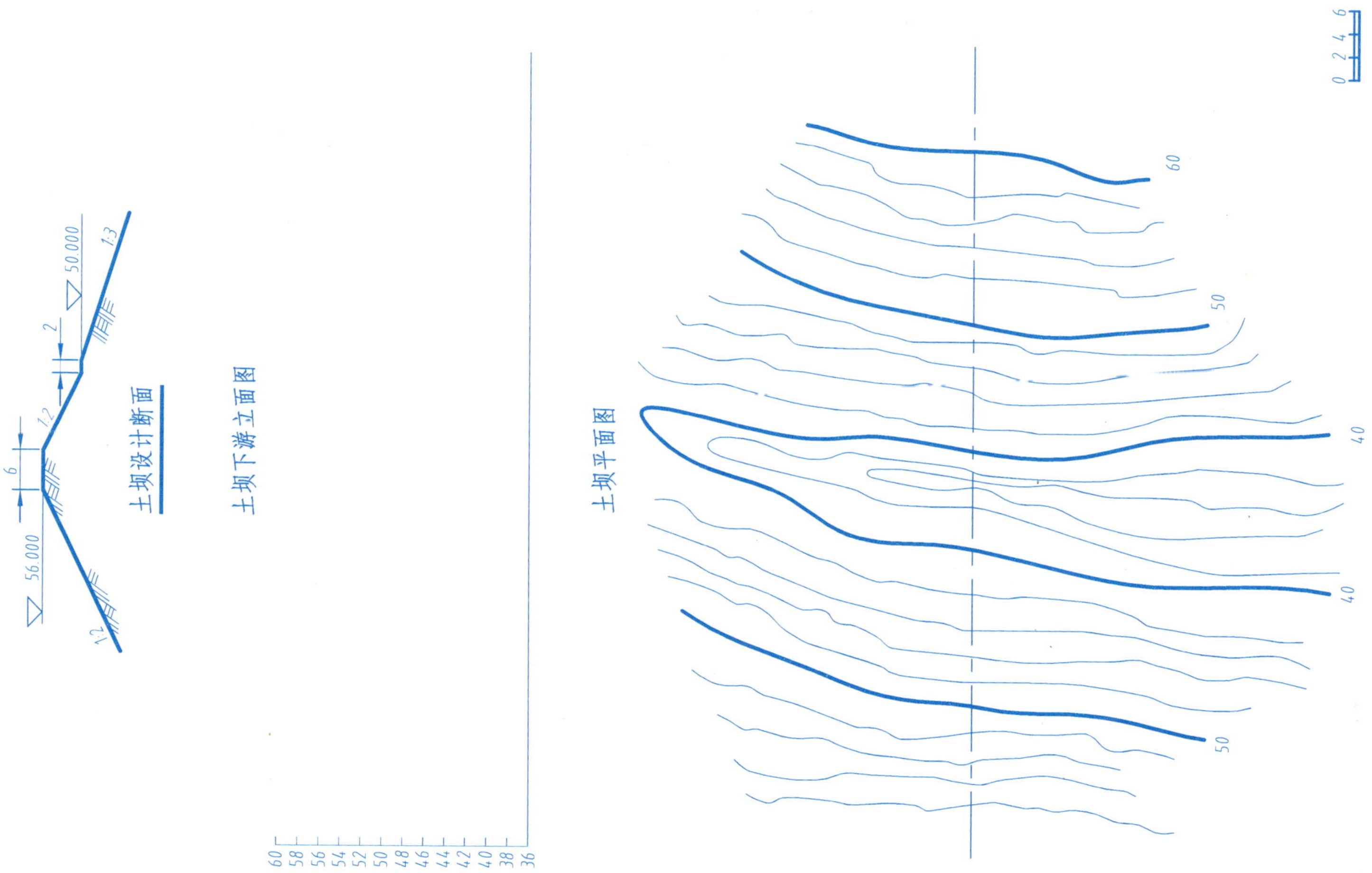

2. 在山坡上修筑一水平广场，其标高为70m，填方边坡坡度为1:2，挖方边坡坡度为1:1.5，求填挖边界线，以及坡面与坡面的交线。

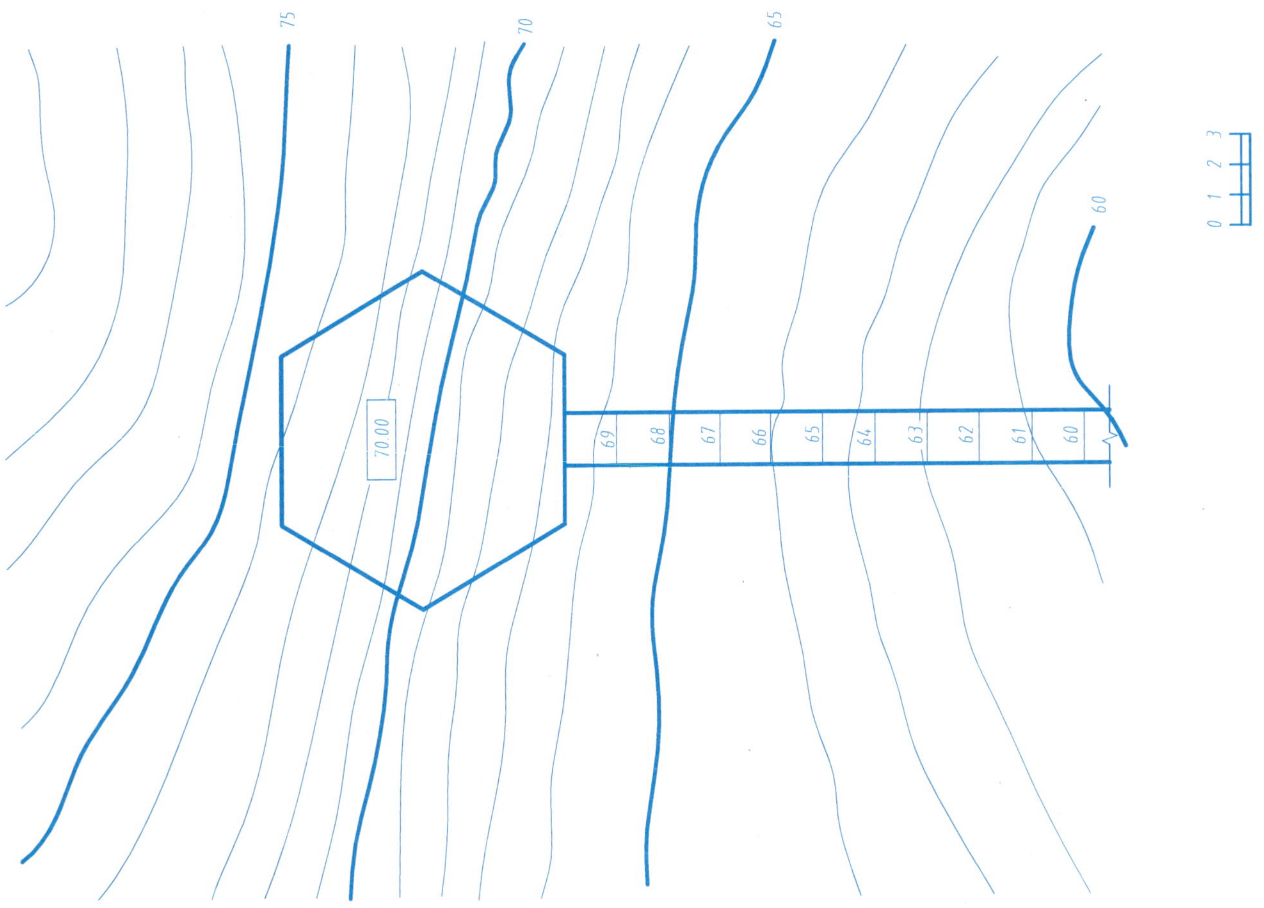

班级 姓名 学号

3. 在山坡上修筑一水平广场，其标高为219m，填方边坡坡度为1:1.5，挖方边坡坡度为1:2，求填挖边界线，以及坡面与坡面的交线。

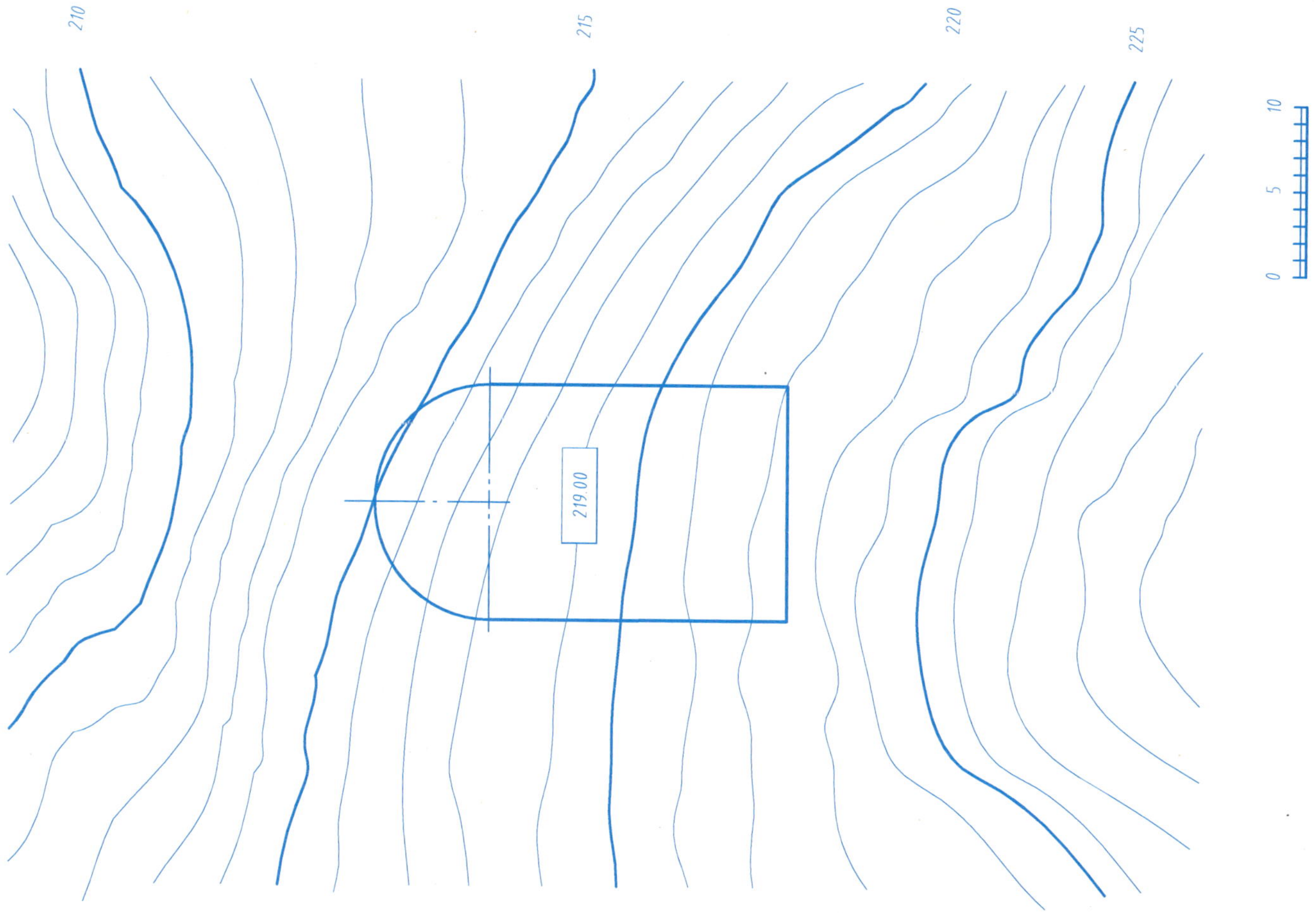

4. 在地面上修建一有坡度的道路，挖方坡度为1∶1.5，填方坡度为1∶1.5，求作填挖边界线。

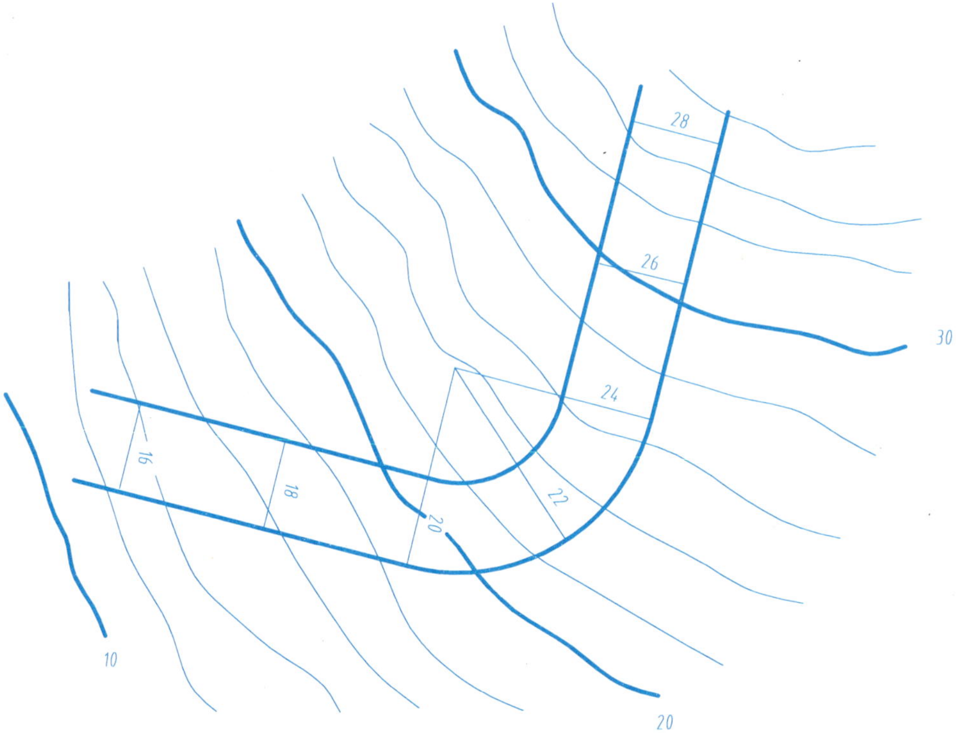

班级 姓名 学号

5. 在地面上修建一段坡度为 1∶30 的弯道，路宽为 6m，*A*—*A* 断面的路面高程为 78.00，道路两侧挖方坡度为 1∶1，填方坡度为 1∶1.5。试用断面法求作填挖坡面的边界线。

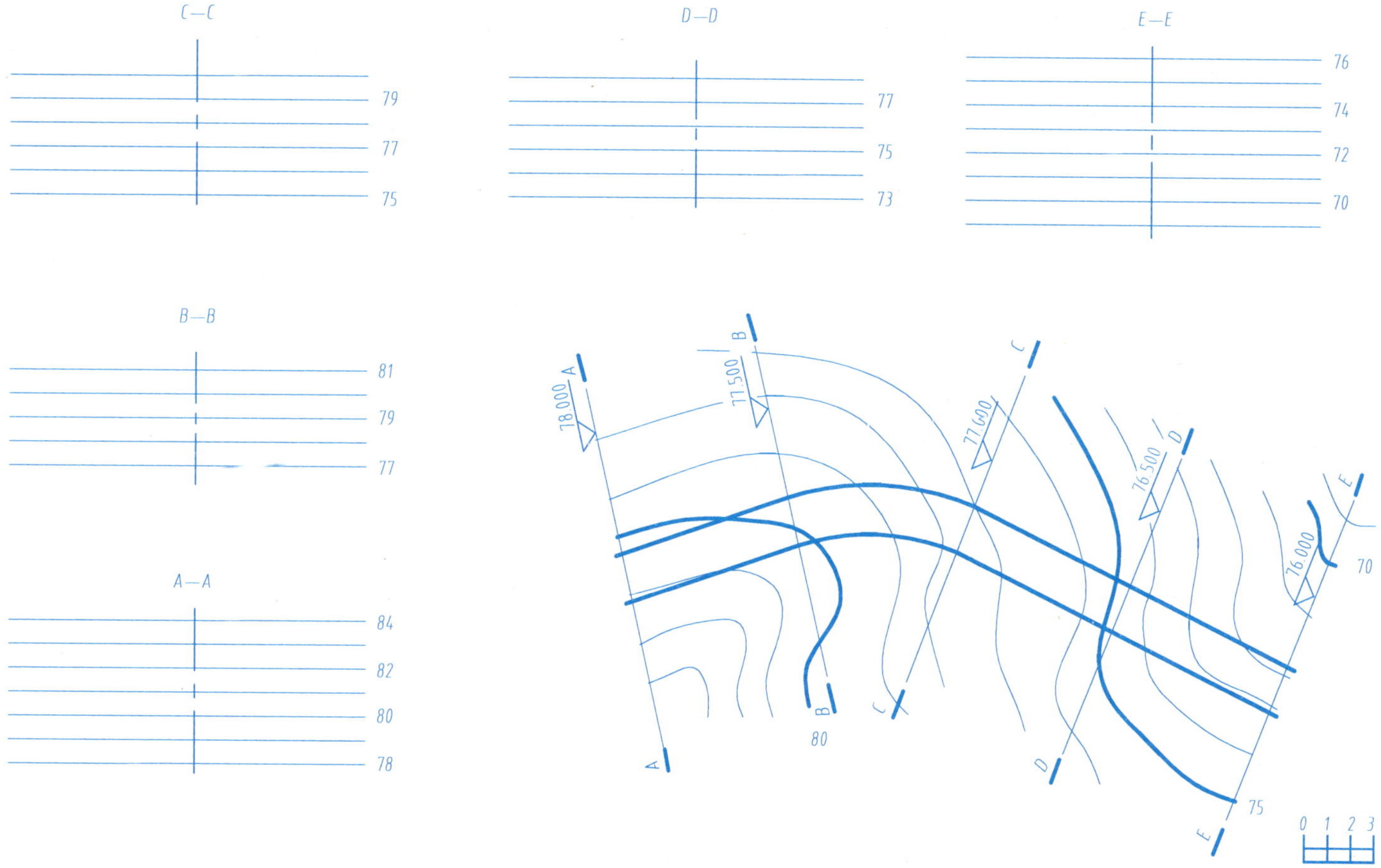

第十五章　道路路线工程图

15-1　公路路线平面图

图示为公路路线平面图，按作业要求识读。

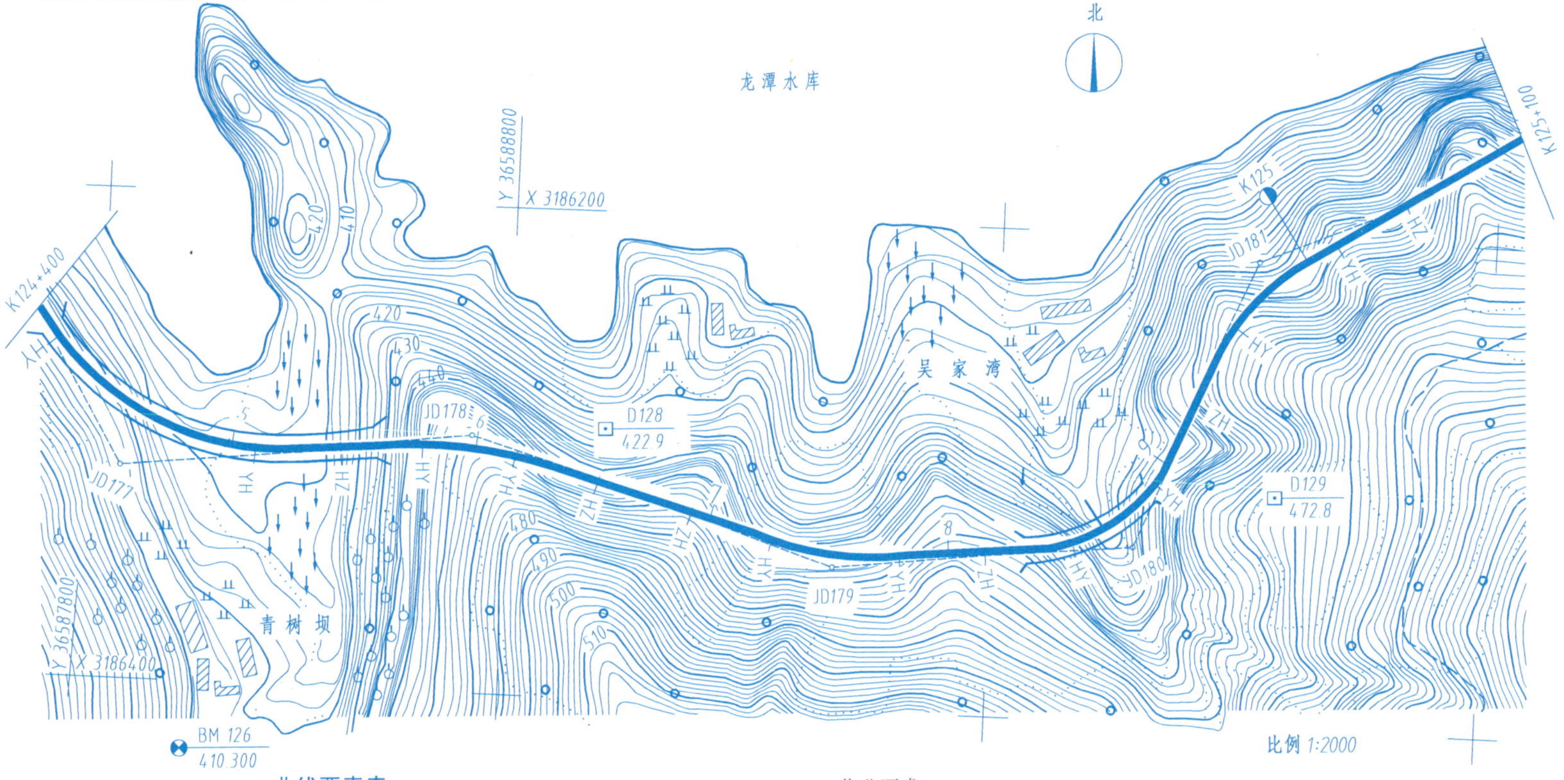

曲线要素表

JD	α		R	L_s	T	E	L
	Z	Y					
JD177	64°36′25″		113.897	35	89.782	21.386	163.421
JD178		21°30′12″	192.753	35	54.146	3.714	107.341
JD179	21°19′13″		236.728	35	62.097	14.377	123.089
JD180	61°52′27″		70	35	59.858	12.459	110.597
JD181		35°51′14″	89.833	35	46.723	5.180	91.215

作业要求

阅读公路路线平面图，并回答下列问题：

1）该路线的起止里程是多少？

2）JD178 表示什么？该处是左偏角还是右偏角？圆曲线设计半径、曲线长各为多少？

3）说明水准点的方位和高程。

4）有几个导线点，其高程各为多少？

5）试说明 ZH、HY、YH、HZ 代表的意义。

6）符号“≻═≺”表示什么？

7）符号“◑”和“|”各表示什么？

8）该图的比例为多少？采用此比例的依据是什么？

9）以何方式表示了该地区的方位和走向？

班级　　　　姓名　　　　学号

图示为公路路线纵断面图，仔细阅读后，按作业要求补填数值和补绘图形。

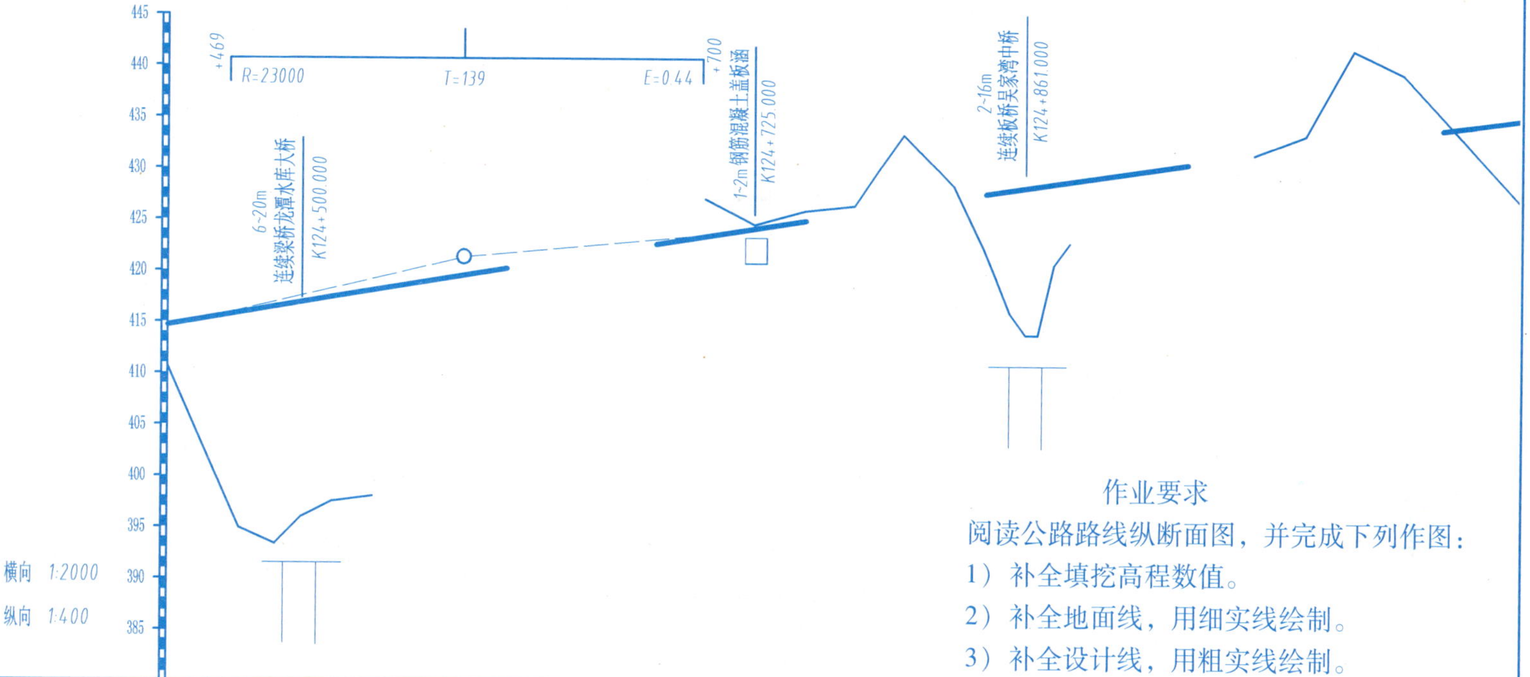

作业要求

阅读公路路线纵断面图，并完成下列作图：

1）补全填挖高程数值。

2）补全地面线，用细实线绘制。

3）补全设计线，用粗实线绘制。

地质概况：泥盆系泥质灰岩、灰岩、强风化、局部软土

坡度(%)／坡长/m：+3.46%，104；+3.25%，490

里程桩号	设计高程	地面高程	填挖高度
K124+490.000	415.90	395.00	20.90
+487	416.50	393.40	
+500	416.80	396.00	
+515	417.40	397.50	19.90
+535	418.10	398.10	20.00
+565		419.10	0.00
+570		419.30	5.90
+585	419.80	424.40	-4.60
+610		425.60	-4.90
+625	423.10	426.10	
+640	423.40	426.40	
+680	422.90	427.00	-4.10
+700	423.40		-3.70
+725	424.20		-0.50
+750	425.00	426.00	-1.00
+775	425.80	426.60	
+800		433.50	-6.90
+825	427.30	428.50	-1.20
+853	428.10	416.20	11.90
+861	428.30	414.00	
+875	428.50	414.00	14.50
+883.050	428.90	420.90	8.00
+900	429.50	427.80	1.70
+925	430.20		-1.30
+950	431.00		-6.70
+975	431.70	431.70	0.00
K125+000	432.40	433.70	
+025	433.10	442.00	
+050	433.80	439.80	-6.00
K125+075.000	434.50	434.20	0.30

直线及平曲线：JD177　R=113.897；JD178　R=192.753；JD179　R=236.728；JD180　R=70；JD181　R=89.833

班级　　　　姓名　　　　学号

图示为公路路线横断面图，按作业要求识读。

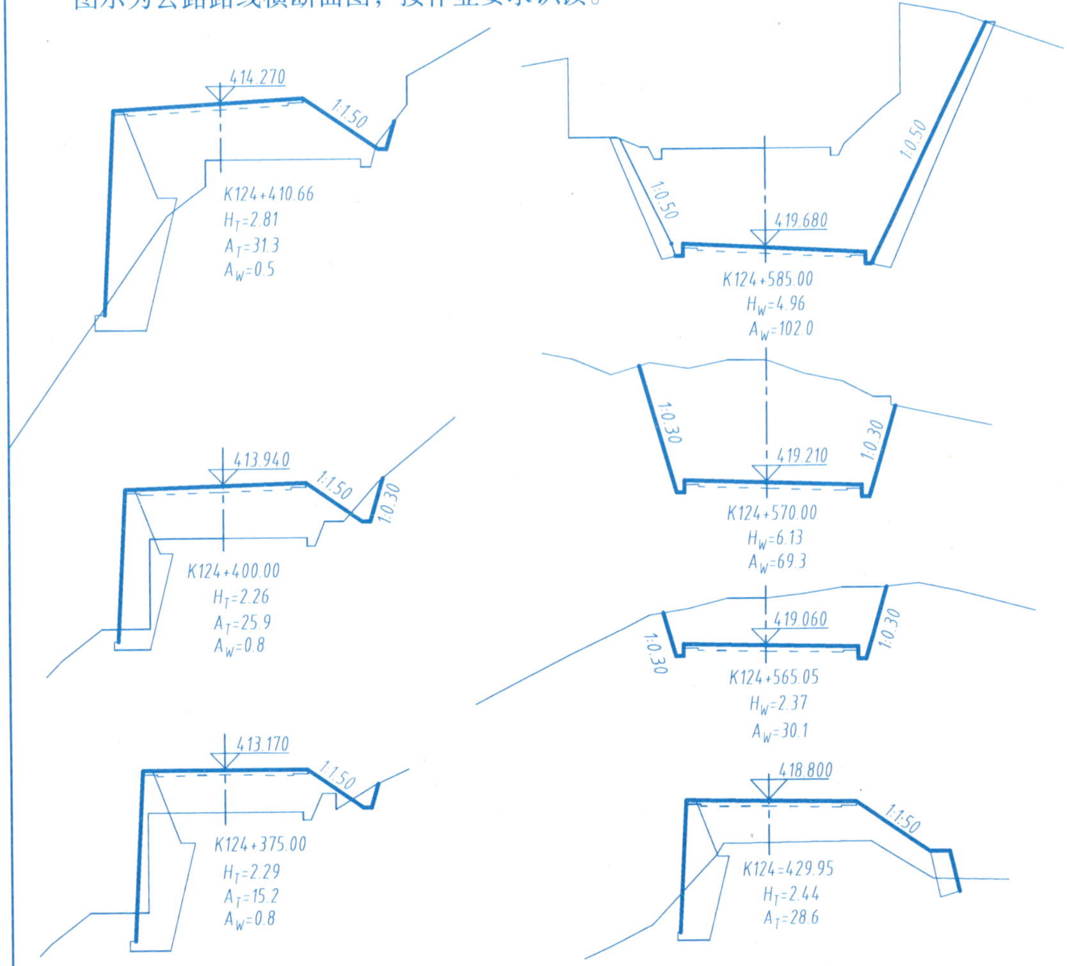

作业要求

阅读公路路线横断面图，并回答下列问题：

1）填方、挖方、半填半挖方路基各有几个？各自的里程桩号是什么？

2）路面所注标高为何处的高程？

3）试说明 $H_T=2.81$，$A_T=31.3$，$A_W=0.5$ 的意义。

比例 1:200

班级　　　　姓名　　　　学号

第十六章　桥隧涵工程图

16-1　桥隧涵工程图(一)

作业指导书

作业一　桥梁总体布置图

1. 目的

1）熟悉桥梁总体布置图的内容和绘制要求。

2）掌握绘制桥梁总体布置图的方法和步骤。

2. 内容

抄绘教材第 16 章图 16-1 大桥总体布置图。

3. 要求

1）图纸：用 A2 图纸。

2）图名：大桥总体布置图。图别：桥梁工程图。

3）比例：平面图和立面图 1:500，横剖面图 1:100。

4）字体和符号：各图图名汉字用 7 号字，拉丁字母和比例数字用 3.5 号字，尺寸数字用 2.5 或 3.5 号字，其余汉字用 5 号字。

4. 说明

1）按 A2 图幅的规格，用 H 铅笔先画图框、图标的稿线，然后按照视图比例布置图纸幅面，要考虑标注尺寸和文字说明的位置。

2）栏杆扶手在立面图中可省去不画，在平面图中可适当夸大比例画出。

3）T 形梁和横隔板尺寸可参考教材中的图 16-3；桥台尺寸可参考教材中的图 16-5。

班级　　　　姓名　　　　学号

作业指导书

作业二 涵洞工程图

1. 目的

1）熟悉一般涵洞工程图的内容和绘制要求。

2）掌握绘制涵洞工程图的方法和步骤。

2. 内容

抄绘教材第16章图16-8钢筋混凝土盖板涵构造图。

3. 要求

1）图纸：用A3图纸。

2）图名：钢筋混凝土盖板涵构造图。图别：涵洞工程图。

3）比例：1:40。

4）字体和符号：各图图名汉字用7号字，拉丁字母和比例数字用3.5号字，尺寸数字用2.5或3.5号字，其余汉字用5号字。

4. 说明

1）按A3图幅的规格，用H铅笔先画图框、图标的稿线，然后按照视图比例布置图纸幅面，要考虑标注尺寸和文字说明的位置。

2）纵剖面图流水坡度为1%，由于坡度太小，采用水平线画出。

3）路基覆土厚度>50cm，具体数值根据作图而定。

4）涵洞洞身长度可根据图幅大小折断画出。

5）浆砌块石符号仅画局部，无需全部画出。

6）*D—D* 断面图不画，改画 *E—E* 断面图，墙高尺寸可在纵剖面图中量取，并标注尺寸。

 班级 姓名 学号

作业指导书

作业三 隧道工程图

1. 目的

1）熟悉一般隧道工程图的内容和绘制要求。

2）掌握绘制隧道工程图的方法和步骤。

2. 内容

抄绘教材第 16 章图 16-9 隧道进口设计图。

3. 要求

1）图纸：用 A3 图纸。

2）图名：隧道进口设计图。图别：隧道工程图。

3）比例：平面图、立面图和横剖面图 1:100；侧沟大样图 1:20。

4）字体和符号：各图图名汉字用 7 号字，拉丁字母和比例数字用 3.5 号字，尺寸数字用 2.5 或 3.5 号字，其余汉字用 5 号字。

4. 说明

按 A3 图幅的规格，用 H 铅笔先画图框、图标的稿线，然后按照视图比例布置图纸幅面，要考虑标注尺寸和文字说明的位置。

班级　　　　姓名　　　　学号

第十七章　水利工程图

17-1　水利工程图(一)

阅读水利枢纽上游立面图，在指定位置补画出 *A—A* 断面图。

上游立面图 1:100

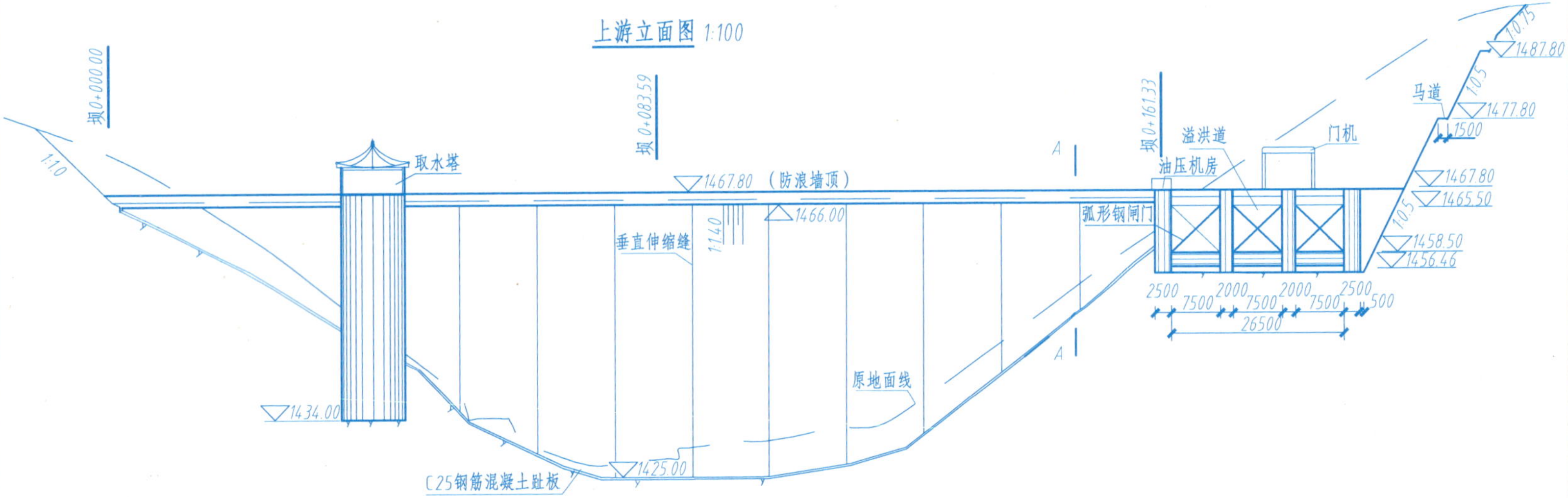

面板堆石坝最大横断面图（坝 0+083.59）1:100

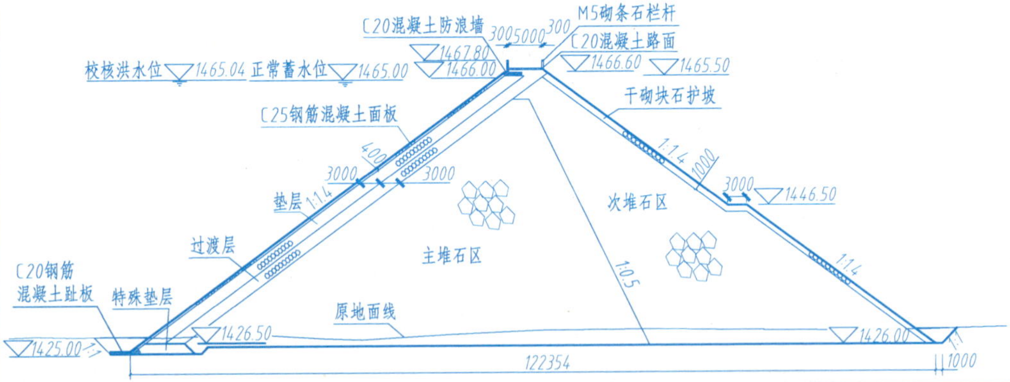

A—A 断面图 1:100

班级　　姓名　　学号

作业指导书

作业一 水闸工程图

1. 目的

1）熟悉水闸工程图的内容和绘制要求。

2）掌握绘制水闸工程图的方法和步骤。

2. 内容

抄绘教材第 17 章图 17-6 水闸布置图(见教材后面的插页)。

3. 要求

1）图纸：用 A3 图纸。

2）图名：水闸布置图。图别：水闸工程图。

3）比例：1∶400。

4）字体和符号：各图图名汉字用 7 号字，拉丁字母和比例数字用 3.5 号字，尺寸数字用 2.5 或 3.5 号字，其余汉字用 5 号字。

4. 说明

1）按 A3 图幅的规格，用 H 铅笔先画图框、图标的稿线，然后按照视图比例布置图纸幅面，要考虑标注尺寸和文字说明的位置。

2）混凝土图例仅画局部，无需全部画出。

3）示坡线(细实线)用直尺均匀画出。

4）上、下游扭面的素线(细实线)用直尺画出。

班级 姓名 学号

作业指导书

作业二　船闸工程图

1. 目的

1）熟悉船闸工程图的内容和绘制要求。

2）掌握绘制船闸工程图的方法和步骤。

2. 内容

抄绘教材第 17 章图 17-16 船闸总体布置图(见教材后面的插页)。

3. 要求

1）图纸：用 A2 图纸。

2）图名：船闸总体布置图。图别：船闸工程图。

3）比例：1:500。

4）字体和符号：各图图名汉字用 7 号字，拉丁字母和比例数字用 3.5 号字，尺寸数字用 2.5 或 3.5 号字，其余汉字用 5 号字。

4. 说明

按 A2 图幅的规格，用 H 铅笔先画图框、图标的稿线，然后按照视图比例布置图纸幅面，要考虑标注尺寸和文字说明的位置。

作业指导书

作业三　码头工程图

1. 目的

1）熟悉码头工程图的内容和绘制要求。

2）掌握绘制码头工程图的方法和步骤。

2. 内容

抄绘教材第 17 章图 17-18、图 17-19 码头结构布置图(见教材后面的插页)。

3. 要求

1）图纸：用 A2 图纸。

2）图名：码头平面布置图(码头结构剖视图)。图别：码头工程图。

3）比例：1∶400。

4）字体和符号：各图图名汉字用 7 号字，拉丁字母和比例数字用 3.5 号字，尺寸数字用 2.5 或 3.5 号字，其余汉字用 5 号字。

4. 说明

按 A2 图幅的规格，用 H 铅笔先画图框、图标的稿线，然后按照视图比例布置图纸幅面，要考虑标注尺寸和文字说明的位置。

班级　　姓名　　学号

第十八章　机械工程图

18-1　根据给定的俯视图选择正确的主视图（在括号内画√）

1.

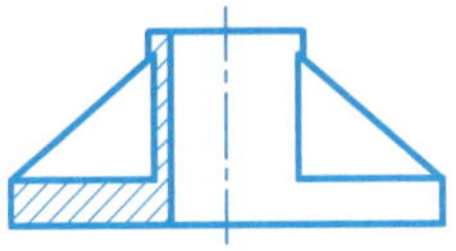

（　）

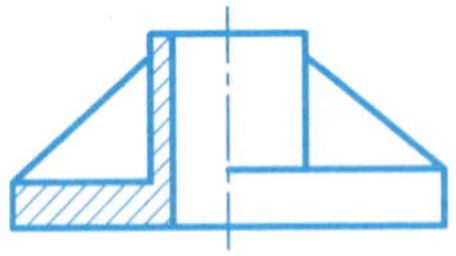

（　）

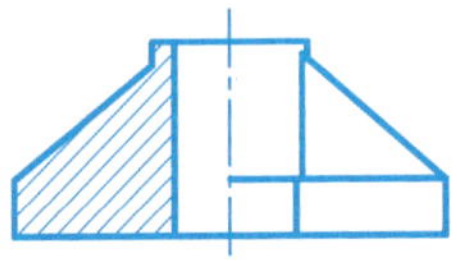

（　）

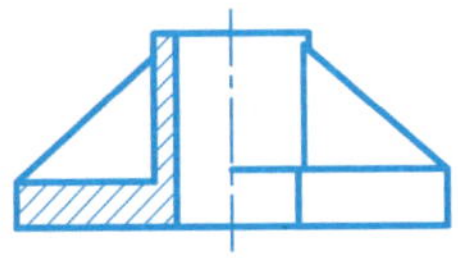

（　）

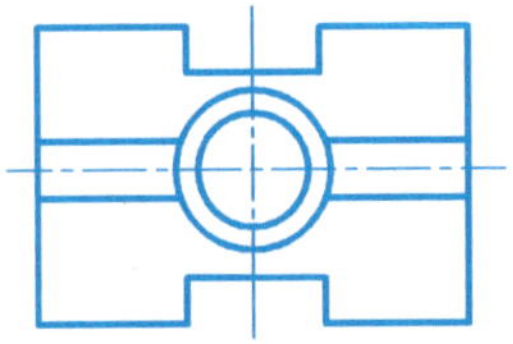

2.

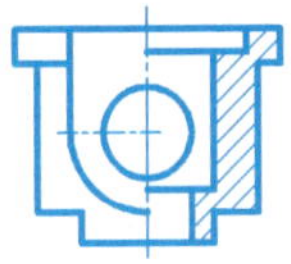

（　）

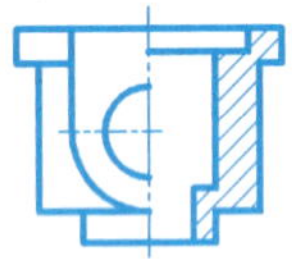

（　）

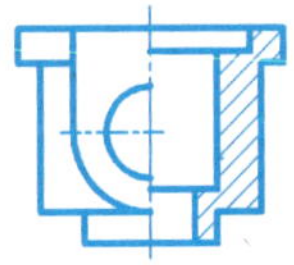

（　）

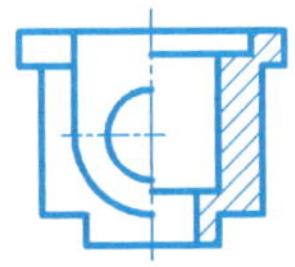

（　）

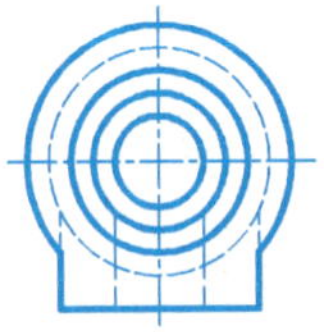

3.

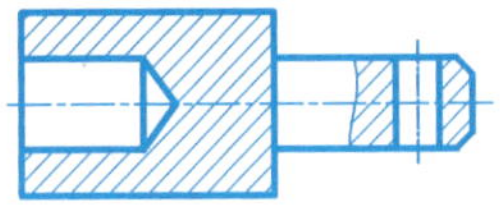

（　）

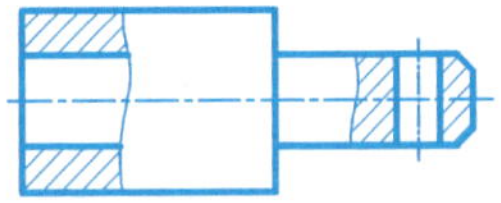

（　）

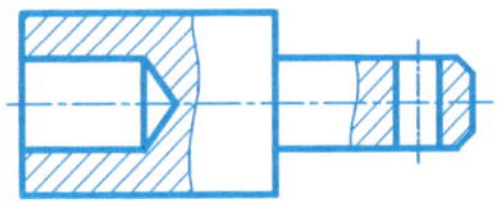

（　）

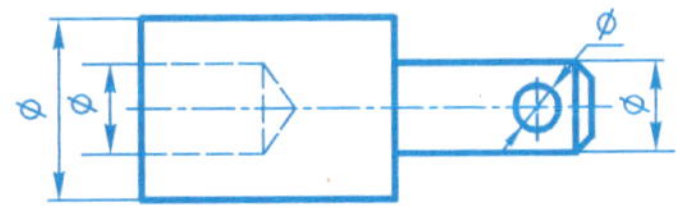

4.

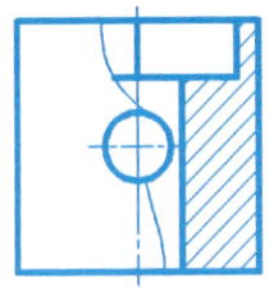

（　）

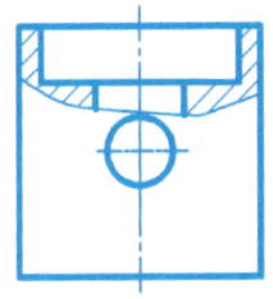

（　）

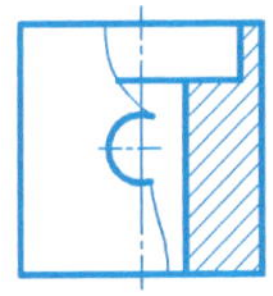

（　）

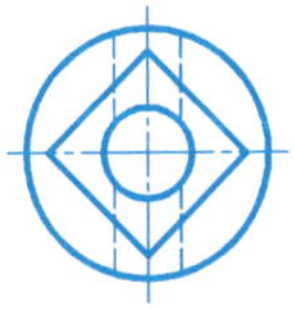

18-2 选择题及作图题

1. 选择正确的主视图(在括号内画√)。

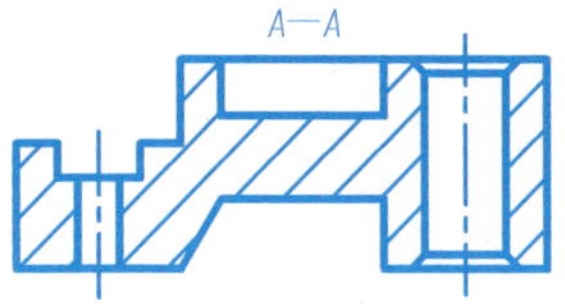

( )

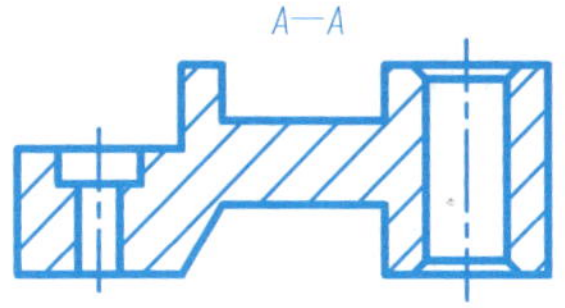

( )

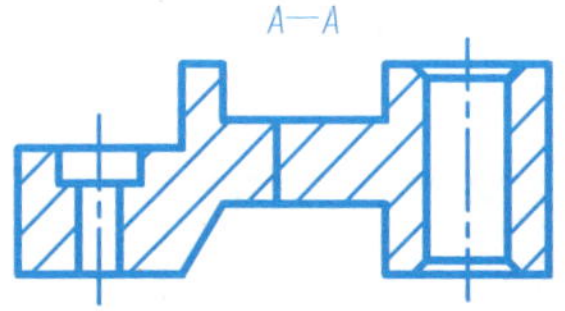

( )

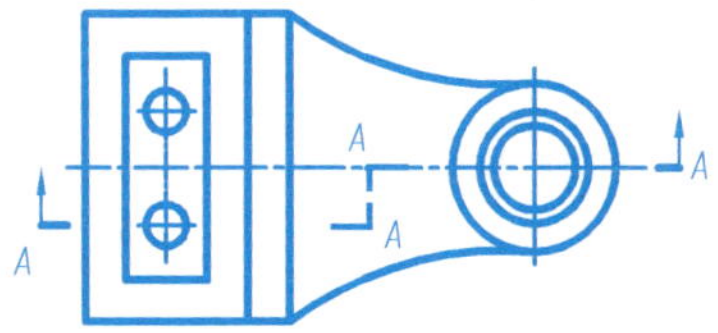

2. 选择正确的断面图(在括号内画√)，标注剖切位置及剖视图名称。

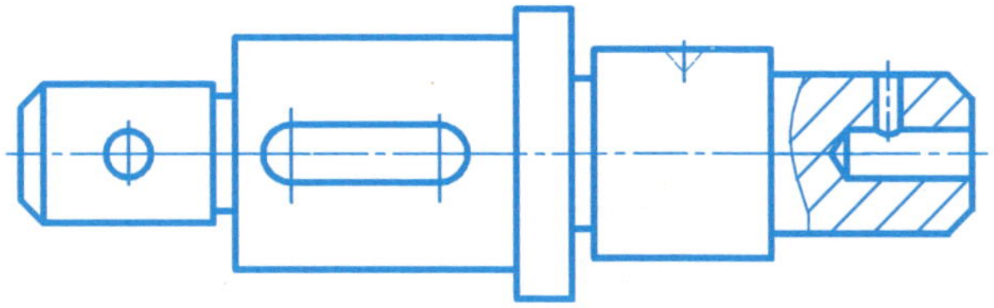

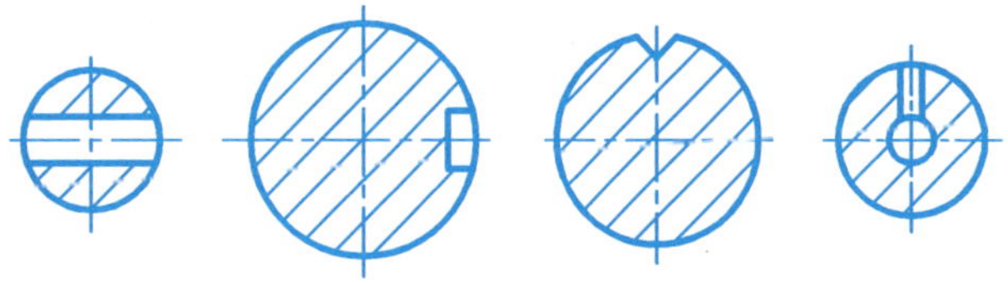

( ) ( ) ( ) ( )

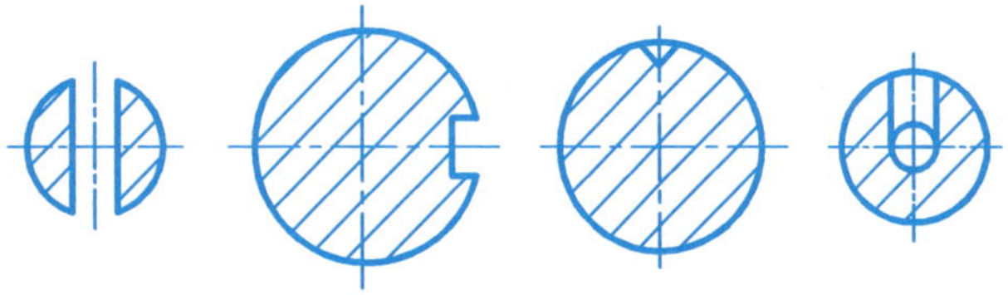

( ) ( ) ( ) ( )

3. 作 *A*—*A* 断面图和 *B*—*B* 剖视图。

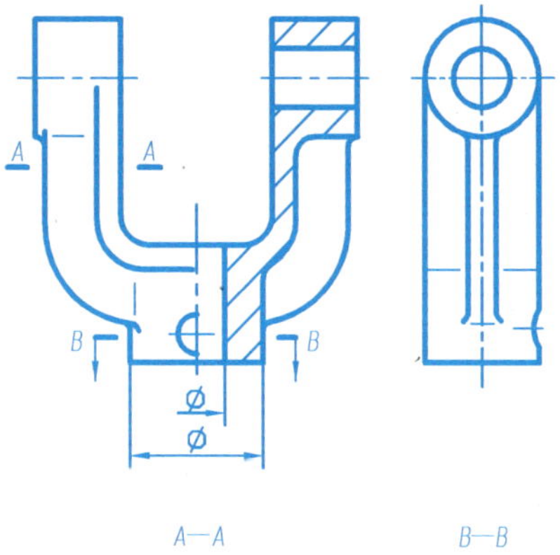

18-3 画出下列螺纹并标注螺纹的规定代号

1. 粗牙普通螺纹，大径 20，螺距 2.5，螺纹长度为 25，右旋。

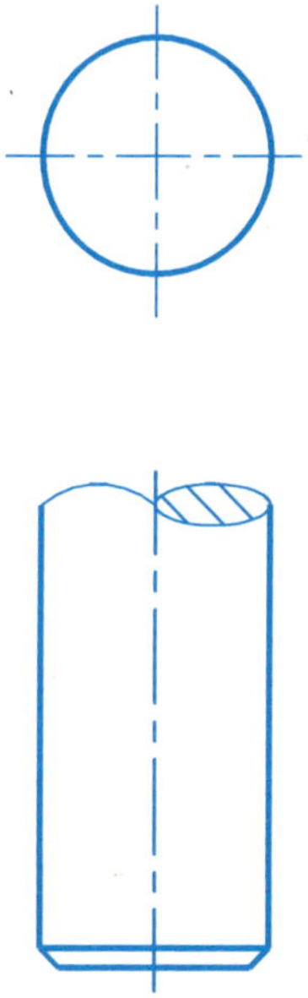

2. 细牙普通螺纹，大径 12，螺距 1.25，螺纹深度为 20。

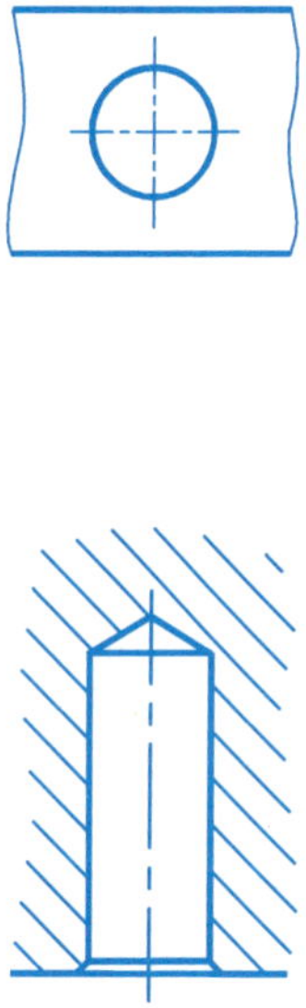

3. 55°非密封管螺纹，尺寸代号 1/2，试在图上注出螺纹代号。

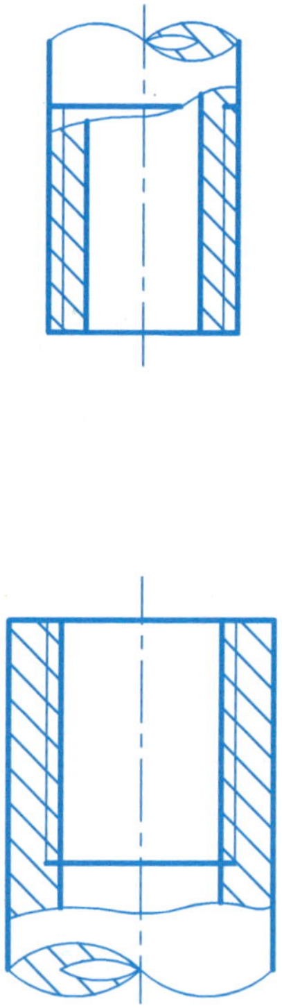

班级　　　　姓名　　　　学号

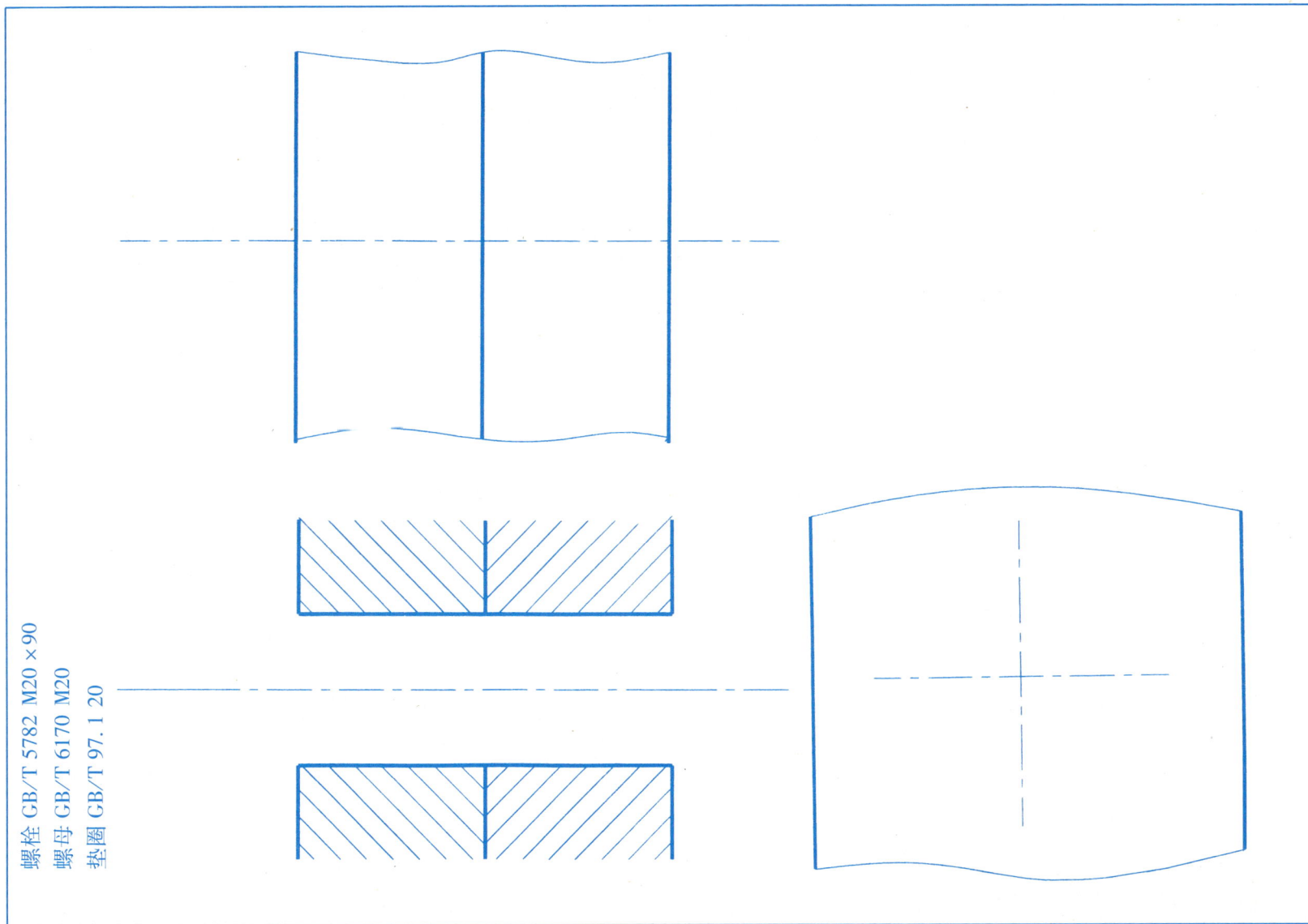

18-4 用简化画法画出螺栓装配图

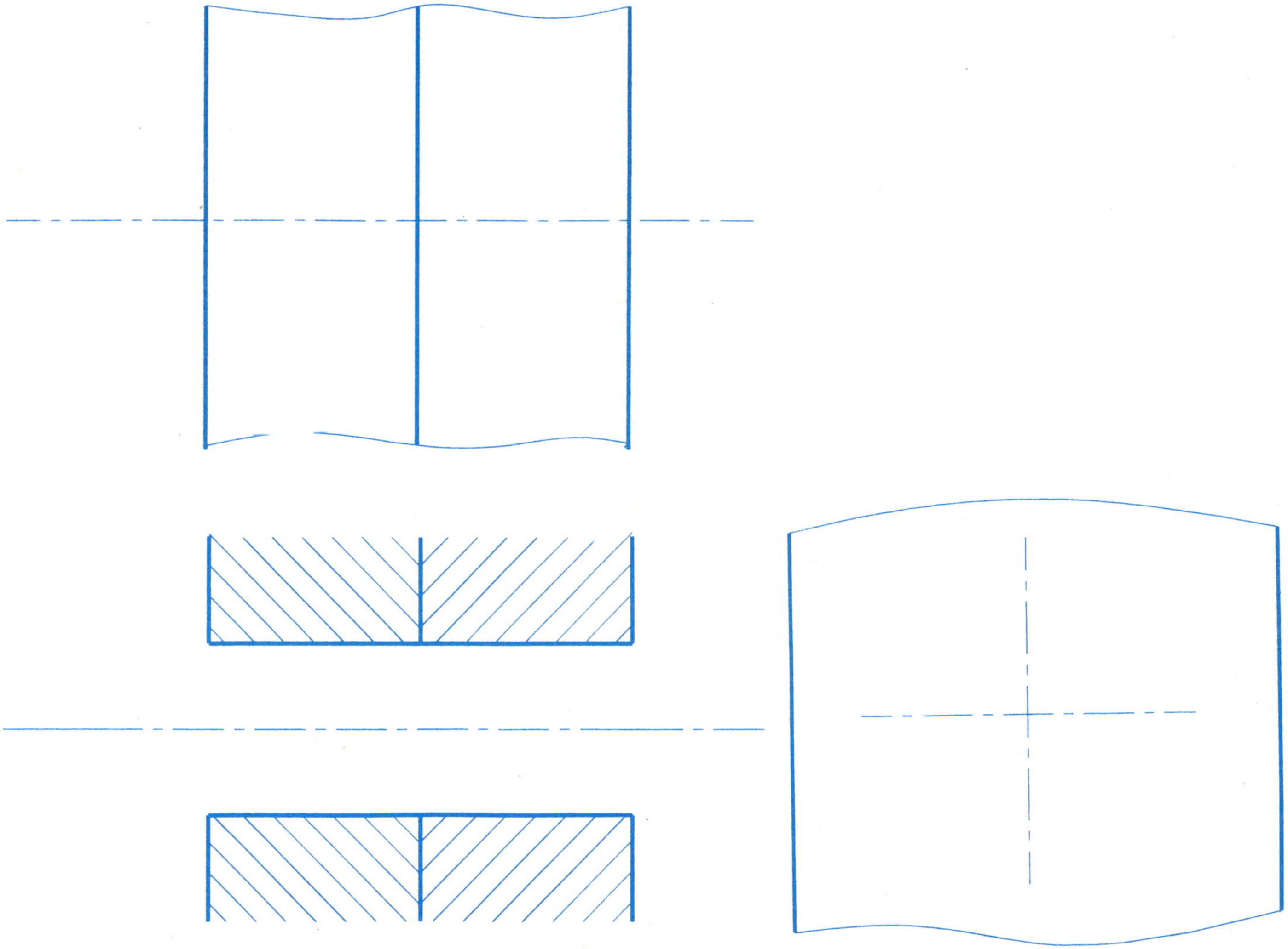

螺栓 GB/T 5782 M20×90

螺母 GB/T 6170 M20

垫圈 GB/T 97.1 20

班级　　　　姓名　　　　学号

18-5 读图作业

1. 读题 18-6 所示齿轮轴零件图，并回答下列问题：

1）用符号▲指出径向与轴向尺寸基准。

2）齿轮轴选用的材料是________，模数是________，零件图选用的比例是________。

3）齿轮轴零件图共有________个图形，分别采用的表达方法是________和________。

4）$\phi48f7$ 是齿轮轴轮齿部分________的直径尺寸，48 为________尺寸，f7 为________。

5）尺寸 $14_{-0.100}^{\ 0}$ 最大可加工成________，最小可加工成________，公差为________。

6）轮齿部分左右端面的表面结构要求 Ra 的上限值为________ μm。齿轮轴零件图中有________处尺寸注有极限偏差数值。

7）移出断面中所示键槽的宽度为________，轴向定位尺寸为________。

2. 读题 18-7 所示机用虎钳装配图，并回答下列问题：

1）本部件名称是________，共由________种零件组成，其中标准件有________种。

2）活动钳身 4 与螺母块 9 由件号________连接，螺杆 8 与螺母块 9 的连接方式是________连接。当旋转螺杆 8 时，使件________带动件________沿水平方向左右移动，夹紧工件并进行切削加工。

3）机用虎钳共有________个图形表达其装配关系和大概形状，主视图采用________剖视，俯视图采用________剖视，左视图采用________剖视。

4）机用虎钳夹持工件厚度的最大范围是________，机用虎钳安装到机床台面上的安装尺寸是________，虎钳总长是________，高度是________。

5）主视图中，$\phi18\dfrac{H8}{f9}$是件________和件________之间的配合尺寸，左视图中 $\phi20\dfrac{H8}{h7}$是件________和件________的配合尺寸。

3. 读题 18-8 所示固定钳座零件图，并回答下列问题：

1）固定钳座零件采用材料________，零件图采用比例________，共采用________个视图，其中主视图、左视图、俯视图分别采用的表达方法依次为________、________、________。

2）用符号▲指出固定钳座零件图长、宽 、高三个方向的主要基准。

3）俯视图中的中间闭合线框为一空腔，其长度方向尺寸为________，宽度方向尺寸分别为________、________。

4）固定钳座零件图有________处尺寸有极限偏差数值，说明它们与其他零件有________关系。固定钳座表面结构要求最高为 Ra 的上限值________ μm。

5）尺寸 $\phi18_{\ 0}^{+0.027}$ 中，最大极限尺寸为________，最小极限尺寸为________，公差为________。

6）两个螺纹孔的代号是________，间距是________ mm，完整螺纹长度是________ mm。

7）固定钳座的总体尺寸为：长________，宽________，高________。

班级　　　　姓名　　　　学号

18-6 读齿轮轴零件图，补画轮齿部分的局部剖视图

齿数	z	10
模数	m	4
压力角	α	20°
精度等级		8-7-7FJ

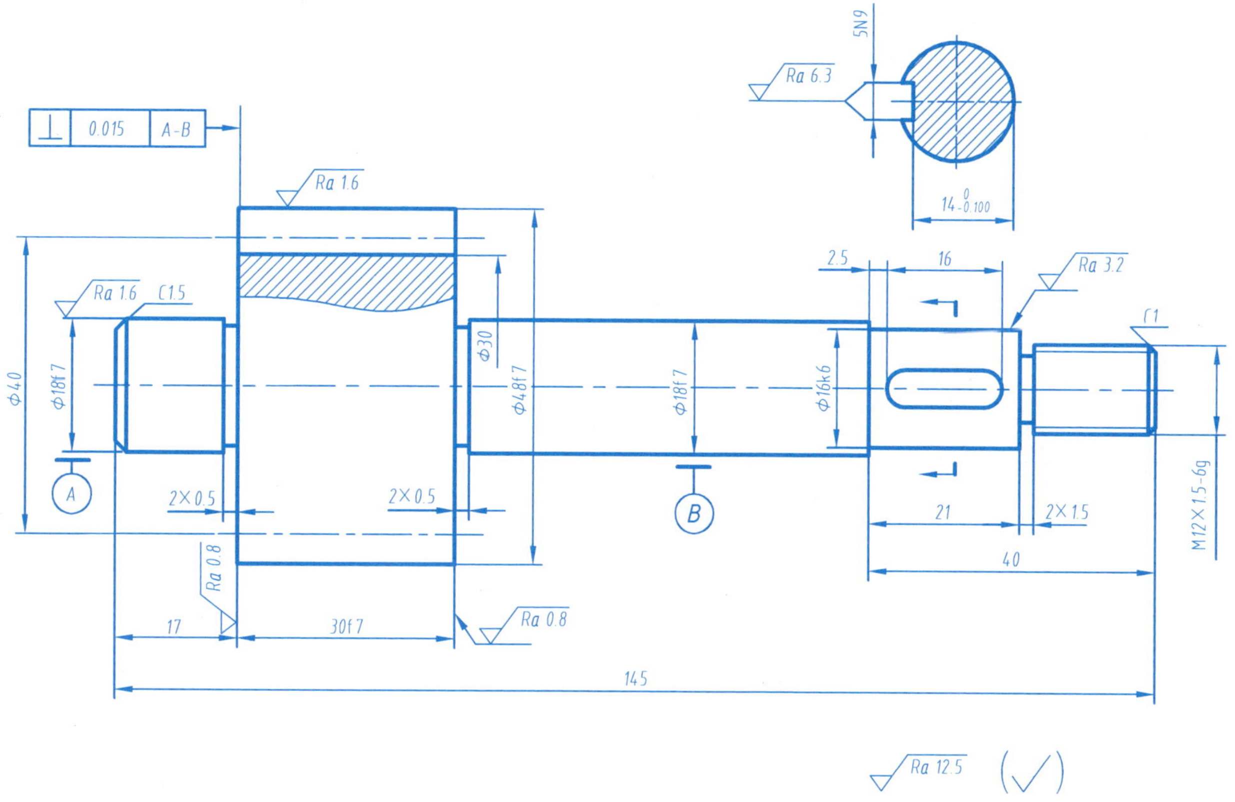

技术要求

齿部淬火 40～45HRC。

设计			45	（单位）
校核				齿轮轴
审核			比例 1:1	（图号）

班级　　姓名　　学号

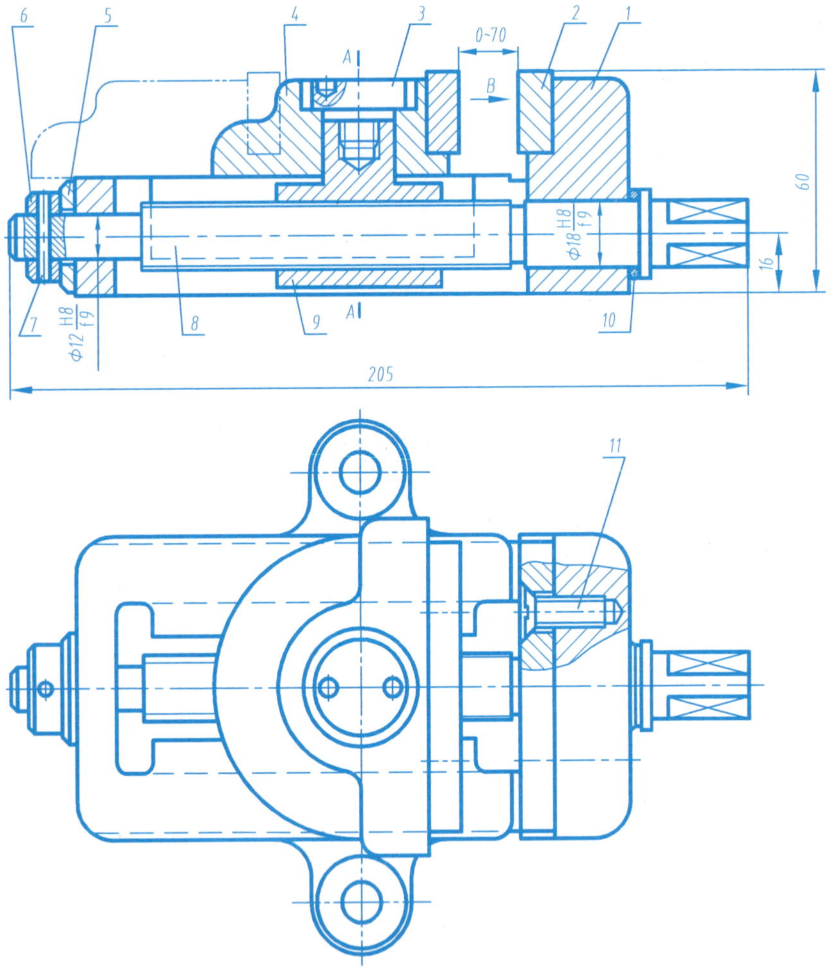

A—A

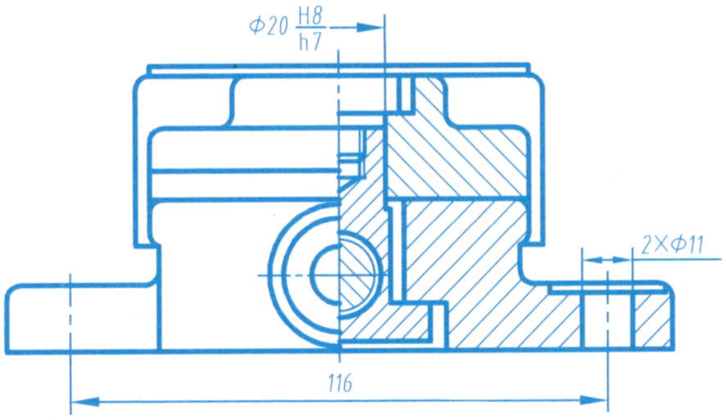

件2B

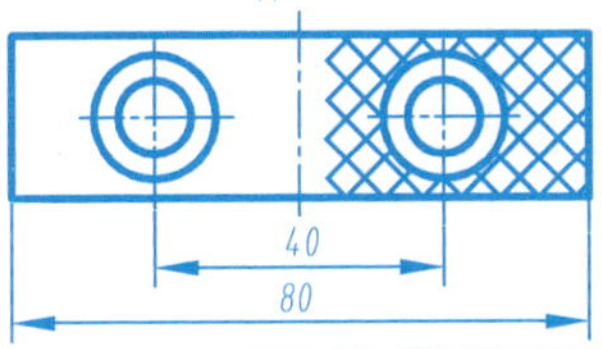

技术要求

装配后应保证螺杆转动灵活。

序号	名　　称	数量	材　　料	备　　注
11	螺钉 M8×18	4	Q235-A	GB/T 68—2000
10	垫圈	1	Q235-A	
9	螺母块	1	Q235-A	
8	螺杆	1	45	
7	销 4m6×20	1	35	GB/T 119.1—2000
6	环	1	Q235-A	
5	垫圈	1	Q235-A	
4	活动钳身	1	HT150	
3	螺钉	1	Q235-A	
2	钳口板	2	45	
1	固定钳座	1	HT150	

设计					（单　位）
校核					机用虎钳
审核			比例	1:2	（图　号）

　班级　　姓名　　学号

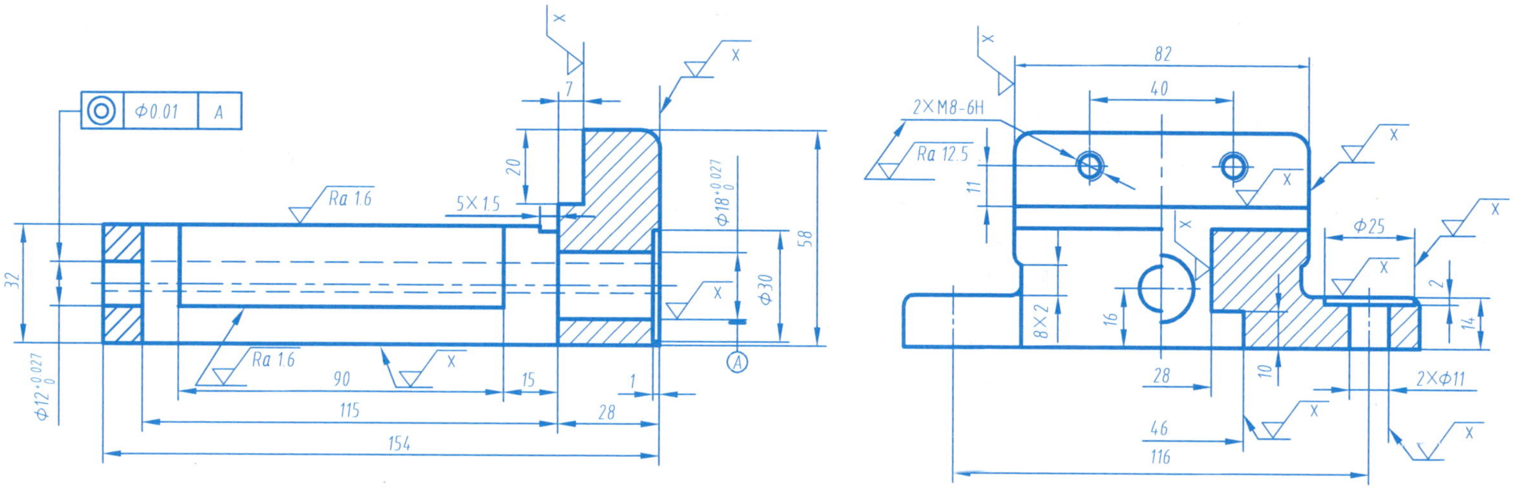

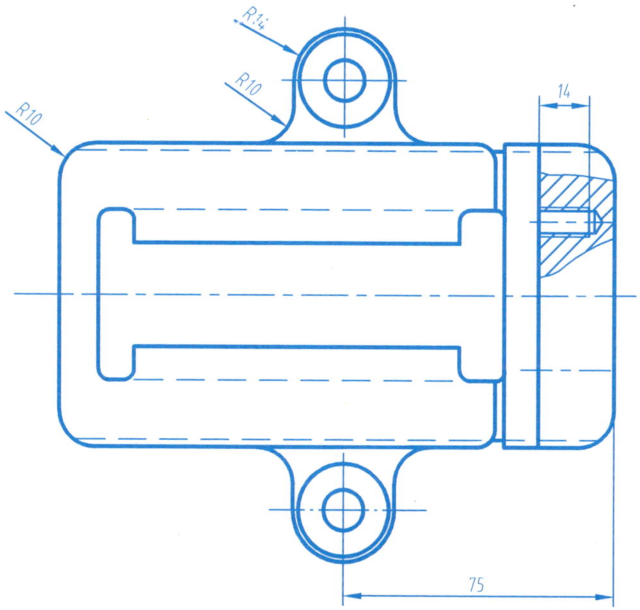

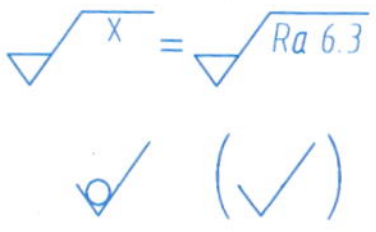

技术要求

未注圆角 $R3 \sim R5$。

设 计			HT200	(单 位)
校 核				固定钳座
审 核			比 例 1:2	(图 号)

班级　　姓名　　学号

参 考 文 献

[1] 钱可强，危道军. 建筑制图习题集[M]. 北京：化学工业出版社，2002.
[2] 陈美华，袁果，王英姿. 建筑制图习题集[M]. 5 版. 北京：高等教育出版社，2005.
[3] 印翠凤，吴晓林. 画法几何及水利工程制图习题集[M]. 4 版. 北京：高等教育出版社，2001.
[4] 徐志宏. 道路工程制图习题集[M]. 3 版. 北京：人民交通出版社，2006.
[5] 谭建荣，张树有. 智能型矢量化工程图学试题库[M]. 北京：高等教育出版社高等教育电子音像出版社，2001.
[6] 王巍，钱可强. 机械工程图学习题集[M]. 北京：机械工业出版社，2006.
[7] 董国耀. 机械制图[M]. 北京：北京理工大学出版社，1998.
[8] 廖湘娟，庞行志. 画法几何习题集[M]. 武汉：武汉工业大学出版社，1998.

《土木工程制图习题集》

第 2 版

（蔡建平　杜廷娜　主　编）

读者信息反馈表

尊敬的老师：

您好！感谢您多年来对机械工业出版社的支持和厚爱！为了进一步提高我社教材的出版质量，更好地为我国高等教育发展服务，欢迎您对我社的教材多提宝贵意见和建议。另外，如果您在教学中选用了本书，欢迎您对本书提出修改建议和意见。

一、基本信息

姓名：__________　性别：__________　职称：__________　职务：__________　邮编：__________

地址：______________________________　任教课程：______________________

电话：________—________　（H）________（O）　电子邮件：______________________

手机：______________________

二、您对本书的意见和建议

（欢迎您指出本书的疏误之处）

三、您对我们的其他意见和建议

请与我们联系：

100037　机械工业出版社·高等教育分社　刘小慧　收

Tel：010—88379712，88379715，68994030(Fax)

E-mail：lxh 9592@126.com